普通高等院校“十三五”规划教材

Visual FoxPro 程序设计

主　编　黄玲芳　刘建兰

副主编　程山英　王建宏　伍宏珏

電子工業出版社

Publishing House of Electronics Industry

北京·BEIJING

内 容 简 介

本书用“人事工资管理系统”案例贯穿始终，是一本基于案例教学的教材。全书紧扣案例，具体介绍了数据库的基础理论、数据库和表的基本操作、结构化查询语言SQL、查询与视图、结构化程序设计、设计与应用表单、设计与应用菜单、报表设计，以及数据库应用系统开发等基本知识。每章后面还附有习题与上机练习，读者通过学习基本知识，认真做每章后面的练习，可以达到独立设计简单数据库管理系统的学习效果。

本书知识体系完整，结构安排合理，内容深度适宜，讲解简明扼要，适合作为高等学校非计算机专业本科、专科学生的Visual FoxPro程序设计课程教材，也可供从事中小型数据库管理的工作人员和相关领域的技术人员参考。

图书在版编目（CIP）数据

Visual FoxPro程序设计 / 黄玲芳，刘建兰主编．—北京：电子工业出版社，2019.1
ISBN 978-7-121-35662-9

Ⅰ．①V… Ⅱ．①黄… ②刘… Ⅲ．①关系数据库系统－程序设计 Ⅳ．①TP311.138

中国版本图书馆CIP数据核字（2018）第267317号

策划编辑：祁玉芹
责任编辑：赵晨阳
印　　刷：中国电影出版社印刷厂
装　　订：中国电影出版社印刷厂
出版发行：电子工业出版社
　　　　　北京市海淀区万寿路173信箱　邮编　100036
开　　本：787×1092　1/16　印张：15.5　字数：377千字
版　　次：2019年1月第1版
印　　次：2025年1月第5次印刷
定　　价：42.00元

凡所购买电子工业出版社图书有缺损问题，请向购买书店调换。若书店售缺，请与本社发行部联系，联系及邮购电话：（010）88254888，88258888。

质量投诉请发邮件至zlts@phei.com.cn，盗版侵权举报请发邮件至dbqq@phei.com.cn。

本书咨询联系方式：qiyuqin@phei.com.cn。

前言
FOREWORD

数据库技术是信息工程中最重要的组成部分之一，而信息工程是当今信息社会的支柱。数据库是管理信息系统、办公自动化系统和决策支持系统等计算机应用系统的核心部分。其中管理信息系统是用得最多的计算机应用系统，如何对管理信息系统中庞大的数据进行有效合理的存储和快速准确的使用是一个极为重要的问题，数据库的核心技术就是解决这一问题的技术。

Visual FoxPro 9.0（以下简称“VFP 9.0”）是微软公司推出的一款可视化桌面关系数据库开发软件，主要用于数据管理与运算。VFP 9.0 提供了完备的工具、友好的界面、简单的数据存储方式和跨平台技术，适用于中、小型数据库的数据库管理系统。VFP 9.0 功能强大，易于学习。通过学习 VFP 9.0，可以迅速掌握数据库系统开发的过程，理解从设计到维护再到迁移的过程。并掌握数据库设计、面向对象设计、用户界面设计和业务对象设计等细节，能够快速直接地维护数据库。

本书以 VFP 9.0 中文版为对象，介绍数据库系统的基本概念、特点与功能、管理数据库的基本方法，以及结构化程序与面向对象程序设计的基本思想等。

全书共 10 章，第 1 章讲解 VFP 9.0 基础；第 2 章讲解 VFP 9.0 的数据及其运算；第 3 章讲解数据库和表的基本操作；第 4 章讲解结构化查询语言 SQL；第 5 章讲解查询与视图；第 6 章讲解结构化程序设计；第 7 章讲解设计与应用表单；第 8 章讲解设计与应用菜单；第 9 章讲解报表设计；第 10 章讲解数据库应用系统开发。

本书根据教育部提出的关于加强高等学校计算机基础教学的目标要求，结合目前我校计算机课程开设的实际情况，并融汇笔者多年从事数据库教学和数据库程序设计的实践经验而编写。在结构上以目标教学的方式组织全文，以“人事工资管理系统”开发为整体案例，并以此展开讲解。在讲解过程中循序渐进地介绍了开发数据库系统用到的基础知识和技巧，整体案例贯穿于始终，让读者深刻理解其含义，最后完成案例并实现目标。

本书由黄玲芳、刘建兰任主编，程山英、王建宏、伍宏珏任副主编。

本书获得江西科技师范大学教材出版基金资助。

由于作者学识水平有限，不足与疏漏之处敬请读者批评指正。

编　者

2018 年 10 月

目录

CONTENTS

第1章　VFP 9.0基础

随着全球信息化的发展，信息已成为各行各业的重要资源，充分有效地管理和利用各类信息资源是进行科学研究和决策管理的前提条件。而数据库（Database，DB）技术正是管理信息系统、办公自动化系统和决策支持系统等各类信息系统的核心部分，是进行科学研究和决策管理的重要技术手段。

1.1　数据库系统的基本概念

数据库技术是信息系统的一门核心技术，是一种计算机辅助管理数据的方法。该技术自20世纪60年代末产生以来，以其为核心的数据库信息管理系统被广泛应用在社会经济、事务处理和文化教育等各个领域，极大地推动了信息处理的技术发展。

1.1.1　数据、数据库、数据库系统与数据库管理系统

数据（Data）、数据库、数据库系统（DataBase System，DBS）与数据库管理系统（DataBase Management System，DBMS）是与数据库技术密切相关的4个基本概念。

1. 数据

数据是客观事物的符号表示，在计算机科学中指所有能输入到计算机并被计算机程序处理的符号介质的总称。

数据有很多种，最简单的是数字。数据也可以是文字、图像或声音等，可以通过科学实验、检验和统计等获得，并用于科学研究、技术设计、查证和决策等。

2. 数据库

数据库是按照一定的结构来组织、存储和管理数据并创建在计算机存储设备中的数据集合，可以形象地理解为电子化的文件柜——存储电子文件的场所，用户可以对其中一个或者多个文件中的数据进行新增、读取、更新和删除等操作。

3. 数据库系统

数据库系统指计算机系统中引入数据库技术后的系统构成，通常由数据库、数据库管理系统、数据库应用系统、数据库管理员（DataBase Administrator，DBA）、用户及硬件等组成。

4. 数据库管理系统

数据库管理系统是数据库系统的核心，是为数据库的创建、使用和维护而配置的系统软件，具有数据定义、存储、运行控制和维护等功能。有了数据库管理系统，用户在处理数据时不必顾及数据在计算机中的布局和存储位置等，可以方便地管理和使用数据。

1.1.2 数据处理技术的发展概况

随着信息技术的发展，数据管理经历了人工管理阶段、文件系统管理阶段和数据库系统阶段。

1. 人工管理阶段

在人工管理阶段（20 世纪 50 年代中期以前）计算机只是用于科学计算，外部存储器还没有磁盘等直接存取存储设备，软件也没有操作系统和数据管理软件，数据处理方式用的是批处理。

这个阶段的特点如下。

（1） 数据无法保存。

（2） 数据没有独立性，即程序和数据不可分割。计算机系统不能管理用户数据，在编写程序时需要全面考虑相关数据，包括数据定义、数据存储及读写方法等。

（3） 数据不是以文件形式存放的，数据的组织形式需要程序开发人员自行设计。

（4） 数据不能共享，数据是面向应用的。在程序中需要加入各自的数据，以致程序与程序之间存在大量重复的数据。

2. 文件系统管理阶段

在文件系统管理阶段（从 20 世纪 50 年代后期到 60 年代中期）计算机不仅用于科学计算，还广泛用于管理。硬件方面有了磁盘、磁鼓等直接存取存储设备，软件领域出现了高级语言和操作系统。操作系统中有专门管理数据的软件，一般称为“文件系统”。数据的处理方式有批处理，也有联机实时处理。

这个阶段的特点如下。

（1） 由于计算机大量用于数据处理，所以数据需要长期保存在外存中重复使用，即经常对文件执行查询、修改、插入和删除等操作。

（2） 由于有操作系统中的文件系统管理，所以数据的逻辑结构与存储结构有了区别，可以由系统转换。程序只要用文件名就可以进行数据操作，不必关心数据的物理位置，即程序与数据之间具有设备独立性。

（3） 文件已经多样化，由于已有了直接存取存储设备，所以有了索引文件、链接文件和直接存取文件等。

（4） 数据的存取基本上以记录为单位。

文件管理阶段比人工管理阶段有很大改进，但随着数据管理规模的扩大，数据量急剧增加，文件系统显现出如下问题。

● 数据冗余度大。

文件系统中文件基本上对应于某个应用程序，数据还是面向应用。即使不同的应用程序需要的数据有部分相同时，也必须创建各自的文件。由于相同数据的重复存储，因此各自管理数据的修改和维护，容易造成数据的不一致。

- 数据和程序缺乏独立性。

文件系统中文件是为某一特定应用服务的，一旦数据的逻辑结构改变，必须修改应用程序和结构的定义。而应用程序的改变也将影响文件数据结构的改变，数据和程序缺乏独立性。

3. 数据库系统阶段

在数据库系统阶段（从 20 世纪 60 年代后期开始）计算机用于管理的数据规模急剧增大，为了解决多用户共享数据的需求，使数据尽可能多地为应用服务，出现了数据库管理技术。它克服了文件系统的缺陷，提供了对数据更加有效的管理，其特点如下：

（1） 面向全组织的复杂数据结构。

数据库中包含许多单独的数据文件，这些文件在描述数据本身的同时还描述了数据之间的联系。即文件之间有了相互的联系，在整体上服从一定的组织，整个组织的数据结构化了。而在文件系统中虽然记录内部有了某些结构，但记录之间没有联系，这也是数据库系统与文件系统的根本区别。

（2） 数据冗余度小，易扩充。

因为数据库从整体上描述数据，面向整个系统，而不是面向某个应用，所以数据冗余度小，数据之间的不一致不容易发生。

我们在应用数据库数据时，可以取整体数据的不同子集用于不同的应用系统。当应用需求变化时，只要获取不同子集数据或者加上一些数据，就可以有新用途，容易扩充新功能。

（3） 具有较高的数据和程序的独立性。

数据库系统提供了两方面的映射功能，一个是数据的物理结构与逻辑结构之间的映射功能；另一个是数据的总体逻辑结构与某类应用所涉及的局部逻辑结构之间的映射功能。

正是这两方面的映射保证了数据和程序的独立性，把数据的定义和描述从应用程序中分离出去；另外数据的存取由 DBMS 管理，用户不必考虑存取路径等细节，可以简化应用程序的编写，方便维护和修改。

（4） 统一的数据控制功能。

数据库是系统中各用户的共享资源，许多用户同时使用。利用专门的数据库管理系统实现对数据的定义、操作、统一管理和控制，在应用程序和数据库之间保持高独立性。数据具有完整性、一致性和安全性，并具有充分的共享性。

（5） 数据的最小存取单位是数据项。

不仅可以存取数据库中某一数据项或一组数据项，还可以存取一个记录或一组记录。

数据库系统的出现使得信息系统的研制围绕共享数据库进行，便于数据的集中管理，提高了数据的利用率和相容性。大型复杂的信息系统大多以数据库为核心，数据库系统在计算机应用中起着越来越重要的作用。

1.1.3 数据库管理系统的功能

数据库管理系统是为数据库的创建、使用和维护而配置的软件，是数据库系统中的核心软件。它创建在操作系统的基础上，对数据库进行统一的管理和控制，并且承担数据库的维护工作，按照 DBA 所规定的要求，保证数据库的安全性和完整性。

数据库管理系统的主要功能如下：

（1） 数据定义。

数据库管理系统的数据定义语言（DDL）定义了外模式、模式和内模式，各种模式翻译程序把这些源模式翻译为相应的内部表示，分别称为“目标外模式”“目标模式”“目标内模式”。这些目标模式是对数据库框架的描述，保存在数据字典中，作为数据库管理系统存取和管理数据的依据。

（2） 数据存取。

数据库管理系统提供数据操纵语言（DML）实现数据库数据的基本操作，包括查询、插入、修改和删除等。

（3） 数据库运行和管理。

数据库运行和管理是数据库管理系统运行时的核心部分，包括并发控制、存取控制、完整性约束条件的检查和执行，以及数据库内部的维护等。所有数据库的操作都要在这些控制程序的统一管理下进行，以保证数据库的正确有效。

（4） 数据库创建和维护。

数据库初始数据的载入与转换、数据库的转储与恢复，以及数据库的重组织和性能监视等功能都是由各个实用程序来完成的。

1.2 数据模型

数据模型是数据库系统的核心和基础。为了把现实世界中的具体事物抽象组织为数据库管理系统支持的数据，首先要把现实世界中的客观对象抽象为某种信息结构。这种信息结构不依赖于具体的计算机系统，即概念模型，然后把概念模型转换为计算机中某一数据库管理系统支持的数据模型。数据库管理系统支持的数据模型有层次模型、网状模型和关系模型 3 种。

1. 层次模型

层次模型用树型结构来表示实体及其之间的联系，在层次模型中数据被组织为倒挂的树，如图 1-1 所示为学校行政机构层次模型。

层次模型的特点如下。

（1） 有且只有一个节点没有父节点，这个节点就是根节点。

（2） 其他节点有且仅有一个父节点。

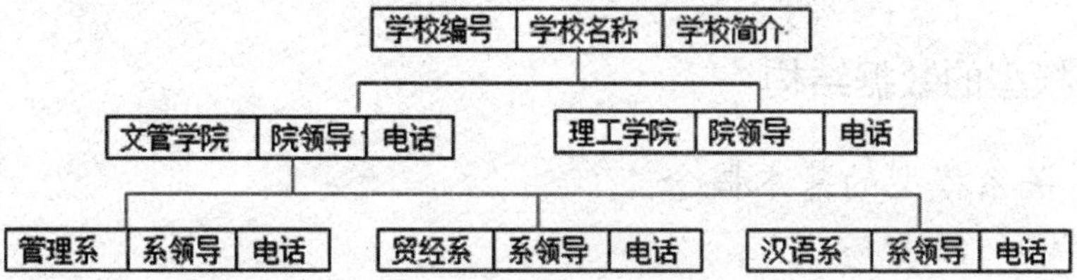

图 1-1　学校行政机构层次模型

2. 网状模型

广义地讲，任意一个连通的基本层次联系的集合是一个网状模型。这种广义的提法把树也包括在网状中，在数据库中则把树结构排除在网状模型之外。

网状模型的特点如下。

（1） 有一个以上的节点没有双亲。

（2） 节点可以有多于一个的双亲。

如图 1-2 所示为图书借阅网状模型。

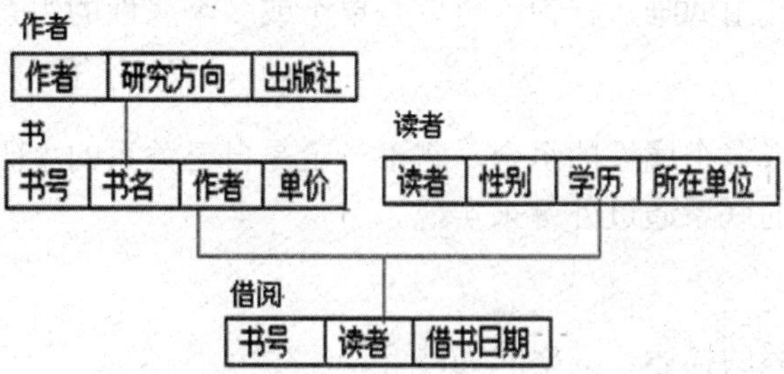

图 1-2　图书借阅网状模型

3. 关系模型

在日常使用数据时我们习惯用表格来表示，由行与列构成的二维表在数据库理论中称为“关系”。用关系表示的数据模型称为“关系模型”，它与层次模型、网状模型有本质区别，在关系模型中用二维表来表示实体和联系。关系不仅可以表示实体间一对多的联系，通过创建关系间的关联，还可以表示多对多的联系。表 1-1 所示为一个职工关系。

表 1-1　职工关系

编　号	姓　名	性　别	出生日期	部门代码	职　称	基本工资
0001	李健	男	09/17/1973	A01	副教授	2450.00
0002	张欣欣	女	05/28/1968	B02	副教授	2550.00
0003	姚一伟	男	03/12/1971	A01	讲师	2080.00

1.3　关系数据库

关系数据库以关系数据模型为基础，用关系表示模型，用运算表示数据操作。本书讨论的 VFP 9.0 就是采用关系模型的数据库管理系统。

1.3.1 关系模型的数据结构

1.3.1.1 关系模型的基本概念

1. 关系

一个关系是一个二维表，即一个表文件，每个关系都有一个关系名。

2. 元组

元组指二维表中每一行的数据，一个元组对应表中的一条记录。

3. 属性

属性指二维表中的每一列，每个属性都有属性名。一个属性对应表中一个字段，属性名对应字段名，属性值对应于各个记录的字段值。

4. 主键

主键指区别其他元组的唯一标识，可以是单个或多个属性的组合，其值不能为空。

5. 外键

外键可以是单个或多个属性的组合，它不一定是自己关系的主码，但一定是另一关系的主码，与另一关系的联系通过外键来实现。

6. 关系模式

关系模式是对关系的描述，其格式为：

```
关系名（属性名 1，属性名 2，属性名 3，…，属性名 n）
```

1.3.1.2 关系的基本特点

关系的基本特点如下。

（1） 关系是一种规范化了的二维表格，属性值不可分解。

（2） 同一关系中没有重复的元组。

（3） 同一关系中同一属性列必须是相同类型的数据，同列具有相同的取值范围。

（4） 同一关系中元组和属性的顺序无关紧要，可以任意交换。

1.3.1.3 关系模型的主要优点

关系模型的主要优点如下。

（1） 关系模型是创建在严格数学概念基础上的。

（2） 关系模型概念简单，不论实体还是实体之间的联系都用关系表示。对数据各种操作的结果仍是关系，操作简便。

（3） 关系模型的存取路径对用户透明，具有较高的数据独立性和安全保密性，提高了开发效率。

1.3.2　关系运算

关系运算的运算对象是关系，运算结果也是关系。

传统的集合运算有并、交、差、迪卡尔积，在关系数据模型中关系运算主要包括选择、投影、连接和除法运算，而前 3 种为常用关系运算。

1. 选择

选择又称为“限制”，它是在关系 R 中选择满足给定条件的元组，记为：

$$\sigma_F(R)=\{t|t\in R\wedge F(t)=\text{“真”}\}$$

其中 F 表示选择条件，它是一个逻辑表达式，取逻辑值“真”或“假”。

逻辑表达式 F 由逻辑运算符∧、∨、－ 连接各算术表达式组成，算术表达式的基本形式为：

$$X\theta Y$$

其中 θ 为比较运算符，可以是＞、≥、＜、≤、＝或≠；X、Y 可以是属性名或为常量或为简单函数等。

选择运算实际上是从关系 R 中选择使逻辑表达式为真的元组，是从行的角度进行的运算。

2. 投影

关系 R 上的投影是从 R 中选择出若干属性列组成新的关系，记作：

$$\Pi_A(R)=\{t[A]|t\in R\}$$

其中 A 为 R 中属性列的集合。

投影运算是从列的角度进行的运算。

3. 连接

一般来说，执行连接运算的两个关系必须具有相同的属性列，并且根据相同的属性列的取值是否相等来选择构成结果关系的元组，在结果中把重复的属性列去掉。设 R 和 S 具有相同的属性 B，则连接运算可记作：

$$R\bowtie S=\{t_r t_s|t_r\in R\wedge t_s\in S\wedge t_r[B]=t_s[B]\}$$

连接操作不仅从行的角度进行运算，而且还要取消重复列，即同时从行和列的角度进行运算。

1.3.3　关系的完整性约束

1. 实体完整性约束

若属性 A（指单个属性或多个属性组合）是基本关系 R 的主键，则 A 不能为空。例如，在关系人事表 RSB（编号、姓名、性别、出生年月、基本工资）中编号属性为主键，则编号不能取空值。

2. 参照完整性约束

关系的外键必须是另一个关系主键的有效值或者是空值。例如，在关系人事表 RSB（编号、姓名、性别、出生年月、基本工资）中主键是编号；另一关系增加工资表 ZZ（编号、增资日期、增加工资）中的主键是属性编号与增资日期的组合，外键是编号，增加工资表 ZZ 中的编号必须是人事表 RSB 中主键编号已经存在的值。

3. 用户定义完整性约束

指的是针对用户的具体应用环境给出的具体数据的约束条件，反映某一具体应用所涉及的数据必须满足的语义要求。例如，在关系人事表 RSB（编号、姓名、性别、出生年月、基本工资）中性别只能取“男”或者“女”。

1.4 VFP 9.0 概述

1.4.1 特点

VFP 9.0 是一个强大的快速关系数据库应用程序开发工具，它是 Microsoft 公司于 2004 年推出的 Visual FoxPro 系列中的新版本，运行在 Windows 操作系统下。它不仅可以创建和管理数据库，而且可以创建各种应用程序。VFP 9.0 是面向对象的编程语言，提供了可视化的编程方式。用户在编写程序时不必输入繁琐的程序代码就可以创建一个面向对象的数据库应用程序，大大简化了系统的开发过程并提高了系统的模块性和紧凑性。

VFP 9.0 推出了不少令人欣喜的新增功能，如集成开发环境、数据处理方式及报表设计器等都有了不同程度的增强，使得程序开发人员可以进一步提高软件开发的效率。

1.4.2 启动与退出

1. 启动

（1） 从资源管理器启动。

在资源管理器中双击 vfp9.exe。

（2） 从程序菜单启动。

在 Windows 桌面选择“开始” | “程序” | “Visual FoxPro 9.0”选项。

（3） 直接启动。

在 Windows 桌面上创建 VFP 9.0 的快捷方式图标，双击该图标。

启动 VFP 9.0 后，显示如图 1-3 所示的“Microsoft Visual FoxPro”主窗口。

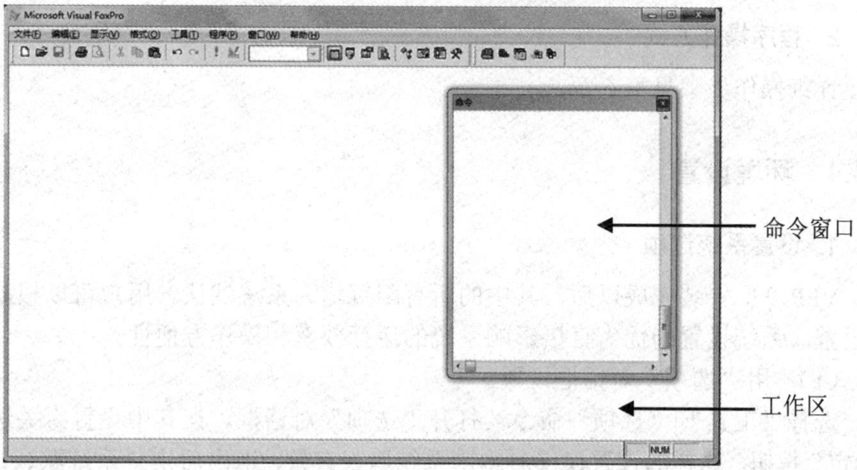

图 1-3　“Microsoft Visual FoxPro”主窗口

2. 退出

常用的退出方法如下。

（1）单击主窗口右上角的关闭按钮。

（2）选择“文件”|“退出”选项。

（3）单击主窗口左上角的控制菜单，从弹出的菜单中选择“关闭”选项或者双击控制菜单图标。

（4）按下 Alt+F4 组合键。

（5）在命令窗口中输入 QUIT 命令后按下 Enter 键。

1.4.3　操作方式

VFP 9.0 提供了交互操作和程序操作两种操作方式。

1. 交互操作方式

交互式操作即用户一步一步地响应系统要求和提示的操作方式，这种方式又可进一步细分为可视化操作和命令方式操作。可视化操作主要包括菜单和工具操作，使用菜单、工具或命令操作在多数情况下得到相同的界面，但不是所有的命令都有对应的菜单项及工具栏。

（1）菜单操作方式。

系统将若干命令做成对应的菜单项，用户可以通过菜单的选择来操作。用户不必记忆命令的具体格式，通过对话即可完成大部分数据库的操作。

（2）工具操作方式。

在 VFP 9.0 中提供了设计器、向导和生成器等交互式工具，这些工具的使用使创建表、表单、数据库、查询和报表等都更加容易。

（3）命令操作方式。

命令操作方式就是在命令窗口中输入一条命令来执行操作，这要求用户要熟悉 VFP 9.0 命令格式和选项。这种方式使用户能够直接使用系统提供的各种命令和函数，有效地操作数据库。

2. 程序操作方式

详细操作步骤见第 6 章。

1.4.4　环境设置

1. 设置系统选项

VFP 9.0 安装完成以后，其中的所有配置均为系统默认。用户可以根据个人的习惯重新设置。系统设置的优劣直接影响系统的运行效率和操作方便性。

（1） 用“选项”对话框设置。

选择“工具”|“选项”命令，打开“选项”对话框。在其中设置有关选项，然后单击“确定”按钮。这样的设置仅仅对本次系统运行有效，退出后恢复系统默认设置。如果用户希望本次修改对以后的系统运行继续起作用，则要单击“设置为默认值”按钮保存设置，然后单击“关闭”按钮。

（2） 用 Set 命令设置。

用户也可以通过编辑 Set 命令设置，在后面的相关章节中会陆续介绍。

2. 设置系统默认目录

系统默认目录是 VFP 9.0 运行时保存数据库、数据表、索引和程序等文件的默认存储位置，一般以安装目录 C:\Programs Files\Microsoft Visual FoxPro\VFP9\为默认目录。设置新的默认目录的步骤如下。

（1） 选择“工具”|“选项”选项，打开“选项”对话框。

（2） 打开“文件位置”选项卡，在“文件类型”下拉列表框中选择“默认目录”选项。

（3） 单击“修改”按钮，打开“更改文件位置”对话框，如图 1-4 所示。

（4） 选中“使用（U）默认目录”复选框，在“定位（L）默认目录”文本框中输入路径（如 e:\rsgzk），也可单击...按钮选择相应目录。

（5） 单击“确定”按钮。

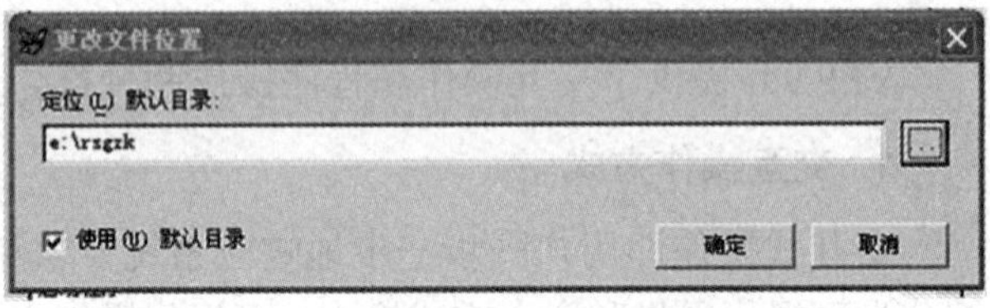

图 1-4　“更改文件位置”对话框

1.4.5　命令语法规则

1. 语法约定

（1） 语法规则。

在操作 VFP 9.0 过程中，除了使用菜单操作以外，主要是通过命令方式操作。这些命令都有严格的格式和语法，VFP 9.0 命令的基本格式如下。

```
<命令动词> [<范围子句>] [<条件子句>] [<字段名表子句>]
```

系统在命令语法的表示中有如下约定。

- < >尖括号表示必须提供一个特定类型的值，以满足要求。
- [ ]表示方括号内的项是可选的，可根据实际需要选择或省略。
- | 竖线表示在其中可选择任意一项，不同参数代表不同功能，但是不可兼得。

（2） 命令书写规则。

VFP 9.0 命令有的较短，有的较长，书写时应遵循如下规则。

- 一般以命令动词开头，各子句的次序可以任意排列，但不能交叉。
- 用空格分隔各子句。
- 最大长度为 8 192 个字符（包括空格），一行写不下时，用英文分号“;”分行并在下一行继续书写。
- 不区分字母的大小写。
- 所有符号除汉字外，必须在英文状态下输入。

（3） 为了便于读懂程序，程序可以加注释。

• 格式 1：*<注释内容>

功能：只在程序中加注释行，用来说明整个程序或部分程序段的功能。

• 格式 2：NOTE<注释内容>

功能：与格式 1 的功能相同。

• 格式 3：&&<注释内容>

功能：在任意一个命令后增加注释内容。

2. 命令格式

VFP 9.0 命令由一个命令动词开头，其后跟一个宾语和若干子句用来说明命令的操作对象、操作结果和操作条件等，常用子句说明如下。

（1） Fields 子句。

选择某关系（即表文件）中的某些字段，对应关系运算中的投影运算，格式为：

```
Fields <字段名表>
```

在 Fields 子句中字段名表中的各字段之间必须用逗号隔开，如果在命令中不选用该子句，则默认为所有字段。

（2） 范围子句。

该子句的作用是选择确定命令操作的记录范围，对应关系运算中的选择运算，一般有如下 4 种情况。

- ALL：对表中的全部记录进行操作。
- NEXT *n*：只对包括当前记录在内的以下 *n* 个记录进行操作。
- RECORD *n*：只对第 *n* 个记录进行操作。
- REST：自当前记录开始按顺序到表尾的所有记录。

（3） 条件子句。

条件子句的作用是以指定的逻辑条件为依据，从表中选择符合条件的记录。它对应于关系运算的选择运算，有如下两种格式。

- FOR　<条件>：选择表中符合条件的所有记录。
- WHILE <条件>：从表中第 1 条记录开始选择符合条件的记录，直到第 1 个不符合条件的记录为止。

3. 命令特点

（1） 使用英文祈使句形式，命令的各部分简洁规范便于理解。

（2） 操作对象、结果和条件均可以用命令子句的形式，命令子句用于给出条件或者参数，使命令功能更加丰富，使用更为灵活。

（3） 命令中只描述操作的要求，不描述具体操作过程，因此 VFP 9.0 被称为“非过程化语言”。

（4） VFP 9.0 中的命令既可以逐条用交互方式进行，也可以编写为程序，以程序文件的方式执行。

4. 命令分类

（1） 创建和维护数据库的命令。

（2） 数据库查询命令。

（3） 程序设计命令，包括程序控制、输入输出和运行环境设置等。

（4） 界面设计命令，包括菜单设计、窗口设计和表单设计等。

（5） 文件和程序管理命令。

（6） 面向对象的设计命令。

（7） 其他命令。

1.5 使用项目管理器

在创建一个实际的数据库应用系统时需要创建各种类型文件，包括数据库文件、表文件、表单文件、报表文件和程序文件等。项目管理器是用来统一管理和维护这些文件的工具，是 VFP 9.0 的控制中心，其中的内容保存在.pjx 为扩展名的项目文件中。

项目管理器并不保存各种文件的具体内容，只是记录文件名、文件类型、路径，以及编辑、修改和执行这些文件的方法。通过项目管理器用户可以方便地完成创建、修改、运行、浏览，以及添加文件等操作，还可以完成应用程序的编译，使应用系统最终生成脱离 VFP 9.0 系统环境的可执行文件。

1.5.1 项目管理器的功能特性

项目管理器的主要功能如下。

1. 采用目录树管理内容

项目管理器采用目录树结构进行管理，一个项目实际上是数据、文档、代码、类库与其他一些对象的集合。

图 1-5 所示为新建项目 rsgl.pjx 时项目管理器打开的界面。

项目管理器有 6 个选项卡，即“全部”“数据”“文档”“类”“代码”和“其他”，每个选项卡用于管理某一类型文件，当前显示的是“全部”选项卡。

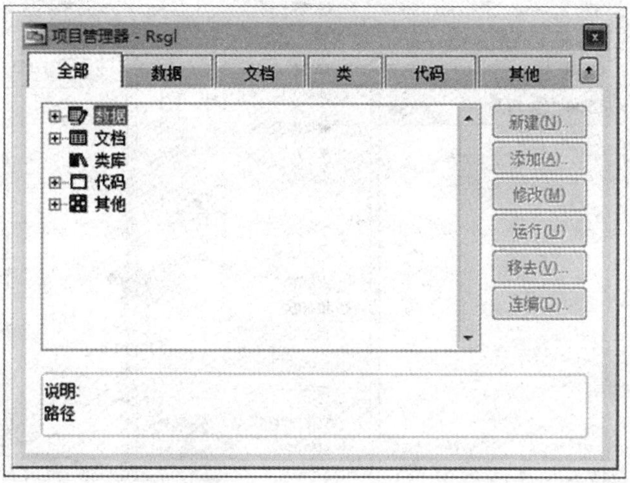

图 1-5　新建项目 rsgl.pjx 时项目管理器打开的界面

2. 使用方便的功能按钮

项目管理器中有如下 6 个命令按钮，选择不同的对象会出现不同的命令按钮。

（1）“新建”按钮：创建一个新的数据库、数据表、查询、程序等。

（2）“添加”按钮：把已有的文件添加到项目中。

（3）“修改”按钮：在相应的设计器中打开所选项进行修改，如可以在数据库设计器中打开一个数据库后修改。

（4）“运行”按钮：运行选中的查询、表单或程序。

（5）“移去”按钮：从项目中移去选中的文件或对象，系统会询问是仅从项目中移去此文件或对象，还是同时将其从磁盘中删除。

（6）“连编”按钮：连编成一个项目或应用程序，还可以连编成一个可执行文件。

3. 支持创建数据字典

VFP 9.0 将表分为数据库表和自由表两种，对于同属于一个数据库的数据库表在建表的过程中也同时可以定义表与数据库内其他表之间的关系。项目管理器根据用户对数据库的定义和设置，自动为项目中的每个数据库创建一个数据字典，用于存储各表之间的永久和临时关系，以及用户设置的对表内记录或字段进行有效性检查的相关规则。

1.5.2　项目管理器界面

项目管理器界面友好，操作方便。

1.5.2.1　打开和关闭项目项目管理器

1. 菜单操作

（1）创建项目文件。

- 选择“文件”|“新建”选项，弹出如图 1-6 所示的“新建”对话框。

图 1-6 “新建”对话框

- 选择项目，单击“新建文件”按钮，打开“创建”对话框。
- 在“项目文件”文本框中输入文件名（例如，RSGL），单击“保存”按钮打开新项目 RSGL 的项目管理器。

（2） 打开项目文件。

- 选择“文件”|“打开”选项，弹出“打开”对话框。
- 选择或直接输入项目文件路径及文件名，单击“确定”按钮。

（3） 关闭项目文件。

关闭项目管理器窗口，其中的项目文件随之关闭。

2. 命令操作

格式：CREATE | MODIFY PROJECT <项目文件名>

功能：创建或打开命令中指定的项目文件，如在命令窗口中输入“CREATE PROJECT rsgl.pjx”后按下 Enter 键，弹出如图 1-7 所示的“项目管理器-Rsgl”对话框。

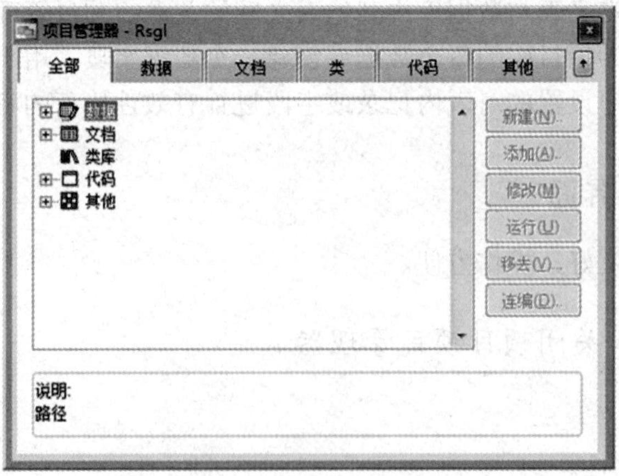

图 1-7 “项目管理器-Rsgl”对话框

3. 目录树操作

项目管理器目录树采用“+”和“-”图标来表示各级目录的当前状态，处于折叠状态的目录在其图标的左方有“+”图标。单击这个“+”图标可将其展开，显示该目录所包含的子目录（如数据或文档的具体内容）并将当前状态的图标从“+”图标改为“-”图标。单击目录图标左方的“-”图标将使其处于折叠状态。

习　题

（1） 试述数据处理技术发展的 3 个阶段。
（2） 共有哪 3 种数据模型？各有什么特点？
（3） 数据库系统由哪几部分组成？它们和数据库管理系统是什么关系？
（4） 数据库管理系统的主要功能有哪些？
（5） 什么是项目管理器？它有什么作用？

上机练习

（1） 练习启动和退出 VFP 9.0。
（2） 练习如下项目文件的基本操作。

- 创建一个名为“人事管理”的项目。
- 关闭项目。
- 打开项目。

第 2 章　VFP 9.0 的数据及其运算

2.1　VFP 9.0 的数据类型

数据是计算机加工处理的对象，定义一个数据的类型就是确定其存储形式和使用方式。VFP 9.0 将系统中所使用的数据分为字符型、数值型、货币型、日期型、日期时间型、逻辑型、备注型和通用型等多种类型。

1. 字符型

字符型数据不能执行算术运算，用字母 C 表示。它由字符、汉字、数字字符和其他可打印的字符组成，长度范围是 0～254 个字符，使用时必须用定界符括起。

2. 数值型

数值型数据用来表示数量并可以执行算术运算，用字母 N 表示。它由数字 0～9、小数点和正负号组成，其长度范围是 1～20 位，每个数据在内存中占 8 个字节（64 位）。数值型数据可以是整数和小数，但不能是分数，取值范围为-0.999 999 999 9E+19～+ 0.999 999 999 9E +20。

在 VFP 9.0 中具有数值特征的数据类型还有整型（I）、浮点型（F）和双精度型（B），并且只能用于字段变量。

（1）　整型：不包含小数点部分的数值型数据，用字母 N 表示。只用于表示整数，以二进制形式存储，占用 4 个字节。

（2）　浮点型：用字母 F 表示，与数值型数据完全等价。只是在存储形式上为了得到较高的计算精度采用浮点格式，在内存中占 8 个字节。在数据表中用 1～20 位来表示，取值范围为-0.999 999 999 9E+19～+ 0.999 999 999 9E+20。

（3）双精度型：更高精度的数值型数据，用字母 B 表示。可以精确到小数点后 15 位，用于数据表中字段类型的定义，在内存中占 8 个字节。

3. 货币型

货币型数据是为存储货币值而使用的一种数据类型，用字母 Y 表示。其数据长度固定为 8 位，默认保留 4 位小数。指定货币类型时应使用“$”符号，如 *c*=$17.66。

4. 日期型

日期型数据用来表示日期，用字母 D 表示。其长度固定为 8 位，系统默认格式为“MM/DD/YY”（月/日/年）。日期型数据的显示格式有多种，依据为系统设置的日期格式。

5. 日期时间型

日期时间型数据用来表示日期和时间，用字母 T 表示。系统默认格式为“{MM/DD/YY hh:mm:ss}”(月/日/年时:分:秒)，长度固定为8位。日期的取值范围为01/01/0001～12/31/9999，时间为 00:00:00AM～23:59:59PM。

6. 逻辑型

逻辑型数据是描述客观事物真假的数据类型，表示逻辑判断的结果，用字母 L 表示。它只有逻辑真（.T.或.Y.）和逻辑假（.F.或.N.）两个值，其长度为 1 位。注意为区别其他数据类型，一般需在表示逻辑值的字母 T、Y、F、N 的前后加圆点符“.”。

7. 备注型

备注型数据用于存放较多字符的数据，用字母M表示。其长度为4位(存放一个指针)，能接受字符数据。当数据中定义一个备注字段后，系统自动生成一个与数据表文件同名，但扩展名为“.fpt”的备注文件。

8. 通用型

通用型数据用来存放电子表格、图像和声音等 OLE 对象的数据，用字母 G 表示，长度为 4 位（存放一个指针）。通用型数据内容与备注型相同，也是存放在扩展名为“.fpt”的备注文件中。

9. 二进制字符型和二进制备注型

这两种数据是以二进制格式存储的数据类型，只能用在表中定义字段数据，所存储的数据不受代码页改变的影响。

2.2　VFP 9.0 的常量与变量

常量和变量是 VFP 9.0 数据运算和数据处理的基本对象。

2.2.1　常量

常量指在操作或程序运行过程中其值不变的量，按取值可分为如下 6 种类型。

1. 字符型常量

字符型常量又称为“字符串”，是用英文单引号（' '）、英文双引号（" "）或英文中括号（[ ]）等定界符括起的一串字符，定界符不作为字符串的一部分。如果某种定界符本身也是字符串的内容，则需要用另一种定界符为该字符串定界。

字符型常量的定界符必须成对匹配。不包含任何字符的字符串（如" "）为空串，它与包含空格的字符串（如" "）不同。

2. 数值型常量

数值型常量即常数，由阿拉伯数字、正负号、数字与小数点组成。数值型数据之间可以执行数学运算，整数、小数或用科学记数法表示的数都是数值型。

数值型常量中的小数有小数形式和指数形式两种表示方法，如 20、−3.42、6.56 是小数形式的数值型常量；指数形式通常用来表示绝对值很大或很小的一些数值，对应于日常应用中的科学计数法，如用 6.25E-5 表示 6.25×10^{-5}。

3. 逻辑型常量

逻辑型常量表示逻辑判断的结果，只有“真”和“假”两个值，用 .T.、.t.、.Y.、.y. 来表示逻辑真（True）；用.F.、.f.、.N.、.n.表示逻辑假（False）。注意字母两侧必须用一对英文小数点。

4. 货币型常量

货币型常量用来表示货币值，与数值型常量类似（不能采用指数形式），但要添加一个前置的符号$。货币型数据在存储和计算时保留 4 位小数，如果小数多于 4 位，系统将自动进行四舍五入。

5. 日期型常量

日期型常量是表示日期值的数据，书写格式为“{^yyyy-mm-dd}”，年、月、日 3 部分之间用分隔符（-）、（/）、（.）或空格隔开。日期型常量的默认显示格式为 mm/dd/yy（月/日/年），显示格式的依据为系统设置的日期格式。

6. 日期时间型常量

日期时间型常量用来表示一个具体的日期与时间，与日期型常量相似，也用{ }括起。其书写格式为{^yyyy-mm-dd hh:mm:ss}，年、月、日 3 部分之间用分隔符（-）、（/）、（.）或空格隔开，hh:mm:ss 为时、分、秒，3 个部分之间用冒号分隔。

日期时间型常量与日期型常量一样显示格式与书写格式并不完全相同，显示格式的依据为系统设置的格式。

VFP 9.0 系统中与日期格式有关的命令和设置选项如下。

（1） 日期格式中的世纪值。

- 命令方式。

格式：`SET CENTURY ON|OFF`

功能：设置显示日期时是否显示世纪。

说明：ON 表示日期值输出时显示 10 位，年份占 4 位；OFF 为默认值，表示日期值输出时显示 8 位，年份占 2 位。

- 菜单方式。

选择“工具”|“选项”|“区域”选项，就可以在日期和时间区域中选择显示日期时是否显示世纪。

（2） 设置日期显示格式。

- 命令方式。

格式：`SET DATE [TO] AMERICAN | ANSI | BRITISH | FRENCH | GERMAN | ITALIAN | JAPAN | USA | MDY | DMY | YMD | SHORT | LONG`

功能：设置日期的显示输出格式。

说明：系统默认为 AMERICAN（美国日期格式）。

- 菜单方式。

选择“工具”|“选项”|“区域”选项，就可以在日期和时间区域中选择显示的日期格式。

（3） 严格的日期格式。

{^yyyy-mm-dd[,][hh[:mm[:ss]][a|p]]}即年-月-日[,][时[:分[:秒]][上午或下午]]，其中^符号表示该格式是严格的日期格式，并按照 YMD 的格式解释日期型和日期时间型数据，系统默认采用严格的日期格式。

- 命令方式。

```
格式：SET STRICTDATE TO [0|1|2]
```

功能：设置是否对日期格式进行检测。

说明：“0”表示不进行严格的日期格式检测；“1”表示进行严格的日期格式检测（默认值），要求所有日期和日期时间型数据均按严格格式；“2”表示进行严格的日期格式检测，且对“CTOD()”和“CTOT()”函数的格式有效。

- 菜单方式。

选择“工具”|“选项”|“常规”选项，展开“2000 年兼容性”栏中的“严格的日期级别”下拉列表框。选择其中某个选项，然后单击“确定”按钮确认此格式设置。

（4） 设置日期分隔符。

- 命令方式。

```
格式：SET MARK TO [日期分隔符]
```

功能：设置显示日期时使用的分隔符，如/、-、.等，如没有指定任何定界符，系统默认为斜杠分隔符。

- 菜单方式。

在系统菜单中依次选择“工具”“选项”“区域”，就可以在日期和时间区域中设置日期分隔符。

2.2.2　变量

变量是在命令操作过程中其值可以改变的量。

确定一个变量需要确定变量名、变量类型、变量值 3 个要素，如 *cj*=100，*cj* 是变量名，100 是变量值，数据类型是数值型。

在 VFP 9.0 中变量命名的规则如下。

（1） 使用字母、汉字、下画线和数字，尽量不采用汉字，以提高操作效率。

（2） 以字母或下画线开头。

（3） 为避免混淆，不应使用 VFP 9.0 的保留字（命令名、函数名等系统预定义项的名称）。

变量分为如下 3 种类型。

1. 字段变量

字段变量指数据表中的字段名，是表中最基本的数据单元。随着记录的不同字段所对应的内容随之变化，随表的存取而存取。字段变量的类型可以是 VFP 9.0 规定的任意数据类型，其名字、类型和长度等是在定义表结构时定义的。

2. 内存变量

内存变量是一种独立于数据表之外的变量，常用来存储用户经常用到的常量，以及程序运行过程中的中间结果、最后结果和用户输入的信息等。内存变量是内存中存储数据的位置名称，变量值就是存储在这个内存空间中的数据。该类型取决于变量值的类型，可以是字符型、数值型、货币型、逻辑型、日期型和日期时间型等。

内存变量名由字母、数字和下画线组成，不能以下画线开头。不允许有空格，最长不超过 254 个字符。如果内存变量和字段变量重名，则应该在内存变量名前添加标识符号“M”，并用分隔符“.”或“->”连接，即：

```
M.<内存变量名> 或 M-><内存变量名>
```

（1） 为内存变量赋值。

赋值的同时也创建了内存变量，常用的赋值命令如下。

```
<内存变量名> = <表达式>
STORE <表达式> TO <内存变量名表>
```

例如：

```
xx=6
STORE 3 TO x,y,z
```

（2） 输出和显示内存变量的值。

```
格式：? <表达式表> 或?? <表达式表>
```

功能：计算并显示表达式的值，?表示结果值显示在下一行；??表示结果显示在同一行。

例如：

```
?xx
??x,y,z
```

（3） 输出显示内存变量。

```
格式：LIST MEMORY [LIKE <通配符>] [TO PRINT] 或 DISPLAY MEMORY [LIKE <通配符>]
[TO PRINT]
```

功能：显示当前已经定义的内存变量的名称、数据类型和其值。若选择 TO PRINT，则打印当前显示的内容。

例如：

```
LIST MEMORY      &&不分屏显示所有内存变量和系统变量
DISPLAY MEMORY     &&分屏显示所有内存变量和系统变量
LIST MEMORY LIKE x*    &&不分屏显示所有名称以 x 开始的内存变量
```

（4） 保存内存变量。

格式：SAVE TO <文件名> [ALL LIKE<通配符>|EXCEPT<通配符>]

功能：将当前已经定义的内存变量的全部或指定部分存入到内存变量文件中，系统将自动生成扩展名为.mem 的文件。保存后并没有清除内存变量，仍具有当前值。

例如：

```
SAVE TO ma
SAVE TO bk  ALL EXCEPT a*
```

（5） 恢复内存变量。

格式：RESTORE FROM <文件名> [ADDITIVE]

功能：恢复指定的内存变量文件中保存的所有内存变量。若命令中包括可选项 ADDITIVE，系统不清除当前的所有内存变量，并追加文件中的内存变量；否则执行后只有内存变量文件中保存的那些变量。

例如：

```
RESTORE FROM  bk
```

（6） 清除内存变量。

格式：CLEAR MEMORY 或 RELEASE [<内存变量表>][ALL [LIKE|EXCEPT <通配符>]]

功能：清除内存变量并释放相应的内存空间，CLEAR MEMORY 清除所有的内存变量，等同于 RELEASE ALL；RELEASE [<内存变量表>][ALL [LIKE|EXCEPT <通配符>]]命令清除指定的内存变量。

3. 数组变量

数组也是一种内存变量，是内存中连续的一片区域，须先定义后使用。它由一系列元素组成，每个数组元素可通过数组名及相应的下标来访问。每个元素相当于一个简单变量，这些数组元素的数据类型可以不同。

（1） 定义。

格式：DIMENSION <数组名>(<下标上界 1>[,<下标上界 2>])[,…]或 DECLARE <数组名>(<下标上界 1>[,<下标上界 2>])[,…]

功能：定义一维或二维数组。

说明：下标的上界是一正整数值，下界由系统统一规定为 1。下标必须用圆括号括起，一维数组的元素只有一个下标，二维数组的元素有两个以逗号分隔的下标。数组定义后系统自动为每个数组元素赋初值逻辑假.F.。

例如：

```
DIMENSION  h(6),j(3,4)
```

（2） 赋值。

可以使用赋值命令分别为数组元素赋值，也可以为整个数组的各个元素赋予相同的值。

注意：数组名不能与简单变量同名。

例如，在命令窗口中输入下列内容，并观察结果：

```
DIMENSION  h(3),j(3,2)
h= "系统"
j(2,1)=114
j(2,2)=.T.
j(3,1)=$12
j(3,2)={^2017/3/20}
?h(1),h(2),h(3)  &&显示结果为系统  系统  系统
?j(1,1),j(1,2)  &&显示结果为 .F.  F.
?j(2,1),j(2,2)  &&显示结果为      114  .T.
?j(3,1),j(3,2)  &&显示结果为                  12.0000  03/20/17
?j(1),j(2),j(3),j(4),j(5),j(6)
```

显示结果为.F. F. 114 .T. 12.0000 03/20/17

4. 系统变量

系统变量是 VFP 9.0 提供的内存变量，使用方法与一般变量相同。系统变量名都以下画线开始，用于控制打印机等外部设备及屏幕输出格式，或者处理有关计算器、日历和剪贴板等方面的信息，因此在定义内存变量名时不能以下画线开始。

2.3 表达式与运算符

表达式指将常量、变量、函数等数据通过运算符连接的式子，根据运算对象的数据类型可以分为算术表达式、字符表达式、日期时间表达式、关系表达式和逻辑表达式。常量、变量和函数可以作为表达式的特例。

2.3.1 算术表达式及算术运算符

算术表达式由算术运算符、数值型常量、数值型内存变量、数值型数组、数值类型的字段和返回值为数值型数据的函数组成，结果为数值型数据。

算术运算符的功能及其运算优先级如表 2-1 所示，表中运算符按优先级别从高到低顺序排列。

表 2-1 算术运算符及其优先级

优先级	运算符	功能
1	()	括号
2	-	负号
3	**和^	乘方
4	*、/、%	乘、除、求余
5	+、-	加、减

例如，在命令窗口中输入如下命令：

```
?-4*3^2/3%2+18 &&
```

显示结果为 18.00。

注意：比较取余%运算在两个操作数符号相同与相异时的结果。

例如：

```
9%7=2           -9%-7=-2
-9%7=5          9%-7=-5
```

2.3.2　字符表达式及字符运算符

字符表达式是用字符运算符连接字符型数据的式子，其运算结果仍然是一个字符串或逻辑量，字符运算符有如下两种。

1. 连接运算

（1） +：将两个字符串连接起来形成一个新的字符串。

（2） -：去掉前一字符串的尾空格，然后与后面字符串连接起来并把去掉的尾空格放到结果串的末尾。

+和-两种运算符的优先级相同。

例如，在命令窗口中输入如下命令：

```
?"计算机    "+"应用基础"     &&结果为计算机    应用基础
?"计算机    "-"应用基础"     &&结果为计算机应用基础
?"efg  h  "-"ijk"-"lmn"       &&结果为efg  hijklmn
```

2. 包含运算

包含运算的结果是逻辑值，一般格式为：

```
<字符串 1>$<字符串 2>
```

若<字符串 1>包含在<字符串 2>之中，其表达式值为.T.；否则为.F.。

例如，在命令窗口中输入如下命令：

```
m= "工程师"
? "总工程师"$m,m$"总工程师"    &&结果为.F. .T.
```

2.3.3　日期时间表达式及日期运算符

日期时间表达式指含有日期型或日期时间型数据的表达式，其运算符只有+和-，合法的日期时间表达式如表 2-2 所示。

表 2-2　合法的日期时间表达式

表达式	结　果	类　型
<日期型数据>+<天数>	若干天后的某个日期	日期型
<日期型数据>-<天数>	若干天前的某个日期	日期型
<日期型数据 1>-<日期型数据 2>	两个日期之间相差的天数	数值型
<日期时间型数据>+<秒数>	若干秒后的某个日期时间	日期时间型
<日期时间型数据>-<秒数>	若干秒前的某个日期时间	日期时间型
<日期时间型数据 1>-<日期时间型数据 2>	两个日期时间之间相差的秒数	数值型

注意：日期（日期时间型）和日期（日期时间型）相加无意义且出错。

例如，在命令窗口中输入如下命令：

```
?{^2018/08/13}+3      &&结果为 08/16/18
?{^2018/08/13}-3      &&结果为 08/10/18
?{^2018/08/16}-{^2018/08/10}      &&结果为 6
?{^2018/08/13 10:00}-{^2018/08/13 9:00}  &&结果为 3600
```

2.3.4　关系表达式及关系运算符

关系表达式是由关系运算符将两个相同类型（可以是字符型、数值型和日期型）的数据连接起来的式子，一般格式为：

```
<表达式 1><关系运算符><表达式 2>
```

关系运算可以执行数值比较、字符比较和日期比较，运算结果是逻辑.T.或.F.。关系运算符的优先级相同，其说明如表 2-3 所示。

表 2-3　关系运算符及其说明

运算符	功　能	运算符	功　能
<	小于	>	大于
=	等于	<>或#或!=	不等于
<=	小于或等于	>=	大于或等于
==	字符串精确比较	$	子串包含测试

各种数据类型的比较规则如下。

（1）　数值型数据和货币型数据按数值大小比较，包括负号。

（2）　日期时间型数据按年、月、日的先后比较，越早的日期时间越小；越晚的日期时间越大。

（3）　逻辑型数据比较.T.比.F.大。

（4）　字符型数据按选择“工具”菜单中“选项”选项的设置比较，默认的字符排序次序为“PinYin”。西文字符比较时空格在最前面，小写字母在前，大写字母在后；汉字则按拼音顺序比较。

比较字符串时，先比较两个字符串的第 1 个字符。若两者不等，其大小决定两字符串的大小；若相等，则各取第二个字符比较，依此类推直到最后。若每个字符都相等，则两个字符串相等。

（5）　精确等于“==”，只有在两个字符串完全相同时才为真；非精确等于“=”，当等号右边的串与等号左边的串的前几个字符相同时，运算结果才为真。

例如，在命令窗口中输入命令：

```
gb="班长      "
?gb="班长"                    &&结果为.T.
?"班长"=gb                    &&结果为.F.
?gb=="班长"                   &&结果为.F.
?"班长"==LEFT(gb,4)           &&结果为.T.
```

2.3.5　逻辑表达式及逻辑运算符

逻辑表达式是由逻辑运算符将逻辑型数据连接起来的式子，它实际上是一个判断条件，结果为一个逻辑值。其一般格式为：

```
<关系表达式 1><逻辑运算符><关系表达式 2>
```

逻辑运算符的优先级与说明如表 2-4 所示，表中运算符按优先级别从高到低顺序排列。

表 2-4　逻辑运算符的优先级与说明

优 先 级	运 算 符	说　明
1	.NOT.或!	逻辑非
2	.AND.	逻辑与
3	.OR.	逻辑或

说明如下。

（1）　运算符两边可以有小圆点，也可以无小圆点。

（2）　NOT 是单目运算，只作用于后面的一个逻辑操作数。若操作数为真，则 NOT 操作数返回假；否则返回真。

（3）AND 是双目运算，即操作数 1 AND　操作数 2。若操作数 1 和操作数 2 同时为真，则表达式值为真；只要其中一个为假，则表达式值为假。

（4）　OR 是双目运算，即操作数 1　OR　操作数 2。若操作数 1 和操作数 2 中有一个为真，则表达式值为真；只有操作 1 和操作 2 均为假时，则表达式值为假。

例如，在命令窗口中输入如下命令：

```
M=7
N=9
?M>9 OR N=9     &&结果为.T.
?M<>6 OR N>6 AND NOT M>6  &&结果为.T.
```

2.3.6　运算符的优先级

同种类型运算符内部之间的优先级如前所述，不同类型运算符在同一个表达式中的优先顺序为算术运算符→字符串运算符→日期运算符→关系运算符→逻辑运算符；另外表达式中可以用括号改变运算的优先次序，并且括号是可以嵌套的。

2.4 系统函数

函数是用程序来实现的一种数据运算或转换，每个函数实现某项功能或完成某种运算，充分正确地使用函数可以简化操作和程序，增强数据处理功能。函数往往需要若干个自变量，即运算对象，但是只能有一个结果，我们称为“函数值”或“函数返回值”。

函数调用的一般形式为：

```
函数名([参数表])
```

函数名后的括号不能省略，参数表用方括号括起表示可省略，即有些函数不需要参数。

VFP 9.0 有系统函数和用户自定义函数，按函数运算、处理对象及结果的数据类型可分为数值函数、字符函数、日期和时间函数、数据类型转换函数和测试函数。

2.4.1 数值函数

数值函数用来执行数值计算，函数的自变量、返回值一般是数值型。

1. 求绝对值函数

```
格式：ABS(<数值型表达式>)
```

功能：返回数值型表达式的绝对值。

例如，ABS(-99)求-99 的绝对值，结果是 99。

2. 求平方根函数

```
格式：SQRT(<数值型表达式>)
```

功能：返回数值型表达式的算术平方根值，数值型表达式的值必须是正数。

例如，SQRT(24+12)求表达式 24+12 的平方根，结果是 6。

3. 取整函数

```
格式 1：INT(<数值型表达式>)
```

功能：取数值型表达式的整数部分。

```
格式 2：CEILING(<数值型表达式>)
```

功能：取大于或等于指定表达式的最小整数。

```
格式 3：FLOOR(<数值型表达式>)
```

功能：取小于或等于指定表达式的最大整数。

例如，在命令窗口中输入如下命令：

```
?INT(45.47)           &&结果为：45
?CEILING(45.47)       &&结果为：46
?FLOOR(45.47)         &&结果为：45
?INT(-45.47)          &&结果为：-45
```

```
?CEILING(-45.47)      &&结果为：-45
?FLOOR(-45.47)        &&结果为：-46
```

4. 求余数函数

```
格式：MOD(<数值表达式 1>,<数值表达式 2> )
```

功能：返回数值表达式 1 除以数值表达式 2 所得的余数，余数符号和数值表达式 2 相同。当数值表达式 1 和数值表达式 2 同号，函数值为两数相除的余数；当数值表达式 1 和数值表达式 2 为异号时，函数值为两数相除的余数加上除数。

例如，在命令窗口中输入如下命令：

```
?MOD(17,4)          &&结果为：1
?MOD(-17,-4)        &&结果为：-1
?MOD(-17,4)         &&结果为：3
?MOD(17,-4)         &&结果为：-3
```

5. 求最大值函数和最小值函数

```
格式：MAX(<表达式 1>,<表达式 2>,……,<表达式 n>)
      MIN(<表达式 1>,<表达式 2>,……,<表达式 n>)
```

功能：MAX 函数是求 *n* 个表达式中的最大值，MIN 函数是求 *n* 个表达式中的最小值。

说明：〈表达式表〉各表达式应是相同数据类型（N、C、Y、D、T）的表达式。

例如，在命令窗口中输入如下命令：

```
?MAX(146,90,75)               &&结果为：146
?MIN("cbef","cbare")          &&结果为：cbare
```

6. 四舍五入函数

```
格式：ROUND(<数值表达式 1>,<数值表达式 2>)
```

功能：对数值表达式 1 进行四舍五入，数值表达式 2 表示保留的小数位数。

说明：如果数值表达式 2 的值为非负，表示需保留的十进制小数位；如果数值表达式 2 的值为负，其绝对值表示整数部分四舍五入的位数；如果数值表达式 2 的值为非整数，则对其取整后四舍五入。

例如，在命令窗口中输入如下命令：

```
?ROUND(11.356,2)              &&结果为：11.36
?ROUND(26785.67,-1)           &&结果为：26790
```

7. 求指数函数

```
格式：EXP(<数值表达式>)
```

功能：将数值表达式的值作为指数 x 求 e^x 的值。

8. 求对数函数

```
格式：LOG(<数值表达式>)
```

功能：求数值表达式的自然对数，数值表达式必须为正数。

```
格式 2：LOG10(<数值表达式>)
```

功能：求数值表达式的常用对数，数值表达式必须为正数。

9. π 函数

```
格式：PI( )
```

功能：返回圆周率 π 的近似值，小数位数取决于系统设置。

10. 随机函数

```
格式：RAND( )
```

功能：返回 0 和 1 之间的一个随机数。

2.4.2 字符函数

字符函数是处理字符型数据的函数，其自变量或函数值中至少有一个是字符型数据。

1. 求字符串长度函数

```
格式：LEN(<字符表达式>)
```

功能：返回字符表达式所包含的字符的个数，函数值是数值型。

例如，在命令窗口中输入如下命令：

```
?LEN(" ")             &&结果为：0
?LEN("hujjlm")        &&结果为：6
?LEN("计算机应用")     &&结果为：10
```

2. 取左子串函数

```
格式：LEFT(<字符表达式〉,<数值表达式>)
```

功能：在字符表达式中从左端开始截取数值表达式中指定的字符个数组成新字符串。

例如，在命令窗口中输入如下命令：

```
?LEFT("计算机应用",4)    &&结果为：计算
```

3. 取右子串函数

```
格式：RIGHT(<字符表达式>,<数值表达式>)
```

功能：在字符表达式中从右端开始截取数值表达式中指定的字符个数组成新字符串。

例如，在命令窗口中输入如下命令：

```
?RIGHT("计算机应用",4)   &&结果为：应用
```

4. 取子串函数

```
格式：SUBSTR(<字符表达式>,<数值表达式 1>[,<数值表达式 2>])
```

功能：从字符表达式中数值表达式 1 指定的字符位置开始截取数值表达式 2 指定的字

符个数组成新字符串。

例如，在命令窗口中输入如下命令：

```
?SUBSTR("计算机应用基础",7,4)      &&结果为：应用
```

5. 求子串位置函数

```
格式：AT(<字符表达式1>,<字符表达式2>)
```

功能：返回字符表达式 1 在字符表达式 2 中的起始位置，若字符表达式 1 不在字符表达式 2 中，则返回数值 0。

例如，在命令窗口中输入如下命令：

```
?at("windows","计算机windows系统")       &&结果为：7
?at("windows","计算机Windows系统")       &&结果为：0
```

6. 删除字符串前后空格函数

```
格式1：LTRIM(<字符表达式>)
```

功能：去除字符表达式的前导空格。

```
格式2：RTRIM(<字符表达式>)
```

功能：去除字符表达式的尾部空格。

```
格式3：ALLTRIM(<字符表达式>)
```

功能：去除字符表达式的前导空格与尾部空格。

例如，在命令窗口中输入如下命令：

```
?LTRIM("   计算机   ")        &&结果为：计算机□□□
?RTRIM("   计算机   ")        &&结果为：□□□计算机
?ALLTRIM("   计算机   ")      &&结果为：计算机
```

7. 产生空格函数

```
格式：SPACE(<数值表达式>)
```

功能：生成若干个空格，空格数由数值表达式的值确定。

例如，在命令窗口中输入如下命令：

```
gz=SPACE(15)
?LEN(gz)        &&结果为：15
```

8. 大小写字母转换函数

```
格式1：UPPER(<字符表达式>)
```

功能：将字符表达式中的小写字母转换成大写字母。

```
格式2：LOWER(<字符表达式>)
```

功能：将字符表达式中的大写字母转换成小写字母。

例如，在命令窗口中输入如下命令：

```
?UPPER("computer")        &&结果为：COMPUTER
?LOWER("ViSual")          &&结果为：visual
```

9. 宏替换函数&

```
格式：&<字符型内存变量>[.<字符表达式>]
```

功能：替换一个字符型内存变量中的字符。

说明如下。

（1） 如果字符型内存变量与后面的字符表达式无空格分界，则用“.”将&函数与后面的字符表达式分隔开。

（2） 宏替换函数取代的字符串本身也可以包含&函数，实现宏替换的嵌套。

例如，在命令窗口中输入如下命令：

```
a="ABS(-4)*2"
?&a+48              &&结果为：56
```

10. 字符串替换函数

```
格式：STUFF(<字符型表达式 1>,<数值型表达式 1>,<数值型表达式 2>,<字符型表达式 2>)
```

功能：在字符型表达式 1 中从数值型表达式 1 指定位置开始用字符型表达式 2 替换字符型表达式 1 中的数值型表达式 2 指定的字符个数。

例如，在命令窗口中输入如下命令：

```
x="计算机应用基础"
?STUFF(x,7,4,'文化')        &&结果为：计算机文化基础
```

11. 字符重复函数

```
格式：REPLICATE(<字符型表达式>,<数值型表达式>)
```

功能：重复给定字符若干次，次数由数值型表达式给定。

例如，在命令窗口中输入如下命令：

```
?REPLICATE("STOP!",2)      &&结果为：STOP!STOP!
```

2.4.3 日期和时间函数

1. 系统日期和时间函数

```
格式 1：DATE()
```

功能：给出当前系统日期，函数值为日期型。

```
格式 2：TIME()
```

功能：给出当前系统时间，形式为 hh:mm:ss，函数值为字符型。

```
格式 3：DATETIME()
```

功能：给出当前系统日期和时间，函数值为日期时间型。

2. 求年份、月份和天数函数

```
格式 1：YEAR(<日期表达式>|<日期时间表达式>)
```

功能：从日期表达式或日期时间表达式中求出年份值，函数值为数值型。

```
格式 2：MONTH(<日期表达式>|<日期时间表达式>)
```

功能：从日期表达式或日期时间表达中求出月份值，函数值为数值型。

```
格式 3：DAY(<日期表达式>|<日期时间表达式>)
```

功能：从日期表达式或日期时间表达式中求出对应月份中的天数，函数值为数值型。

```
格式 4：CMONTH (<日期表达式>|<日期时间表达式>)
```

功能：从日期表达式或日期时间表达式中求出对应月份的英文名，函数值为字符型。
例如，在命令窗口中输入如下命令：

```
?CMONTH({^2018/8/26})+" morning"     &&结果为：August morning
```

3. 求时、分和秒函数

```
格式 1：HOUR(<日期时间表达式>)
```

功能：从日期时间表达式中求出小时数值（按 24 小时制）。

```
格式 2：MINUTE(<日期时间表达式>)
```

功能：从日期时间表达式中求出分钟数值。

```
格式 3：SEC(<日期时间表达式>)
```

功能：从日期时间表达式中求出秒数值。
例如，在命令窗口中输入如下命令：

```
d={^2018/8/26 06:16:06}
?hour(d),minute(d),sec(d)          &&结果为：6  16  6
```

4. 求星期函数

```
格式：DOW(<日期表达式>|<日期时间表达式>)
```

功能：从日期表达式或日期时间表达式中求出星期的数值，用 1～7 表示星期日～星期六，函数值为数值型。

```
格式：CDOW(<日期表达式>|<日期时间表达式>)
```

功能：从日期表达式或日期时间表达式中求出星期的英文名。
例如，在命令窗口中输入如下命令：

```
d={^2018/8/26 06:16:06}
?DOW(d),CDOW(d)        &&结果为：1   Sunday
```

2.4.4 转换函数

转换函数可以将某一数据类型的数据转换成另一种数据类型的数据。

1. 将字符转换成 ASCII 码值函数

格式：ASC(<字符表达式>)

功能：给出字符表达式首字符的 ASCII 码值。

例如，在命令窗口中输入如下命令：

```
?ASC("China")          &&结果为：67
```

2. 将 ASCII 码值转换成相应字符函数

格式：CHR(<数值表达式>)

功能：求出以数值表达式的值作为 ASCII 码时对应的字符。

例如，在命令窗口中输入如下命令：

```
?CHR(67)               &&结果为：C
```

3. 将数值数据转换成字符数据的函数

格式：STR(<数值表达式>[,长度][,小数值])

功能：将数值数据转换成字符数据，长度和小数值分别用来指定结果字符串的长度和四舍五入后保留的小数位数。

说明如下。

（1） 小数值省略时，转换后将无小数部分。

（2） 长度和小数值都省略时，转换后字符串长度为 10，无小数部分。

（3） 如果指定的长度小于小数点左边的位数，则返回指定长度个数的星号*，表示出错。

例如，在命令窗口中输入如下命令：

```
a=-345.65
?STR(a)          &&显示结果为：-346
?STR(a,7,2)      &&显示结果为：-345.65
?STR(a,8,2)      &&显示结果为：-345.65
?STR(a,6,2)      &&显示结果为：-345.7
?STR(a,2,2)      &&显示结果为：**
```

4. 将字符串转换成数值函数

格式：VAL(<字符表达式>)

功能：将由数字、正负号、小数点组成的字符串转换为数值，转换时遇到非上述字符时停止，函数值为 0。

说明如下。

（1） 前导空格不影响转换。

（2）　转换后的数值默认保留两位小数。

例如，在命令窗口中输入如下命令：

```
?VAL("   -568 计算机")          &&结果为：-568.00
```

5. 将字符串转换成日期函数

```
格式：CTOD(<字符表达式>)
```

功能：将字符型数据转换成日期型数据。

说明： 字符表达式中的格式要与系统设置的日期显示格式一致，年份的位数由 SET CENTURY 命令指定。若字符表达式中的格式与系统设置的日期显示格式不一致，则转换结果为空日期。

例如，在命令窗口中输入如下命令：

```
SET CENTURY ON
SET DATE TO YMD
?CTOD("2018-10-01")        &&结果为：2018/10/01
?CTOD("1-31-2018")         &&结果为：    /  /
```

6. 将日期型转成字符串函数

```
格式：DTOC(<日期表达式>[,1])
```

功能：将日期型数据转换成字符型数据，若选参数 1，则输出格式为 yyyymmdd；若不选参数 1，则输出格式为 mm/dd/yy。

例如，在命令窗口中输入如下命令：

```
SET CENTURY OFF
SET DATE TO MDY
?DTOC({^2018/9/20})        &&结果为：09/20/18
?DTOC({^2018/9/20},1)      &&结果为：20180920
```

2.4.5　测试函数

在数据处理时用户经常需要了解操作对象的类型和状态等来决定下一步的动作，VFP 9.0 提供了一些测试函数帮助用户准确地获取操作对象的相关信息。

1. 数据类型测试函数

```
格式 1：TYPE(<字符表达式>)
```

功能：计算字符表达式的值并测试计算结果值的数据类型，数据类型用字母代表。

```
格式 2：VARTYPE(<表达式>,[<逻辑表达式>]
```

功能：测试表达式值的数据类型，数据类型用字母代表。

说明如下。

（1）　TYPE 函数将字符表达式的定界符去掉后测试其中表达式值的数据类型。

（2）　VARTYPE 函数直接测试自变量表达式值的数据类型。

（3） 在 VARTYPE 函数中，如果自变量表达式的运算结果是 NULL，则根据函数中逻辑表达式的值决定是否返回表达式的类型。如果逻辑表达式为.T. ，则返回表达式的原数据类型；如果逻辑表达式为.F.或省略，则返回 X，表明表达式的运算结果是 NULL 值。

例如，在命令窗口中输入如下命令：

```
a=50
?TYPE("a+50")           &&结果为：N
?VARTYPE("a+50")        &&结果为：C
?VARTYPE(a+50)          &&结果为：N
```

两种格式的数据类型测试函数得到的返回值如表 2-5 所示。

表 2-5　两种格式数据类型的测试函数得到的返回值

返 回 值	数据类型	返 回 值	数据类型
C	字符型或备注型	G	通用型
N	数值型	D	日期型
Y	货币型	T	日期时间型
L	逻辑型	X	NULL 值
O	对象型	U	未定义或错误的表达式

2. 表的测试函数

（1） 表文件尾测试函数。

```
格式：EOF([<工作区号>|<表别名>])
```

功能：判断指定或当前工作区的记录指针是否指向打开的文件尾，若记录指针指向表中最后一个记录之后，函数返回值为.T.；否则为.F.。

说明：当未写<工作区号>和<表别名>时，默认为当前工作区。

（2） 表文件首测试函数。

```
格式：BOF([<工作区号>|<表别名>])
```

功能：判断指定或当前工作区的记录指针是否指向打开的文件头，若记录指针指向表中首记录的前面，函数返回值为.T.；否则为.F.。

说明：当未写<工作区号>和<表别名>时，默认为当前工作区。

（3） 记录号测试函数。

```
格式：RECNO([<工作区号>|<表别名>])
```

功能：判断指定或当前工作区的记录指针所指向记录的记录号。

说明如下。

- 省略参数时，默认为当前工作区。
- 若记录指针在最后一个记录之后，返回比记录总数大 1 的值。
- 若表中无记录或 BOF()函数值为.T.时，该函数返回值均为 1。

（4） 记录个数测试函数。

```
格式：RECCOUNT([<工作区号>|<表别名>])
```

功能：返回当前或指定表中记录的个数。

说明如下。

- 省略参数时，默认为当前工作区。
- 返回值不受 SET DELETED 和 SET FILTER 命令的影响。

（5） 查找是否成功测试函数。

```
格式：FOUND([<工作区号>|<表别名>]
```

功能：在当前或指定表中测试是否找到所需的数据，若找到，返回.T.；否则返回.F.。

说明：当未写<工作区号>和<表别名>时，默认为当前工作区。

（6） 记录删除测试函数。

```
格式：DELETED([<工作区号>|<表别名>])
```

功能：在当前或指定表中，测试记录指针所指向的记录是否有删除标记，若有，返回. T. ；否则返回. F. 。

说明：当未写<工作区号>和<表别名>时，默认为当前工作区。

3. 文件测试函数

```
格式：FILE(<文件名>)
```

功能：判断指定文件是否存在，若文件存在，返回 T.；否则返回.F.。

4. 条件测试函数

```
格式：IIF(<条件>,<表达式 1>,<表达式 2>)
```

功能：当条件为.T.，返回表达式 1 的值；否则返回表达式 2 的值。

例如，在命令窗口中输入如下命令：

```
?IIF(5>3,6,5)        &&结果为：6
```

习　　题

（1） 举例说明 VFP 9.0 的常量类型。

（2） 举例说明 VFP 9.0 的变量种类，如何命名变量？

（3） 举例说明 VFP 9.0 的表达式类型，表达式运算优先级是如何规定的？

上 机 练 习

（1） 为下列内存变量赋值。

- s 赋值为 China。
- m，n 都为数值 1。
- ss 赋值为逻辑假。
- h 为日期值 2018 年 8 月 1 日。

（2） 显示所有以字母 s 开头的内存变量。

（3） 写出函数 SQRT(36)、ABS(−7.5)、INT(76.78)、ROUND(665.437,2)的结果。

（4） 用函数完成下面的操作。

- 计算“计算机应用基础”的长度。
- 取“计算机应用基础”中的“应用”两字。
- 将“AbcDef”中的字母全部转换为大写。
- 当前日期的年份。

（5） 书写表达式并显示结果。

- 判断“文化”是否包含在字符串“计算机应用基础”中。
- 求 DTOC({^1998/1/1})+ " 成立 " 的结果。
- 求(3^2−5)>8 AND " A " < " a " OR NOT 45>70/2 的结果。

第 3 章　数据库和表的基本操作

在数据库应用系统中简单的数据关系可以只用一个表加以描述，而复杂的数据则需要用多个表来反映。而且这些表之间还存在一定的联系，VFP 9.0 把这些有联系的表及其他数据对象的集合称为“数据库”。

数据库文件的扩展名是.dbc，在创建数据库时系统在创建扩展名为“.dbc”的文件的同时，还会自动创建一个扩展名为“.dct”的数据备注文件和一个扩展名为“.dcx”的数据库索引文件。即在创建数据库后用户可在磁盘中看到文件名相同，但扩展名分别为“.dbc”“.dct”“.dcx”的 3 个文件。

数据库是保存有组织数据的容器，不能直接存放用户数据。一个关系数据库中一般包含一个或多个相互关联的表、本地视图、远程视图，以及与远程数据源的连接和存储过程。

3.1　数据库操作

3.1.1　数据库设计

在数据库应用系统中数据库是核心，数据库的设计将很大程度上决定开发的成败。正确地设计表的结构和数据库才能准确地为用户提供信息并方便用户操作，从而提高用户的工作效率，起到事半功倍的作用。

数据库的设计步骤如下。

（1）分析数据需求，确定应用程序的功能。

综合各类用户提出的需求，确定所设计的应用程序的功能、应用范围和所需信息。本书将以人事工资数据库为例，根据各类管理人员的要求确定要创建的数据库可以存储所有的个人基本信息、工资信息、部门信息，以及工资变化信息等。

另外，数据库还要具有根据各种情况进行统计和查询的功能，如统计部门人数和职工工资，以及根据各种要求查询人事信息等。

（2）收集和规划数据。

根据所设计的应用程序的功能收集所要的数据，然后根据数据间的关系把数据划分成若干个相对独立的部分，每一部分存储在一个表中。笔者把人事工资数据库中的数据分为 4 类，即人事信息、工资信息、部门信息及增加工资信息，每一部分存储在一个表中，如表 3-1～表 3-4 所示。

表 3-1　人事信息表

编　号	姓　名	性　别	出生日期	工作日期	部门代码	职　称	婚　否	简　历	相　片
0001	李建	男	09/17/73	09/15/94	A01	副教授	F	memo	gen
0002	张欣欣	女	03/12/68	03/12/90	B02	副教授	T	memo	gen
0003	姚一伟	男	03/12/71	09/12/93	A01	讲师	T	memo	gen
0004	苏庆丰	男	04/05/89	09/02/14	B02	助教	F	memo	gen
0005	章玉芬	女	09/12/79	03/23/01	A03	讲师	T	memo	gen
0006	吴文君	女	11/21/72	10/05/95	C01	讲师	T	memo	gen
0007	李力荣	男	01/23/66	09/01/92	B01	教授	T	memo	gen
0008	蔡大为	男	11/21/90	09/02/15	A02	助教	F	memo	gen
0009	高明	男	12/05/65	03/07/91	A04	教授	T	memo	gen
0010	刘俊月	女	07/21/76	09/03/90	B01	讲师	T	memo	gen

表 3-2　工资信息表

编　号	基本工资	岗位津贴	奖　金	应发工资	水　电	保　险	实发工资
0001	2450.00	119.00	712.20	3281.20	44.80	60.00	3176.40
0002	2550.00	120.00	670.00	3340.00	66.00	55.00	3219.00
0003	2080.00	240.00	432.00	2752.00	53.00	67.00	2632.00
0004	1580.00	150.00	453.00	2183.00	25.00	87.00	2071.00
0005	1860.00	186.00	754.00	2800.00	87.00	55.00	2658.00
0006	2030.00	210.00	467.00	2707.00	54.00	75.00	2578.00
0007	2900.00	260.00	554.00	3714.00	86.00	46.00	3582.00
0008	1530.00	137.00	456.00	2123.00	65.00	67.00	1991.00
0009	3080.00	210.00	567.00	3857.00	46.00	55.00	3756.00
0010	1990.00	180.00	666.00	2836.00	75.00	36.00	2725.00

表 3-3　部门信息表

代　码	部门名称
A01	化工学院
A02	自动化学院
A03	机械工程学院
A04	计算机学院
B01	国际经济与贸易学院
B02	工商管理学院
C01	数学学院

表 3-4　工资增加表

编　号	增资日期	增加工资
0001	04/23/18	200.00
0003	07/10/18	111.30
0004	06/15/18	85.50
0002	07/14/18	500.00
0001	06/22/18	421.20
0002	07/16/18	184.22
0003	08/25/18	500.30

（3）　设计表的结构。

确定数据库中的表和表的结构，即定义表中字段个数、字段名称、字段数据类型和字段宽度等。根据需求分析的结果进行数据库的概念设计和逻辑设计，如表 3-5～表 3-8 所示。

表 3-5　人事表 RSB 的结构

字 段 名	类　型	宽　度	小数位数	索　引	是否可为空
编号	字符型	4		主索引	否
姓名	字符型	8			否
性别	字符型	2			是
出生日期	日期型	8			是

（续表）

字 段 名	类　型	宽　度	小数位数	索　引	是否可为空
工作日期	日期型	8			是
部门代码	字符型	3			是
职称	字符型	10			是
婚 否	逻辑型	1			是
简历	备注型	4			是
相片	通用型	4			是

表 3-6　工资表 Gzb 的结构

字 段 名	类　型	宽　度	小数位数	索　引	是否可为空
编号	字符型	4		主索引	否
基本工资	数值型	8	2		是
岗位津贴	数值型	6	2		是
奖金	数值型	7	2		是
应发工资	数值型	9	2		是
水电	数值型	6	2		是
保险	数值型	6	2		是
实发工资	数值型	9	2		是

表 3-7　部门代码表 BMDM 的结构

字 段 名	类　型	宽　度	小数位数	索　引	是否可为空
代码	字符型	3		主索引	否
部门名称	字符型	20			是

表 3-8　增加工资表 ZZ 的结构

字 段 名	类　型	宽　度	小数位数	索　引	是否可为空
编号	字符型	4			否
增资日期	日期型	8			否
增加工资	数值型	6	2		否

（4）　确定表间关系。

为了方便程序设计与数据处理，把要处理的数据分成若干个相互独立的表。但在程序设计时表中的数据并不是独立的，有时只需要一个表中的数据，有时需要两个表中的数据，甚至是多个表中的数据。为此要求数据库中不同表中的数据能够按照一定的关系重新进行组合，即要创建表之间的联系。

（5）　定义数据库的增强特性。

确定实体完整性规则、参照完整性规则、有效性检验和其他特性，具体实现方法后面再做介绍。

（6）　优化设计。

如果设计的数据库有缺陷，便会导致数据难于使用和维护。因此确定所需的表、表结构和表间关系后应该仔细研究设计方案，以求设计精益求精。消除不必要的重复字段，减少冗余。

3.1.2 创建数据库

创建数据库的方法有多种。

1. 通过菜单方式创建数据库

例 3-1：在 E 盘 RSGZK 目录下创建人事工资 RSGZK 数据库。

操作步骤如下。

（1） 选择“文件”|“新建”选项，弹出“新建”对话框，如图 3-1 所示。

（2） 选中“数据库”单选按钮，单击“新建文件”按钮，弹出“创建”对话框，如图 3-2 所示。

（3） 设定保存数据库文件的文件夹并输入数据库文件名，这里输入“RSGZK.dbc”。

（4） 单击“保存”按钮，弹出“数据库设计器-Rsgzk”窗口，如图 3-3 所示；同时“数据库设计器”工具栏也变为有效状态。

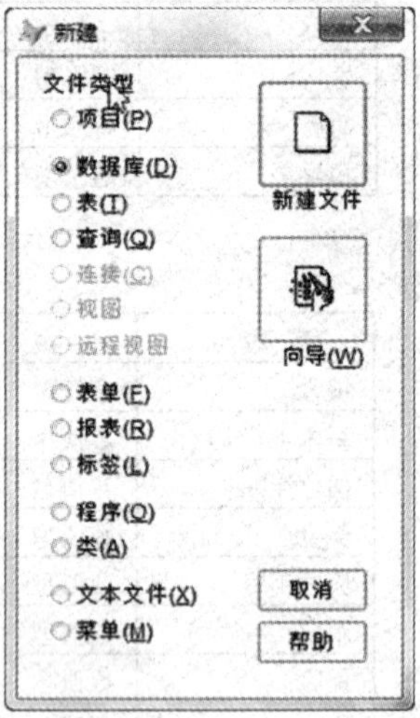

图 3-1 “新建”对话框

图 3-2 “创建”对话框

图 3-3 “数据库设计器-Rsgzk”窗口

注意：如果在命令或程序中未指定路径，系统会从默认的 VFP 9.0 的安装目录中读取和保存文件。为了不把自己的数据文件与 VFP 9.0 混在一起，最好创建一个自己的工作目录来存放数据文件，以避免在打开和保存数据文件时反复选择目录的麻烦。本书所设定的默认目录为 E:\RSGZK。

2. 通过命令方式创建数据库

格式：CREATE　DATABASE　[<数据库文件名>]

功能：创建一个数据库文件，若未指定数据库文件名，则弹出“创建”对话框，等待用户选中保存数据库文件的文件夹和输入数据库文件名。数据库文件的扩展名默认为“.dbc”。

例如：

```
CREATE DATABASE E:\教务管理
```

它的功能是在 E 盘创建一个名为“教务管理”的数据库。

注意：使用该命令创建数据库后打开的仅仅是数据库，并不打开“数据库设计器”窗口。如果要打开“数据库设计器”窗口，则在命令窗口中输入 MODIFY DATABASE 命令。

3.1.3　打开和关闭数据库

处理数据库之前应先打开数据库。

1. 打开数据库

（1） 菜单方式。

- 选择“文件”|“打开”选项，弹出“创建”对话框，如图 3-4 所示。

图 3-4　“创建”对话框

- 在“保存在”下拉列表框中选择数据库文件所在的位置，在“保存类型”下拉列表框中选择文件类型为“数据库（*.dbc）”，然后选择数据库文件名。
- 单击“确定”按钮，弹出“数据库设计器”窗口，系统菜单中的“格式”菜单项变为“数据库”。

（2） 命令方式。

```
格式：OPEN  DATABASE  [<数据库文件名>|?] [NOUPDATE][ EXCLUSIVE|SHARED]
```

功能：打开指定的数据库。

说明如下。

- ?：系统弹出“打开”对话框。
- NOUPDATE：指定以只读方式打开数据库。
- EXCLUSIVE：指定以独占方式打开数据库。
- SHARED：指定以共享方式打开数据库。

例 3-2：打开 E 盘 RSGZK 目录下的 RSGZK 数据库。

```
OPEN  DATABASE E:\RSGZK\ RSGZK
```

注意：以这种方式打开的数据库不打开“数据库设计器”窗口。

如果需要在打开数据库的同时打开“数据库设计器”窗口修改数据库，则用以下命令：

```
MODIFY  DATABASE  [<数据库文件名>|?]
```

2. 关闭数据库

（1） 菜单方式。

选择“文件”|“关闭”选项，关闭正在使用的数据库。

（2） 命令方式。

```
格式 1：CLOSE DATABASES
```

功能：关闭所有打开的数据库和数据表。

```
格式 2：CLOSE ALL
```

功能：关闭所有打开的数据库和数据表，以及除主窗口之外的所有窗口。

3.2 创 建 表

数据库由表和其他数据库对象的集合构成，表在关系数据库中称为“关系”；在 VFP 9.0 中称为“数据库表文件”，其扩展名为“.dbf”。如果表有中备注型或者通用型字段，则同时创建一个与数据库表文件同名，但扩展名为“.fpt”的备注文件。创建表的次序一般是设计表结构→创建表结构→输入表记录数据。

表可以分为数据库表和自由表，不属于任何数据库而独立存在的表称为“自由表”，后续将详细介绍，本节所指的表是数据库表。

3.2.1 创建数据库表

创建之前要设计表结构，即确定字段及字段参数，包括字段名称、类型、宽度、小数位数，以及是否允许为空等。

（1） 字段名（Field Name）。

字段名必须以汉字、字母或下画线开头，最多不超过 128 个字符，自由表中的字段名不得超过 10 个字符。

（2） 字段类型（Type）。

指定字段存储的数据类型，视具体情况而定。

（3） 字段宽度（Width）。

字段允许存放的最大字节数或数值位数，字符型、数值型和浮点型这 3 种字段的宽度根据所存数据的具体情况规定。其他类型由系统规定，其中货币型、日期型、日期时间型字段的宽度均为 8 个字节；逻辑型字段的宽度为 1 个字节；备注型字段和通用型字段的宽度均为 4 个字节。

（4） 小数位数（Dec）。

只有数值型与浮点型字段才有小数位数，小数位数至少应比该字段的宽度值小 2。若字段值是整数，则小数位数为 0。双精度型字段允许输入小数，但不需事先定义小数位数，小数点将在输入数据时输入。

（5） 索引。

指定是否以该字段为关键字创建索引（升序或降序），索引主要用于记录排序，后续会有详细介绍。

（6） 是否允许为空。

表示是否允许字段接受空值（NULL），空值指无确定的值，它与空字符串、数值 0 等不同。例如，基本工资字段空值表示没有确定工资，0 则表示 0 元。一个字段是否允许为空值与其性质有关，如作为关键字的字段不允许为空值。

根据表 3-5 创建人事表，表结构设计如同设计一个表格。即首先要设计一个表名（如 RSB.dbf），然后确定表中的字段（如编号、姓名和性别等）及其类型（如字符型、数值型和日期型等），最后确定字段的宽度。如果是数值型，还要确定小数的位数。

1. 菜单方式

例 3-3：在 RSGZK 数据库中创建数据库表 RSB.dbf。

操作步骤如下。

（1） 打开 RSGZK 数据库，如图 3-5 所示。

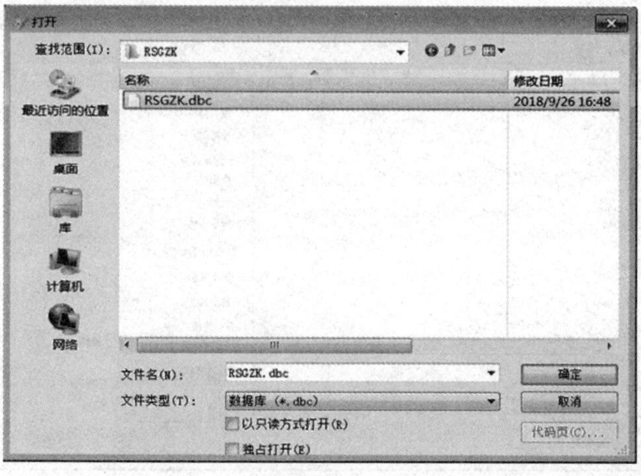

图 3-5　打开 RSGZK 数据库

（2） 单击“数据库设计器”窗口工具栏中的“新建表”按钮，弹出“新建表”对话框，如图 3-6 所示。

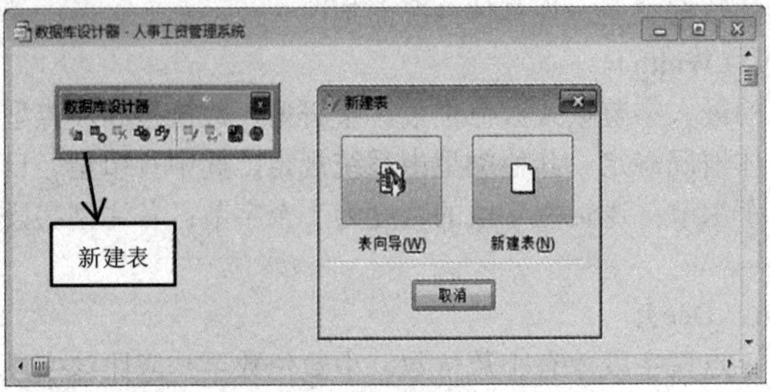

图 3-6 “新建表”对话框

（3） 单击“新建表”按钮，弹出“创建”对话框，如图 3-7 所示。

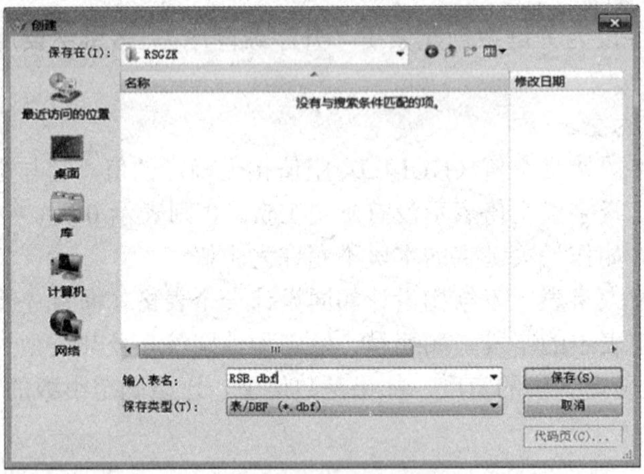

图 3-7 “创建”对话框

（4） 选择保存的目录并输入表名，在这里输入“RSB”。

（5） 单击“保存”按钮，弹出“表设计器-rsb.dbf”对话框，如图 3-8 所示。

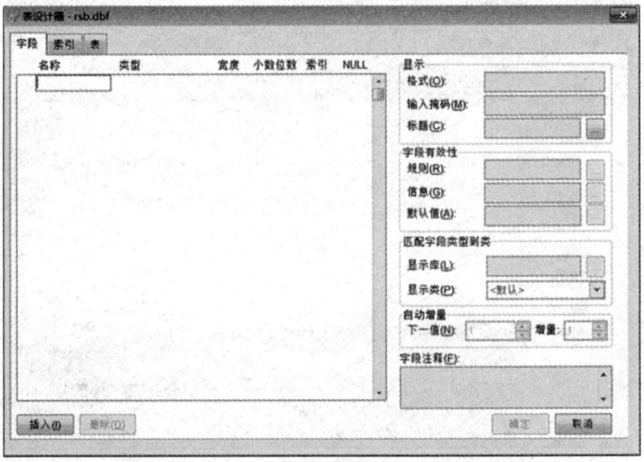

图 3-8 “表设计器-rsb.dbf”对话框

（6）打开“字段”选项卡。

（7）按照表 3-5 所示结构依次输入或选择每一个字段的字段名、类型和宽度等，结果如图 3-9 所示。

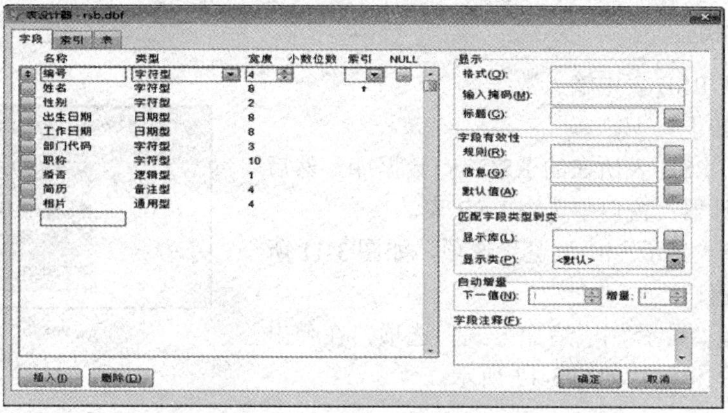

图 3-9　输入或选择结果

（8）单击“确定”按钮，在数据库设计器中将显示新创建的表，如图 3-10 所示。

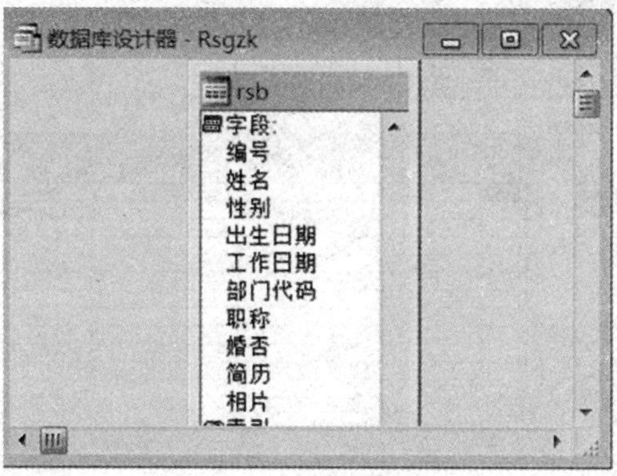

图 3-10　新创建的 RSB 表

这时表中没有数据，只有表结构，即是个空表。

2. 命令方式

（1）格式：CREATE <表文件名>

功能：打开“表设计器”窗口创建表。

说明：如果在该命令之前用 OPEN DATABASE 命令打开了一个数据库，则创建的是数据库表；否则创建的是自由表。

例：CREATE　Gzb　&&创建表 Gzb.DBF 并打开“表设计器”窗口

（2）格式：CREATE　TABLE　<表文件名>(<字段名><字段类型>(<字段宽度>[,<小数位数>]……))

功能：SQL 语言创建表的方式，详见第 4 章。

3.2.2 输入表记录

定义表结构后可以输入记录，VFP 9.0 提供以下两种数据输入方式。

1. 浏览方式

例 3-4：在 RSB 表中输入数据。

操作步骤如下。

（1） 打开 RSB 表所在的 RSGZK 数据库，然后在“数据库设计器”窗口中选中 RSB 表。

（2） 选择“显示”|“浏览”选项，如图 3-11 所示，弹出浏览窗口。

（3） 选择“显示”|“追加方式”选项，在弹出的表中逐条输入记录，如图 3-12 所示。

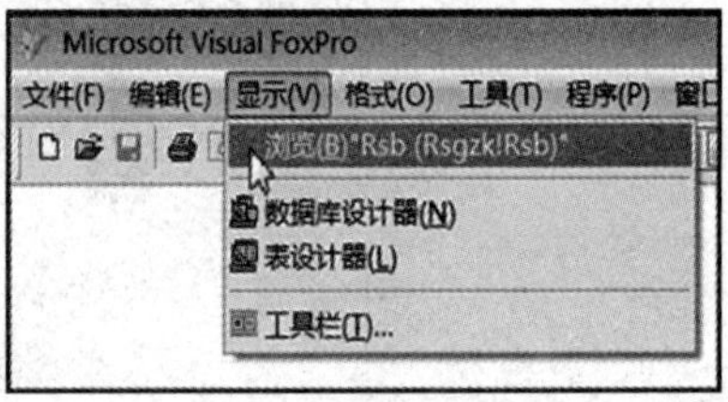

图 3-11 “浏览”选项

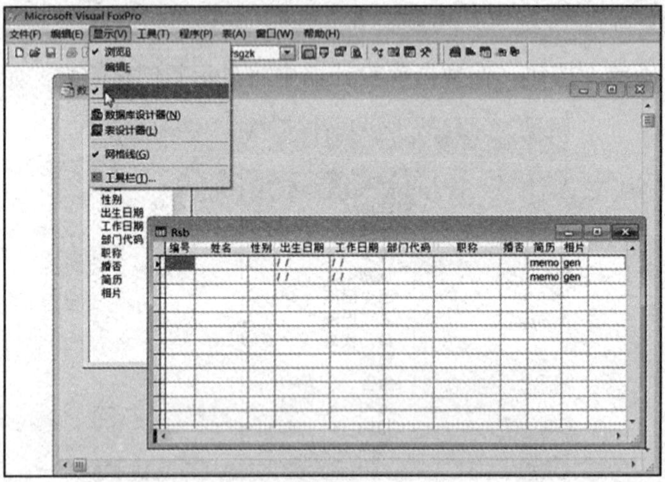

图 3-12 以“追加方式”输入数据

（4） 输入备注型字段数据，双击备注型字段的“memo”处，弹出备注型字段编辑窗口，如图 3-13 所示。

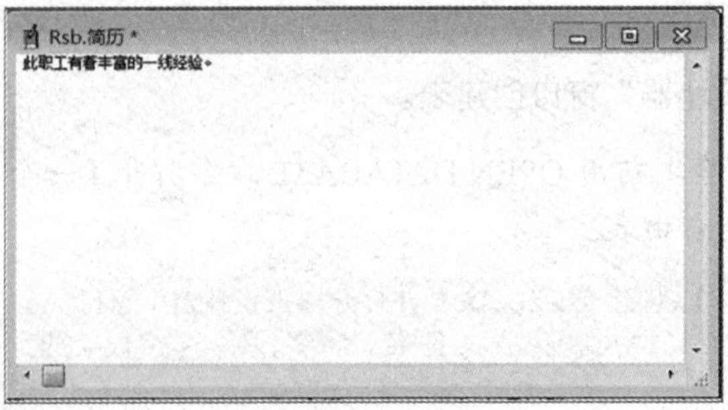

图 3-13 备注型字段编辑窗口

输入或编辑当前记录的简历字段的内容，结束后单击关闭按钮或按下 Ctrl+W 组合键将备注型数据存盘，关闭备注型字段编辑窗口；按下 Ctrl+Q 组合键则放弃本次输入，关闭备注型字段编辑窗口。

此时“memo”变成“Memo”，表示备注型字段已经输入数据。

（5） 输入通用字段数据。

在输入记录窗口中双击通用型字段的“gen”处，弹出通用型字段编辑窗口。选择“编辑”|“插入对象”选项，弹出“插入对象”对话框，如图 3-14 所示。

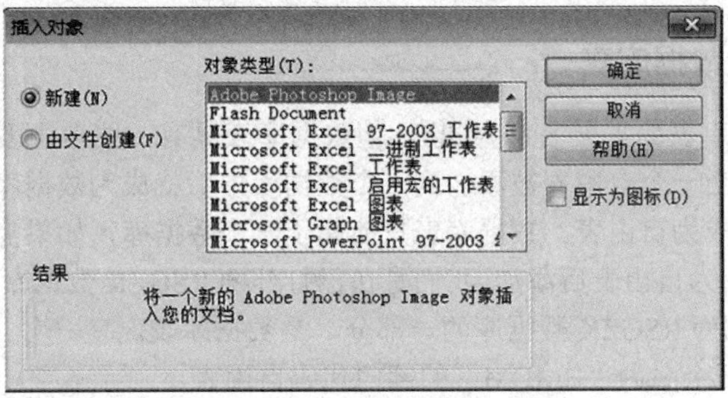

图 3-14　“插入对象”对话框

- “新建”单选按钮：选择后在“对象类型”下拉列表框中新建一个对象添加到该通用字段中。
- “由文件创建”单选按钮：选择后可以选择一个已经存在的对象添加到该通用型字段中。

结束后单击关闭按钮或按下 Ctrl+W 组合键，将通用型数据存盘并关闭通用型字段编辑窗口；按下 Ctrl+Q 组合键则放弃本次输入，关闭通用型字段编辑窗口。

此时“gen”变成“Gen”，表示已经输入数据。

（6） 依次输入数据，结果如图 3-15 所示。

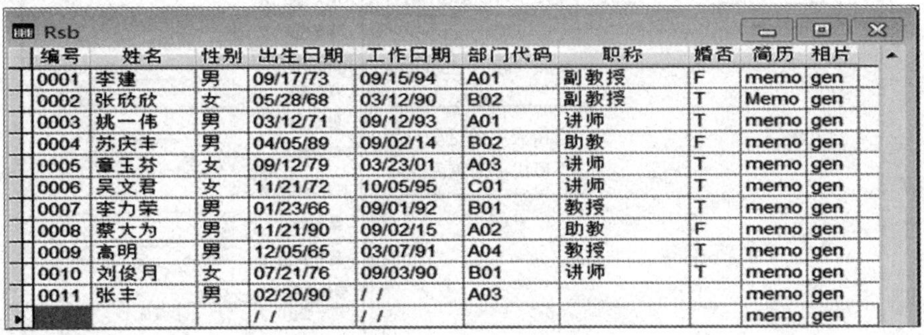
Rsb

编号	姓名	性别	出生日期	工作日期	部门代码	职称	婚否	简历	相片
0001	李建	男	09/17/73	09/15/94	A01	副教授	F	memo	gen
0002	张欣欣	女	05/28/68	03/12/90	B02	副教授	T	Memo	gen
0003	姚一伟	男	03/12/71	09/12/93	A01	讲师	T	memo	gen
0004	苏庆丰	男	04/05/89	09/02/14	B02	助教	F	memo	gen
0005	章玉芬	女	09/12/79	03/23/01	A03	讲师	T	memo	gen
0006	吴文君	女	11/21/72	10/05/95	C01	讲师	T	memo	gen
0007	李力荣	男	01/23/66	09/01/92	B01	教授	T	memo	gen
0008	蔡大为	男	11/21/90	09/02/15	A02	助教	F	memo	gen
0009	高明	男	12/05/65	03/07/91	A04	教授	T	memo	gen
0010	刘俊月	女	07/21/76	09/03/90	B01	讲师	T	memo	gen
0011	张丰	男	02/20/90	/ /	A03			memo	gen
			/ /	/ /				memo	gen

图 3-15　输入的结果

2. 编辑方式

这种方式的操作过程与浏览方式大致相同，不同之外在于每行只有一个字段。在浏览状态下选择“显示”|“编辑”选项，切换到编辑窗口中输入数据，如图 3-16 所示。

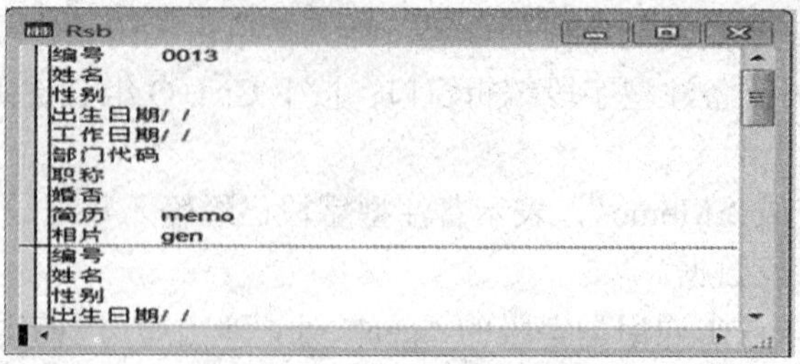

图 3-16　以编辑方式输入记录

3.2.3　自由表与数据库表

自由表和数据库表的扩展名都为.dbf，但数据库表具有一些自由表所没有的属性。二者可以相互转换，当一个自由表被添加到一个数据库中后就成为数据库表；当数据库表从数据库中移出后就成为自由表。数据库表只能属于一个数据库，如果需要将其添加到其他数据库中，应将它变为自由表后添加。我们是在已打开的 RSGZK 数据库中创建的 RSB 表，所以 RSB 表自动成为 RSGZK 数据库的一部分，是数据库表。

例 3-5：创建一个名为“BMDM”的部门代码自由表。

操作步骤如下。

（1） 启动 VFP 9.0。

（2） 选择“文件”|“新建”选项，弹出“新建”对话框。

（3） 选择“表”选项，单击“新建”按钮，弹出“创建”对话框。

（4） 输入表名“BMDM”，单击“保存”按钮，弹出“表设计器-bmdm.dbf”对话框，如图 3-17 所示。

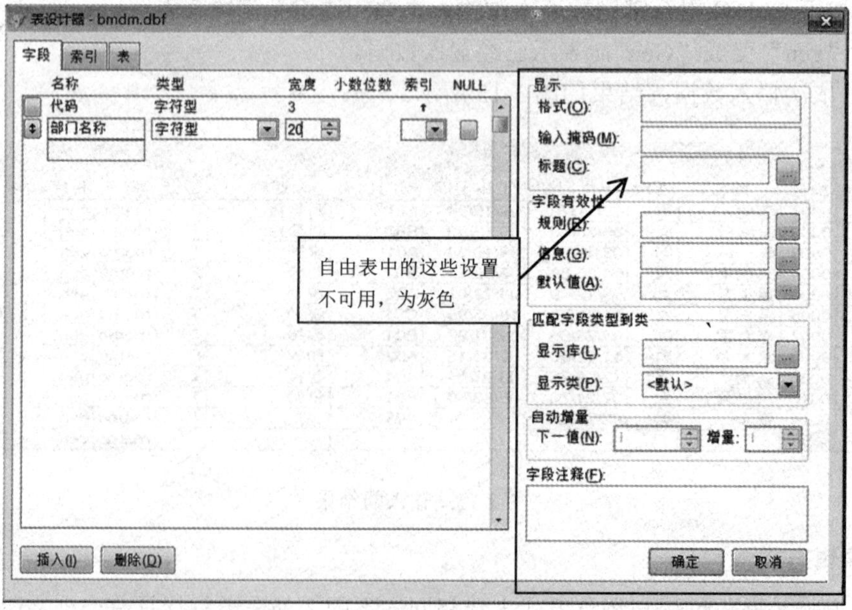

图 3-17　“表设计器-bmdm.dbf”对话框

例 3-6：将自由表 BMDM 添加到 RSGZK 数据库中。

操作步骤如下。

（1） 打开 RSGZK 数据库。

（2） 选择“数据库”|“添加表”选项，如图 3-18 所示。

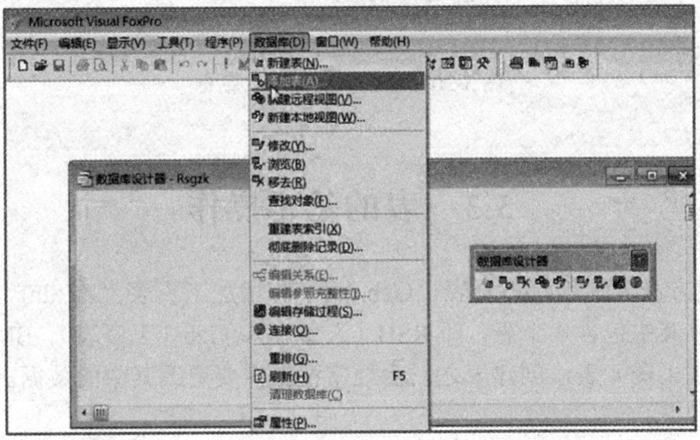

图 3-18　选择“数据库”|“添加表”选项

（3） 弹出“打开”对话框，选择要添加到当前数据库的自由表 BMDM。或者单击“数据库设计器”窗口工具栏中的添加表工具按钮，如图 3-19 所示。

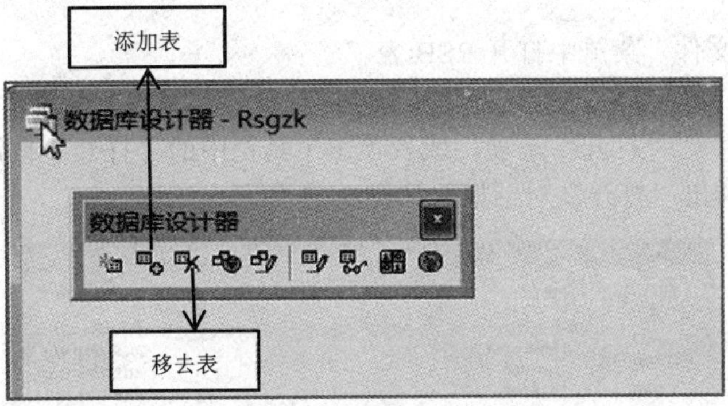

图 3-19　添加表按钮

（4） 单击“确定”按钮，选中的自由表添加到指定的数据库中。

在“数据库设计器”窗口中可以看到数据库中增加了一个 BMDM 表。

例 3-7：把数据库表 BMDM 移出数据库，使之成为自由表。

操作步骤如下。

（1） 打开 RSGZK 数据库。

（2） 选择 BMDM 表。

（3） 选择“数据库”|“移去”选项，弹出如图 3-20 所示的提示对话框。或者单击“数据库设计器”窗口中工具栏中的移动表按钮。

（4） 单击“移去”按钮，BMDM 表变为自由表。

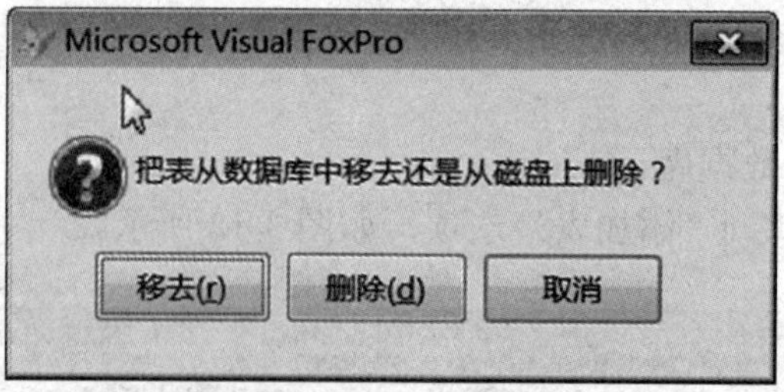

图 3-20　移去表的提示对话框

3.3　表的基本操作

按前面所述方法分别创建工资表“Gzb.dbf”和增加工资表“ZZ.dbf”，这样就创建了RSGZK 数据库。其中包含 4 个表，即 RSB（人事表）、Gzb（工资表）、BMDM（部门代码表）和 ZZ（增加工资）表，创建表之后会经常根据需要更改其中的数据。

3.3.1　打开与关闭表

1. 打开

操作表前必须打开表，打开有菜单和命令方式两种。

（1） 菜单方式。

例 3-8：从“文件”菜单中打开 RSB 表。

操作步骤如下。

- 选择“文件”|“打开”选项，或者单击工具栏中的“打开”按钮或者按下 Ctrl+O 组合键，弹出“打开”对话框，如图 3-21 所示。

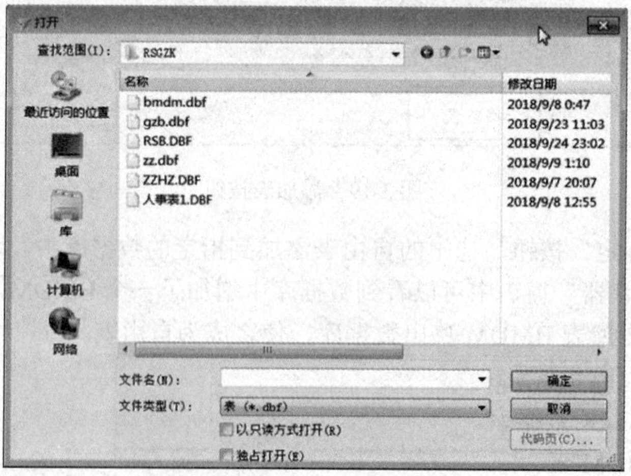

图 3-21　“打开”对话框

- 在“查找范围”下拉列表框中选择表所在的目录，在“文件类型”下拉列表框中选择“表”选项。找到要打开的文件，选中“独占打开”复选框。

- 双击要打开的文件或选中要打开的文件后单击“确定”按钮。

表打开后在状态栏中会显示表的有关信息，这时可以操作表。

例 3-9：在 RSGZK 数据库中打开 BMDM 表。

操作步骤如下。

- 打开数据库 RSGZK，弹出“数据库设计器”窗口。
- 双击 BMDM 表。

（2） 命令方式。

```
格式：USE  [<数据库名!>]|<表文件名>
```

功能：打开表。

说明：若要打开数据库表，可以用 USE [<数据库名!>]|<表文件名>命令或者 OPEN DATABASE<数据库名>命令打开数据库，然后用 USE <表文件名>打开表；若打开自由表，则可直接使用 USE <表文件名>命令。

例 3-10：打开数据库 RSGZK 中的 RSB 表。

```
USE  RSGZK!RSB.DBF          &&直接打开数据库表
```

或：

```
OPEN  DATABASE RSGZK        &&打开数据库"RSGZK.dbc"
USE  RSB.DBF                &&打开数据库中的数据表"RSB.dbf"
```

例 3-11：打开自由表“ZZ.DBF”。

```
USE  ZZ.DBF                 &&假定 ZZ.dbf 为一自由表
```

2. 关闭表

完成表的操作后要及时关闭才能及时保存修改，关闭表的方法如下。

（1） 菜单方式。

- 选择“窗口”|“数据工作期”选项，弹出“数据工作期”对话框，如图 3-22 所示。

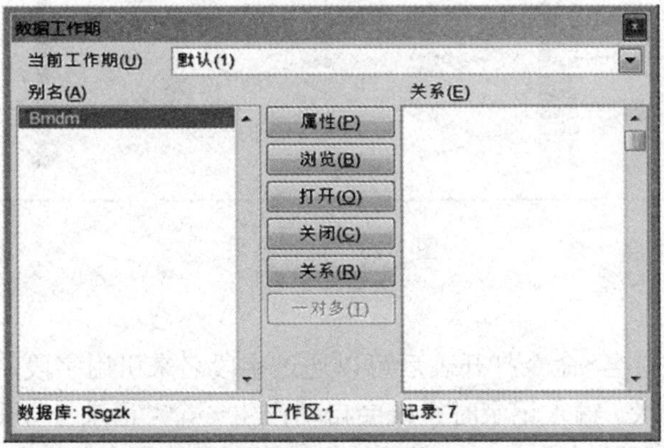

图 3-22　“数据工作期”对话框

- 在“别名”下拉列表框中选择要关闭的表，然后单击“关闭”按钮。

（2） 命令方式。

```
格式：USE
```

功能：关闭当前工作区中的表。

3.3.2 显示表

1. 显示表结构

显示表结构即列出数据表各字段的名字、类型和宽度等信息。

（1） 菜单方式。

打开需要操作的表，然后选择“显示”|“表设计器”选项，弹出“表设计器”窗口，其中显示表的结构。

（2） 命令方式。

```
格式：LIST|DISPLAY STRUCTURE  [TO PRINTER [PROMPT]|TO FILE <文件名>]
```

该命令在屏幕上列出指定表的结构，包括记录个数、记录长度，以及各字段的名称、宽度和类型等。LIST 为连续显示，DISPLAY 为分屏显示。

例 3-12：在 VFP 9.0 主窗口显示“RSB.dbf”表的结构。

在命令窗口中输入如下命令：

```
USE RSB
LIST STRUCTURE
```

运行结果如图 3-23 所示。

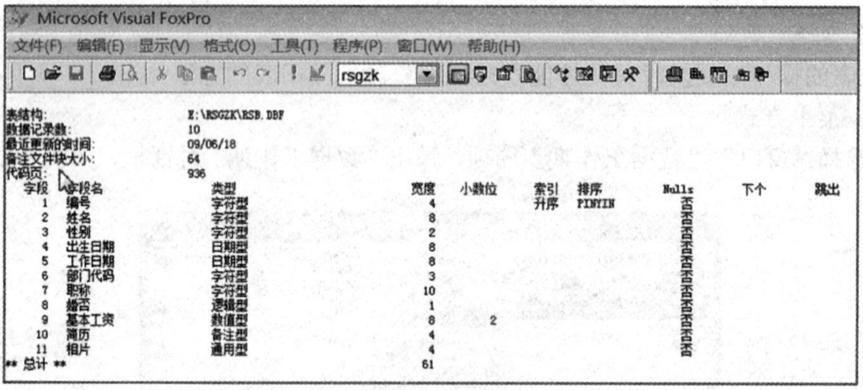

图 3-23 运行结果

2. 显示表记录

通过 USE <表文件名>命令打开表后可以通过字段名来引用字段，VFP 9.0 用记录指针的方式来指定表中记录。输入记录时系统会自动产生一个“记录号”，即记录在表文件中的序号。使用 USE 打开一个表文件时，记录的指针指向并停留在第 1 条记录。当前指针所指向的记录称为“当前记录”，当前记录号随记录指针的改变而改变。

显示表记录的两种方式如下。

（1）菜单方式。

打开表文件后，选择“显示”|“浏览”选项，显示表中所有记录。如果要查看特定记录，则可以通过数据过滤器筛选。

例 3-13：显示 RSB.dbf 中出生日期在 1973 年以后的职工记录。

操作步骤如下。

- 打开表 RSB.DBF，选择“显示”|“浏览”选项，在弹出的“浏览”窗口中显示表 RSB。
- 选择“表”|“属性”选项，弹出如图 3-24 所示的“工作区属性”对话框。
- 在“数据过滤器”文本框中输入筛选表达式“Rsb.出生日期>{^1973-12-31}”，或者单击“数据过滤器”文本框后的按钮，在“表达式生成器”对话框中输入表达式“Rsb.出生日期>{^1973/12/31}”，如图 3-25 所示。

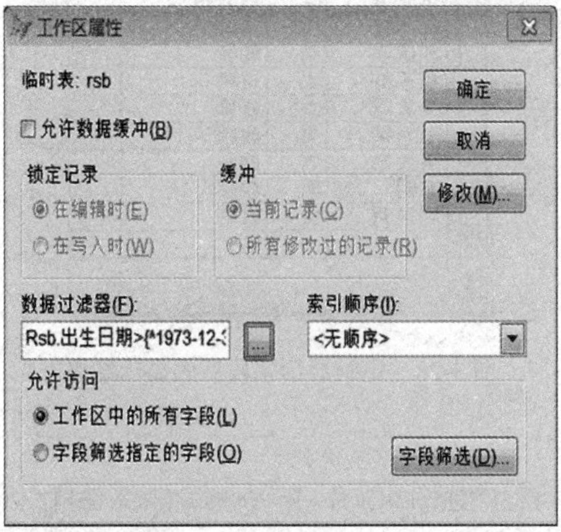

图 3-24　“工作区属性”对话框

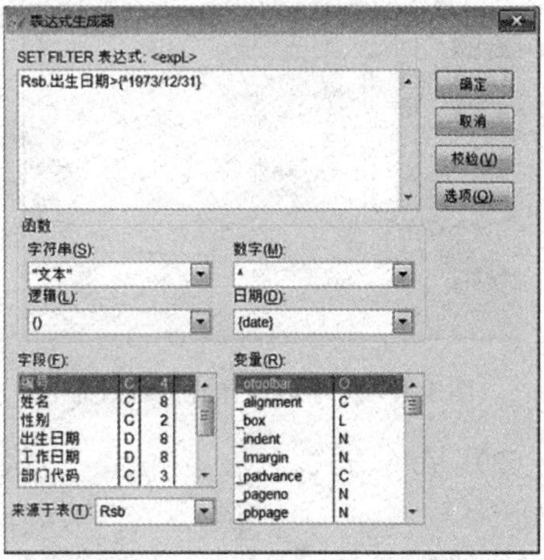

图 3-25　输入表达式

- 单击“确定”按钮，回到浏览窗口，显示出生日期在 1973 年以后的职工信息，如图 3-26 所示。

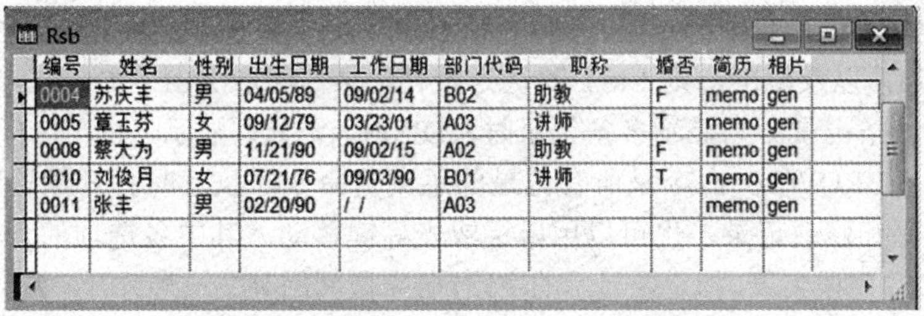

图 3-26　出生日期在 1973 年以后的职工记录

例 3-14：显示 RSB.dbf 表中的姓名、性别和职称数据。

操作步骤如下。

- 在浏览窗口中打开 RSB.dbf。
- 选择“表”|“属性”选项，弹出“工作区属性”对话框。
- 选中“允许访问”选项组中的“字段筛选指点定的字段”单选按钮。

- 单击“字段筛选”按钮，弹出“字段选择器”对话框，如图 3-27 所示。
- 在“所有字段”下拉列表框中选择所有要显示的字段，将“姓名”“性别”和“职称”分别添加到“选定字段”下拉列表框中。
- 单击“确定”按钮，关闭“字段选择器”对话框。
- 在“工作区属性”对话框中选择“允许访问”选项组中的“字段筛选指定的字段”单选按钮。
- 单击“确定”按钮，关闭“工作区属性”对话框。
- 打开浏览窗口，其中显示“姓名”“性别”和“职称”3 个字段，如图 3-28 所示。

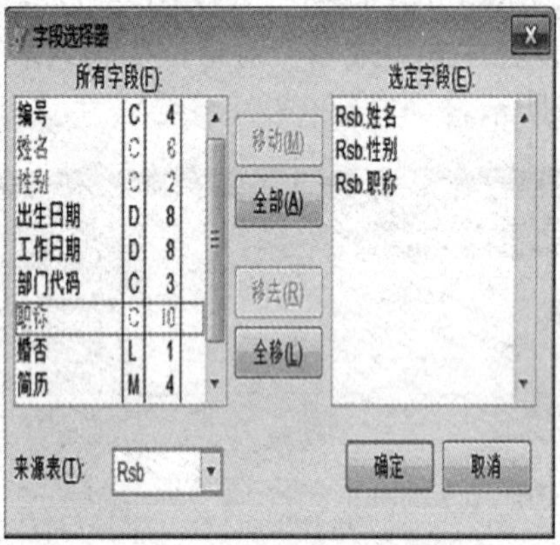

图 3-27 “字段选择器”对话框

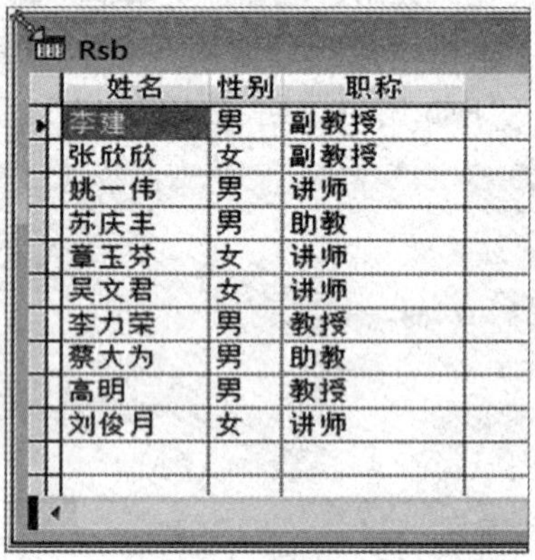

图 3-28 定制显示字段后的显示结果

（2） 命令方式。

```
    格式 1：LIST  [<范围>]  [[FIELDS] <表达式表>]  [FOR<条件>]  [WHILE <条件>] [TO
PRINTER [PROMPT]| TO FILE <文件名>]  [OFF]
    格式 2：DISPLAY  [<范围>]  [[FIELDS] <表达式表>] [FOR<条件>] [WHILE <条件>] [TO
PRINTER [PROMPT]|TO FILE <文件名>]  [OFF]
    格式 3： BROWSE [LAST] [FIELDS <字段表>]  [FOR <条件>] [FREEZE <字段>] [LOCK<
数值表达式>]
```

这 3 个命令均显示表中的记录，LIST 和 DISPLAY 命令的区别是如果省略 FOR 子句或 WHILE 子句，以及范围，则 LIST 默认为所有记录，即取 ALL；DISPLAY 默认为当前记录，即显示一条记录。当显示多条记录时，DISPLAY 分页显示，而 LIST 不分页，即连续地滚动显示；BROWSE 命令是所有记录的总浏览命令，执行时打开浏览窗口。该命令可以添加、删除和修改记录，也可以用鼠标或光标键移动。其中各选项的含义如下。

- FIELDS：字段名表，指定要显示的字段，各字段间用英文逗号分开，默认为全部字段。
- FOR 和 WHILE 条件：显示满足条件的结果。若选中 FOR 子句，则显示满足所给条件的所有记录；若选中 WHILE 子句，则显示直到条件不成立时为止，这时后面即使还有满足条件的记录也不再显示。
- 范围：可以是 ALL、REST、RECORD N 和 NEXT N。
- OFF：表示只显示记录内容而不显示记录号，若省略该项，则同时显示记录号和记录内容。

- TO　PRINTER：将显示结果输送到打印机打印。
- TO　FILE <文件名>：将显示结果输送到指定的文件中保存。

例 3-15：根据人事表（RSB.DBF）写出如下操作命令并观察结果。

- 显示所有记录：

```
USE  RSB
LIST                    &&也可以用 DISPLAY  ALL 命令
USE
```

- 显示前 5 条记录：

```
USE  RSB
LIST  NEXT  5            &&也可以用 DISPLAY  NEXT  5 命令
USE
```

- 显示已婚的男职工的记录：

```
USE  RSB
LIST  FOR 婚否=.T.  and  性别=" 男 "
USE
```

执行结果如图 3-29 所示。

记录号	编号	姓名	性别	出生日期	工作日期	部门代码	职称	婚否	简历	相片
3	0003	姚一伟	男	03/12/71	09/12/93	A01	讲师	.T.	memo	gen
7	0007	李力荣	男	01/23/66	09/01/92	B01	教授	.T.	memo	gen
9	0009	高明	男	12/05/65	03/07/91	A04	教授	.T.	memo	gen

图 3-29　满足条件的记录

- 显示职称是“教授”人员的姓名、性别及工作日期：

```
USE  RSB
LIST  FIELDS  姓名,  性别, 工作日期;
FOR 职称=" 教授 "
USE
```

执行结果如图 3-30 所示。

图 3-30　满足条件的记录

3.3.3　修改表

1. 修改结构

在“表设计器”窗口中可以定义、插入、删除、修改字段并调整字段的顺序等。

（1） 插入字段：单击需要插入字段的位置，单击“插入”按钮，在该字段之前插入一个新的字段。输入相关字段信息后，原字段后面的字段位置按顺序后移。

（2） 删除字段：选择要删除的字段，单击“删除”按钮。

（3） 更改字段内容：单击要修改处，然后输入需要修改的内容。

（3） 调整字段的顺序：在字段名的左边有一排纵向排列的方形按钮，需要调整哪个字段的位置则单击该按钮，显示一个上下箭头的符号。拖动该按钮，该按钮所在行的字段放到新的位置。

例 3-16：打开“表设计器”窗口修改表 RSB 的结构，要求在“姓名”和“性别”之间增加“籍贯”字段。其类型为字符型，宽度为 10，删除“出生日期”字段并修改“职称”字段的宽度为 8。

操作步骤如下。

（1） 打开 RSB.dbf。

（2） 选择“显示”|“表设计器”选项，弹出“表设计器-rsb.dbf”对话框。

（3） 选中“性别”字段，单击“插入”按钮，在“姓名”与“性别”之间增加了一行。

（4） 在新字段中输入字段名“籍贯”，在“类型”列中选择数据类型为“字符型”，在“宽度”列中选择亮度为“10”，如图 3-31 所示。

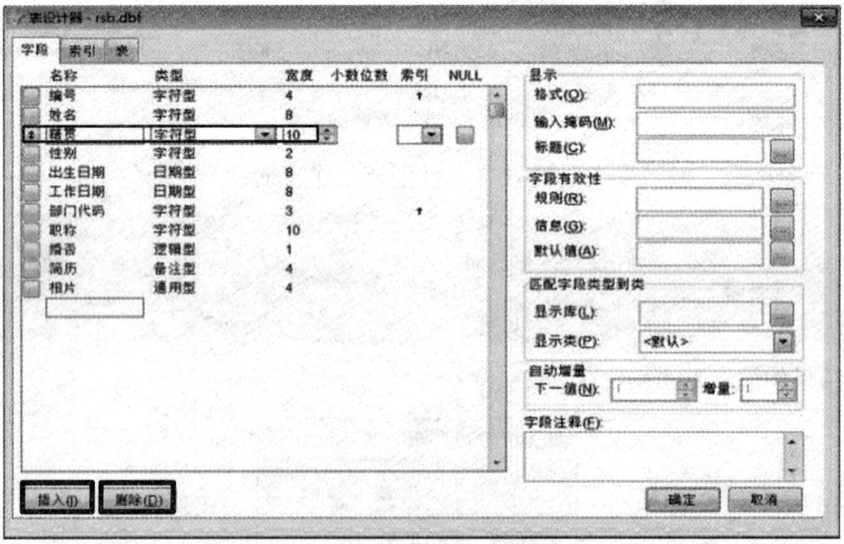

图 3-31 插入新字段

（5） 选中“出生日期”字段，单击“删除”按钮。

（6） 选中“职称”字段，改变宽度为 10。

（7） 单击“确定”按钮，在弹出的提示对话框中单击“是”按钮。

2. 修改记录

（1） 使用浏览窗口。

浏览窗口实际上是一个全屏幕编辑窗口，在其中可以查看和修改表记录。把光标定位在要修改记录的相应字段上直接修改即可，如图 3-32 所示。

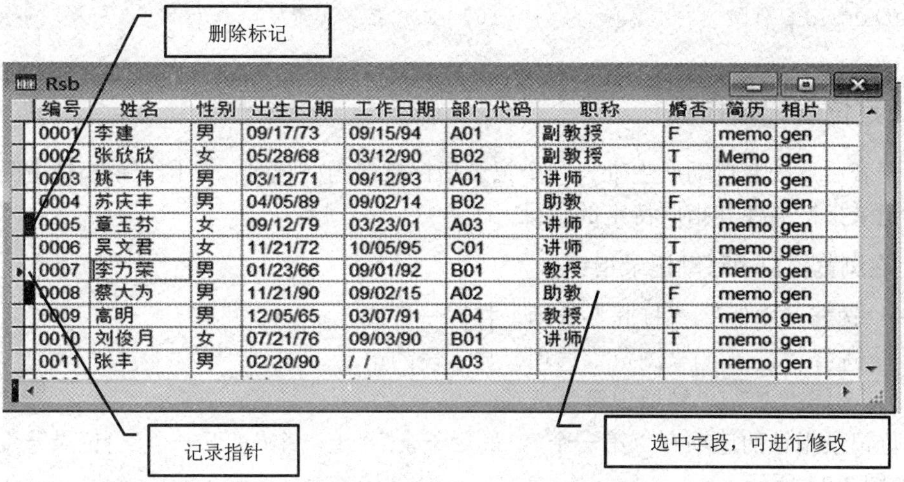

图 3-32　在浏览窗口中修改记录

若要编辑备注型和通用型字段，则双击对应的字段，打开编辑窗口后修改。

（2）　使用 EDIT 或 CHANGE 命令。

EDIT 和 CHANGE 命令均可修改当前记录，按 PageDown 或 PageUp 键可跳到下一条或上一条记录，也可用光标定位。

（3）　使用成批替换命令。

REPLACE 命令可成批有规律地修改字段内容。

```
格式：REPLACE [范围] <字段 1> WITH <表达式 1>[，<字段 2> WITH <表达式 2>…] [FOR<条件>][WHILE <条件>]
```

功能：对指定范围内满足条件的各记录，以<表达式 1>的值替换<字段名 1>的内容，以<表达式 2>的值替换<字段名 2>的内容，依此类推（备注型和通用型字段除外）。

注意：REPLACE 命令的范围默认为当前记录。

例 3-17：计算 Gzb 表中所有职工的应发工资（基本工资+岗位津贴+奖金）和实发工资（应发工资-水电-保险）。

命令如下：

```
USE RSB
BROWSE
REPLACE ALL 应发工资 WITH 基本工资+岗位津贴+奖金  &&替换所有的记录
REPLACE ALL 实发工资 WITH 应发工资-水电-保险
```

说明：如果 REPLACE 后面没有范围子句和 FOR 条件表达式，则只作用于当前记录。

例 3-18：将 Gzb 表中应发工资大于 3 000 的职工的保险增加 10%。

命令如下：

```
USE Gzb
BROWSE
REPLACE ALL 保险 WITH 保险*（1+0.10） FOR 应发工资>3000
```

3.3.4 定位表记录指针

打开表后系统会自动产生唯一一个记录指针指向当前记录，定位记录指针就是根据需要移动记录指针并使其指向特定的记录。

1. 在浏览窗口中移动记录指针

（1） 选择“文件”|“打开”选项，打开一个表。

（2） 选择“显示”|“浏览”选项，显示表的记录。

（3） 选择“表”|“转至记录”选项。

定位记录指针的选项有“第一个”“最后一个”“上一个”“下一个”“记录号”和“定位”，如图 3-33 所示。

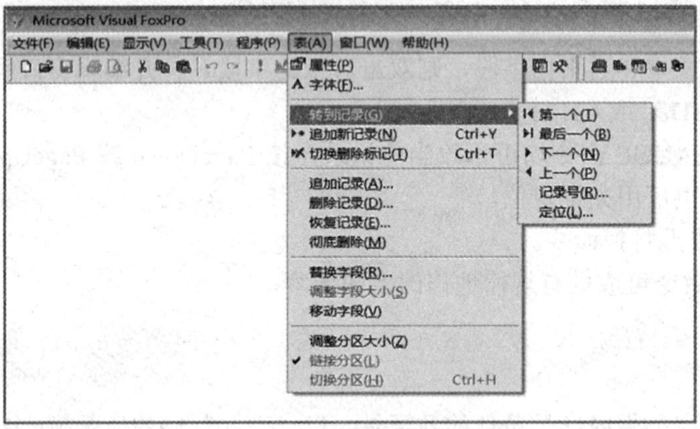

图 3-33 定位记录指针的选项

（4） 选择所需选项。

2. 命令方式

（1） 指针绝对定位，即将记录指针定位到指定记录。

```
格式：[GO[TO]] <记录号>|TOP|BOTTOM|<数值表达式>|<整数>
```

功能：将一个已打开的表文件记录指针移到指定的记录处。

选用 TOP，指针定位到首记录；选用 BOTTOM，指针定位到末记录。<记录号>定位到指定的记录，<数值表达式>定位到表达式值指定的记录，<整数>定位到整数值指定的记录。

例 3-19：打开 RSB 表，在命令窗口中执行以下命令并观察结果。

```
GO TOP          &&将记录指针移到第 1 条记录
?RECNO()        &&此时显示当前记录号为 1
GO BOTTOM       &&将记录指针移到最后 1 条记录
GO  5           &&将记录指针移到第 5 条记录
?RECNO()        &&此时显示当前记录号为 5
```

（2） 指针相对定位，即以当前记录位置为基准向前或向后移动记录指针。

```
格式：SKIP ±<数值表达式>
```

功能：以当前记录为基准将记录指针向前或向后移动，移动记录个数由<数值表达式>的值确定，为正时向后移动；为负时向前移动。若省略<数值表达式>，则系统默认表达式值为 1。

例 3-20：打开 RSB 表，在命令窗口中执行以下命令并观察结果。

```
GO    3              &&将记录指针移到第 3 个记录
SKIP  2              &&将记录指针向后移动两条记录，即现在指向第 5 条记录
?RECNO()             &&此时记录号为 5
SKIP  -1             &&将记录指针向前移动 1 条记录，即现在指向第 4 条记录
SKIP                 &&将记录指针向后移动 1 条记录，即现在指向第 5 条记录
```

（3） 查询定位。

```
格式：LOCATE  [<范围>]  FOR <条件>|WHILE <条件>
```

功能：搜索满足条件的第 1 条记录。若找到，记录指针指向该记录；若找不到，搜索后主窗口的状态栏中显示“已定位范围末尾”，此时记录指针指向文件结束处。如果没有指定范围，则默认为 ALL。若找到记录后要继续查找满足<条件>的记录，则必须用 CONTINUE 命令。此时若找到，函数 FOUND()返回.T.；否则返回.F.。

例 3-21：在 RSB 表中查询男讲师的姓名、工作日期和部门代码。

命令序列如下：

```
USE   RSB
LOCATE   FOR   职称= "讲师"   AND  性别="男"   &&查找男讲师的记录
?FOUND( )                                    &&查看是否找到
DISPLAY 姓名, 工作日期,  部门代码            &&显示查找到的记录且只显示指定字段
CONTINUE                                     &&继续查找
DISPLAY 姓名, 工作日期,  部门代码            &&显示找到结果，若未找到，则不显示数据
```

3.3.5　插入与删除表记录

1. 插入记录

```
格式：INSERT  [BLANK] [BEFORE]
```

功能：在当前表的指定位置上插入一条新记录。

说明：若给出 BLANK 选项，则插入一条空记录；否则进入数据记录输入窗口；若给出 BEFORE 选项，则在当前记录前面插入一条新记录。即插入的新记录成为当前记录，原来的当前记录及其后面记录的记录号均加 1，否则在当前记录的后面插入一个新记录。

2. 追加记录

（1） 命令方式。

```
格式：APPEND  [BLANK]
```

功能：在当前表的末尾追加一条新记录。

说明：若选用 BLANK 选项，则追加一条空记录到表尾。该命令在当前表尾增加新记录。而 INSERT 命令可以在指定位置增加新记录，两个命令的屏幕操作方式相同。

（2） 菜单方式。

例 3-22：在 RSB 表中追加 4 条记录。

操作步骤如下。

- 打开 RSB 表，选择“显示”|“浏览”选项，打开浏览窗口。
- 选择“显示”|“追加方式”选项，如图 3-34 所示，在 RSB 表的末尾添加一条空记录并显示输入框。

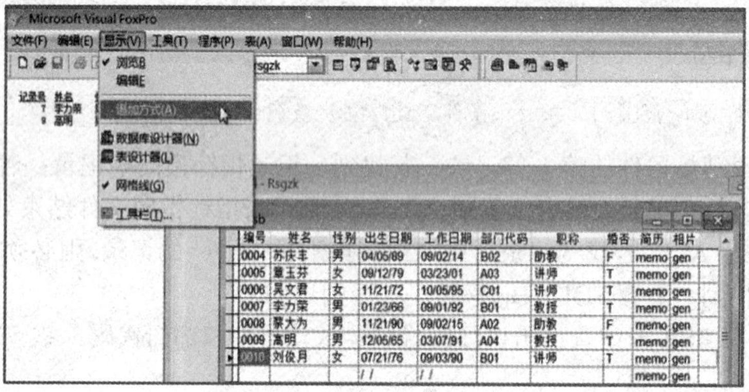

图 3-34　“追加方式”选项

- 输入数据，输入一条记录后系统自动追加下一条记录，直到输入 4 条记录后保存。

3. 删除记录

为要删除的记录添加删除标志（*），即逻辑删除。并没有真正被删除，需要时仍可以恢复。将有删除标志的记录从表文件中彻底删除，即物理删除。记录一旦被物理删除，则无法恢复，因此在物理删除时一定要慎重。

（1） 在浏览或编辑窗口中实现。

例 3-23：在 Rsb 表中逻辑删除第 1、3、4、9 条记录，然后恢复第 1、3、4 条记录并彻底删除第 9 条记录。

操作步骤如下。

- 依次单击第 1、3、4、9 条记录左边的小方框，为这些记录添加删除标记，结果如图 3-35 所示。
- 单击第 1、3、4 条记录左边的小方框，恢复这 3 条记录，如图 3-36 所示。

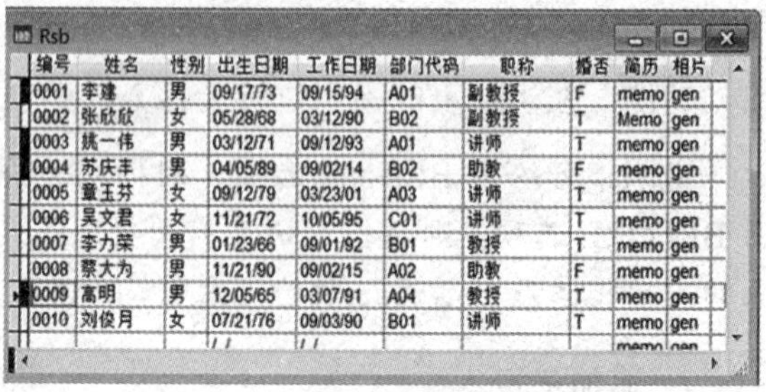

图 3-35　添加删除标记

- 选择“表”|“彻底删除”选项，弹出如图 3-37 所示的确认删除提示对话框。单击“是”按钮，彻底删除第 9 条记录。

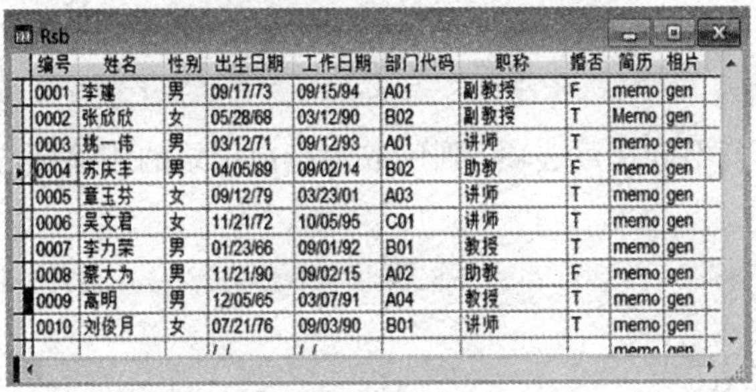

编号	姓名	性别	出生日期	工作日期	部门代码	职称	婚否	简历	相片
0001	李建	男	09/17/73	09/15/94	A01	副教授	F	memo	gen
0002	张欣欣	女	05/28/68	03/12/90	B02	副教授	T	Memo	gen
0003	姚一伟	男	03/12/71	09/12/93	A01	讲师	T	memo	gen
0004	苏庆丰	男	04/05/89	09/02/14	B02	助教	F	memo	gen
0005	章玉芬	女	09/12/79	03/23/01	A03	讲师	T	memo	gen
0006	吴文君	女	11/21/72	10/05/95	C01	讲师	T	memo	gen
0007	李力荣	男	01/23/66	09/01/92	B01	教授	T	memo	gen
0008	蔡大为	男	11/21/90	09/02/15	A02	助教	F	memo	gen
0009	高明	男	12/05/65	03/07/91	A04	教授	T	memo	gen
0010	刘俊月	女	07/21/76	09/03/90	B01	讲师	T	memo	gen

图 3-36　逻辑恢复结果

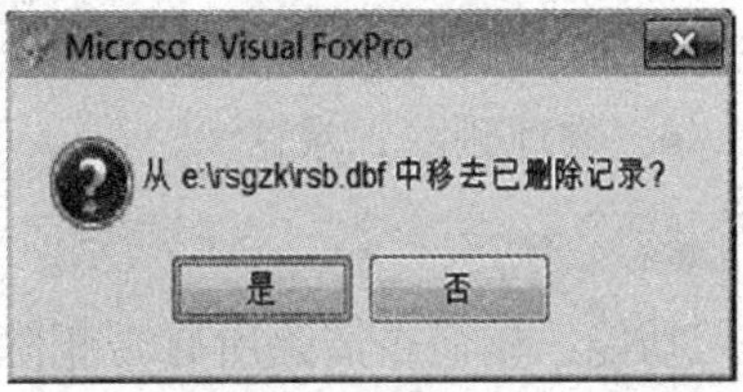

图 3-37　确认删除提示对话框

例 3-24：在 Rsb 表中逻辑删除男职工的记录。

操作步骤如下。

- 选择“表”|“删除记录”选项，弹出“删除”对话框，如图 3-38 所示。
- 输入删除条件、选择删除记录范围，这里将范围选择为“ALL”。
- 单击 For 后面的 [...] 按钮，弹出“表达式生成器”对话框，如图 3-39 所示。

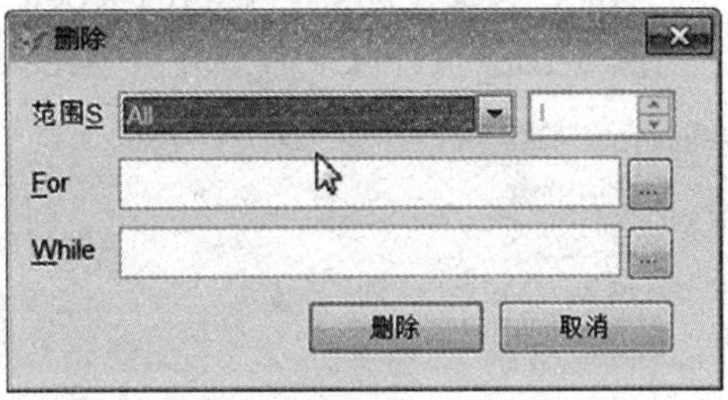

图 3-38　“删除”对话框

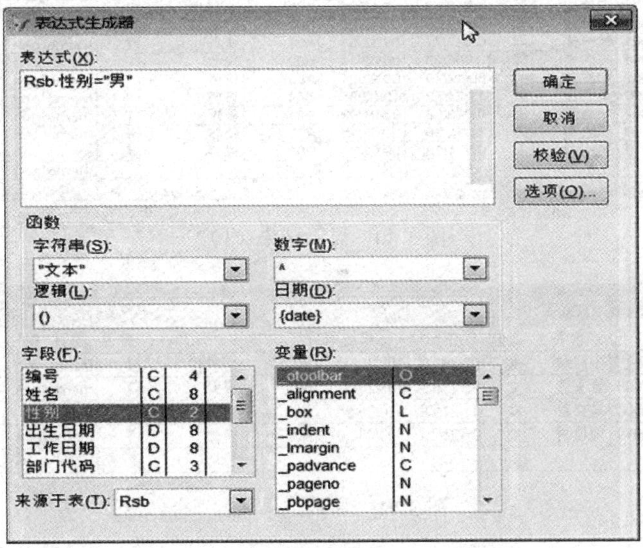

图 3-39　“表达式生成器”对话框

- 通过输入或选择的方式构造表达式 Rsb，性别=＂男＂，单击“确定”按钮。回到浏览窗口，可以看到满足条件的记录均添加了删除标记。

（2）　命令方式。

- 为记录加删除标志。

格式：DELETE [<范围>] [FOR<条件>] [WHILE <条件>]

功能：为指定的记录添加删除标志，若不选择可选项，则仅为当前记录添加删除标志。

- 取消删除标记（恢复）。

格式：RECALL [<范围>] [FOR<条件>] [WHILE<条件>]

该命令取消指定记录上的删除标志，若不选择可选项，则仅取消当前记录的删除标志。

- 物理删除记录。

格式：PACK

功能：该命令清除所有带删除标志的记录。

- 删除全部记录。

格式：ZAP

功能：该命令删除当前表的全部记录，只留下表结构。

例 3-25：执行以下命令并观察结果。

```
USE  Rsb
BROWSE
DELETE   ALL                &&逻辑删除所有记录
RECALL FOR 性别="女"        &&把已逻辑删除、性别为女的记录恢复，结果如 3-40 所示
PACK                        &&将具有删除标记的记录永久删除，结果如图 3-41 所示
```

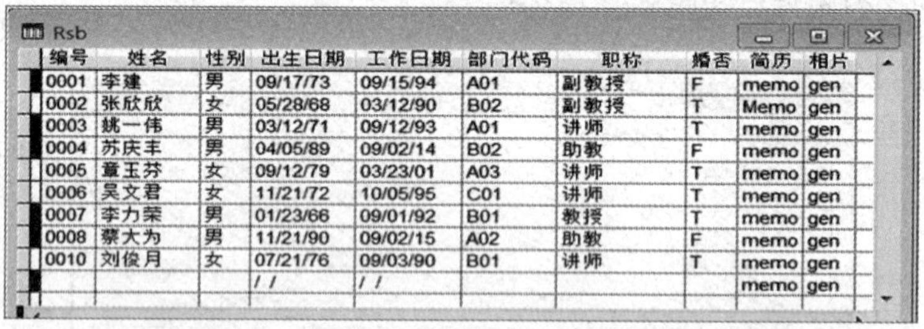

Rsb

编号	姓名	性别	出生日期	工作日期	部门代码	职称	婚否	简历	相片
0001	李建	男	09/17/73	09/15/94	A01	副教授	F	memo	gen
0002	张欣欣	女	05/28/68	03/12/90	B02	副教授	T	Memo	gen
0003	姚一伟	男	03/12/71	09/12/93	A01	讲师	T	memo	gen
0004	苏庆丰	男	04/05/89	09/02/14	B02	助教	F	memo	gen
0005	章玉芬	女	09/12/79	03/23/01	A03	讲师	T	memo	gen
0006	吴文君	女	11/21/72	10/05/95	C01	讲师	T	memo	gen
0007	李力荣	男	01/23/66	09/01/92	B01	教授	T	memo	gen
0008	蔡大为	男	11/21/90	09/02/15	A02	助教	F	memo	gen
0010	刘俊月	女	07/21/76	09/03/90	B01	讲师	T	memo	gen
			/ /	/ /				memo	gen

图 3-40 显示结果（1）

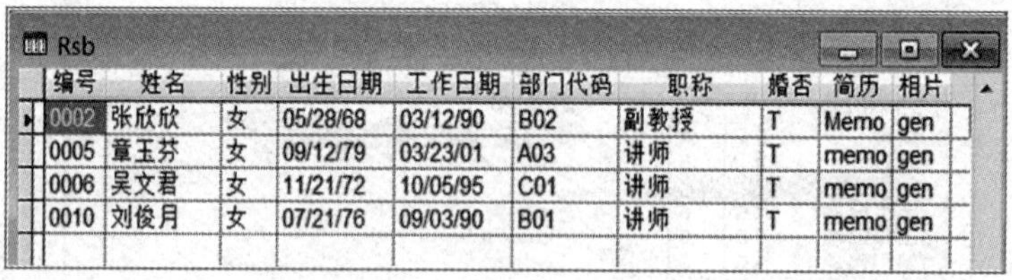

Rsb

编号	姓名	性别	出生日期	工作日期	部门代码	职称	婚否	简历	相片
0002	张欣欣	女	05/28/68	03/12/90	B02	副教授	T	Memo	gen
0005	章玉芬	女	09/12/79	03/23/01	A03	讲师	T	memo	gen
0006	吴文君	女	11/21/72	10/05/95	C01	讲师	T	memo	gen
0010	刘俊月	女	07/21/76	09/03/90	B01	讲师	T	memo	gen

图 3-41 显示结果（2）

3.3.6 复制表

复制表文件即得到一个已有表文件的一个副本，这是保护数据常用的安全措施之一。通过复制还能在已建表文件的基础上，灵活方便地产生新的表文件或新的表文件结构。

1. 复制表的结构

格式：COPY STRUCTURE TO <文件名> [FIELDS <字段名表>]

功能：仅复制当前表文件的结构，不复制其中的记录。若有可选项 FIELDS<字段名表>，则复制的新表文件结构只包含其中指定的字段。

2. 复制表

格式：COPY TO <文件名> [<范围>] [FIELDS<字段名表>] [FOR<条件>] [WHILE <条件>] [[TYPE]SDF|DELIMITED|XLS] [WITH 定界符|BLANK]

功能：将当前表的记录数据和结构复制到一个指定表中或生成其他格式的文件。

说明：如果命令中各可选项省略，则复制所得的新表文件为当前表文件的一个副本，若选择 SDF 或 DELIMITED，则复制为文本文件；若选择 XLS，则复制为 Excel 文件。

例 3-26：将 Rsb 表中的女职工复制到新表 FEMALE.dbf 中，并将表中讲师的记录生成一个文本文件 NEW.txt。

```
USE  Rsb
COPY  TO  FEMALE  FOR 性别="女"
&&将性别为“女”的记录复制到表 FEMALE.DBF 中
COPY  TO  NEW  FOR  职称="讲师"  SDF
&&将职称为“讲师”的记录复制到文本文件 NEW.TXT 中
USE                                     &&关闭 Rsb 表
USE  FEMALE                             &&打开新表 FEMALE
LIST                                    &&查看表 FEMALE 中的记录
TYPE  NEW.TXT                           &&查看文本文件 NEW 中的内容
```

复制结果如图 3-42 所示。

记录号	编号	姓名	性别	出生日期	工作日期	部门代码	职称	婚否	简历	相片
1	0002	张欣欣	女	05/28/68	03/12/90	B02	副教授	.T.	Memo	gen
2	0005	章玉芬	女	09/12/79	03/23/01	A03	讲师	.T.	memo	gen
3	0006	吴文君	女	11/21/72	10/05/95	C01	讲师	.T.	memo	gen
4	0010	刘俊月	女	07/21/76	09/03/90	B01	讲师	.T.	memo	gen

```
:\rsgzk\new.txt 11/08/18
003姚一伟  男19710312199309l2A01讲师      T
005章玉芬  女19790912200l0323A03讲师      T
006吴文君  女19721121199510 05C01讲师      T
010刘俊月  女19760721199009 03B01讲师      T
```

图 3-42　复制表的结果

3.4　索引与排序

索引（Index）是实现快速显示和快速查询数据的重要手段，是创建表间联系的基础，创建表后通过索引显示、查询和排序数据是数据库的重要操作之一。

3.4.1 索引的概念

索引是对表中的记录进行逻辑排序，即另外创建一个索引关键表达式值与记录号之间的对照表，这个对照表就是索引文件。

索引文件是一个二维表，其中仅有两列数据，即关键字表达式值和记录号。关键字表达式值是包含字段的排序规则表达式；记录号是指向关键字表达式值在表中的物理位置，索引文件比原表小很多。在使用时只要知道索引关键字的值即可通过相应的记录号找到该记录在原表中的数据，索引文件总是依附或从属于原表。索引文件不能单独使用，必须与原表一起使用。使用索引不仅可以重新安排数据表中处理记录的顺序，还可以加速表的查看和访问。

把记录在数据文件中实际存放的顺序称为记录的“物理顺序”，而把索引打开后列表显示的顺序称为记录的“逻辑顺序”，它们之间的关系如图 3-43 所示。

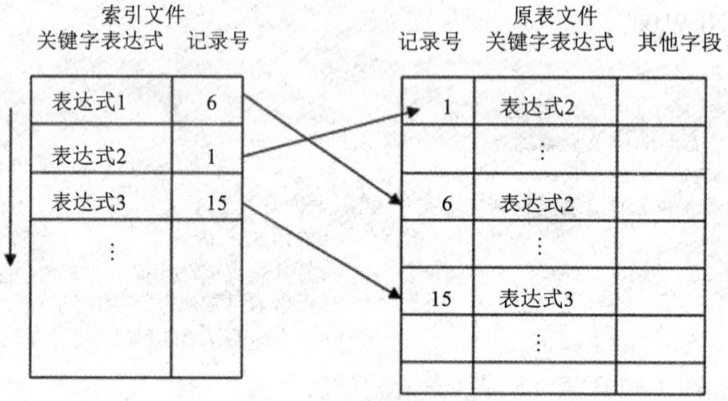

图 3-43 索引文件与原表文件中记录之间的关系

索引文件创建后要打开才能起作用，打开已存在的索引文件时必须打开与之相对应的原表文件。可以为一个表创建多个索引文件，每个索引文件表示处理记录的不同顺序。

1. 索引文件的类型

索引文件可分为单索引文件和复合索引文件，复合索引文件又分为非结构复合索引文件和结构复合索引文件。

（1） 单索引文件。

单索引文件只能包含一个单一的关键字或者组合关键字的索引，默认扩展名为“.idx”。它不随表文件自动打开，也不能自动重新索引。自由表和数据库表文件均可根据需要创建一个或多个单索引文件。

（2） 复合索引文件。

- 非结构复合索引文件。

非结构复合索引文件可以包含多项索引，默认扩展名为“.cdx”。它不随表文件自动打开，也不能自动重新索引。自由表和数据库表文件均可根据需要创建一个或多个非结构复合索引文件。

- 结构复合索引文件。

结构复合索引文件可以包含多项索引，其文件名与表名相同，默认扩展名为“.cdx”。在表文件打开时结构复合索引也将自动打开，当表文件的记录发生变化并关闭表文件时该文件也将自动重建索引后关闭。只有数据库的表文件可以有且最多有一个结构复合索引文件，利用表设计器创建的索引文件是结构复合索引文件。

2. 索引类型

数据表中用来作为索引顺序的字段或字段表达式可以是表中的单个字段，也可以是多个字段组成的表达式。在 VFP 9.0 中，索引类型可分为如下 4 类。

（1） 主索引。

指定字段或表达式中不允许出现重复值的索引，它强调的“不允许出现重复值”指创建索引的字段值不允许重复。必须注意的是一个表只能有一个主关键字，所以一个表只能创建一个主索引。而且只有数据库表能够创建主索引，自由表则不能创建主索引。

（2） 候选索引。

候选索引与主索引的要求和作用完全一样，但是一个表中可以有多个候选索引。

（3） 唯一索引。

唯一索引允许存在重复值，但是唯一索引在索引文件中只保存指定的字段或表达式重复值的第 1 个。

（4） 普通索引。

普通索引也可以决定记录的处理顺序，但是允许字段中出现重复值，在一个表中可以有多个普通索引。

3.4.2　创建索引

1. 在“表设计器”窗口中创建索引

例 3-27：在 Rsb 表中以“编号”为索引表达式创建主索引，索引名为“BH”，升序排列；按“出生日期”创建普通索引，索引名和索引表达式相同。

操作步骤如下。

（1） 打开数据库 RSGZK，用鼠标右键单击数据库表 Rsb。选择快捷菜单中的“修改”选项，弹出“表设计器-rsb.dbf”对话框。

（2） 打开“索引”选项卡，在索引“名称”中输入“BH”作为索引名，在“类型”下拉列表框中选择“主索引”选项，在“表达式”文本框中输入“编号”字段名作为索引表达式，单击按钮可选择是升序还是降序排列，如图 3-44 所示。

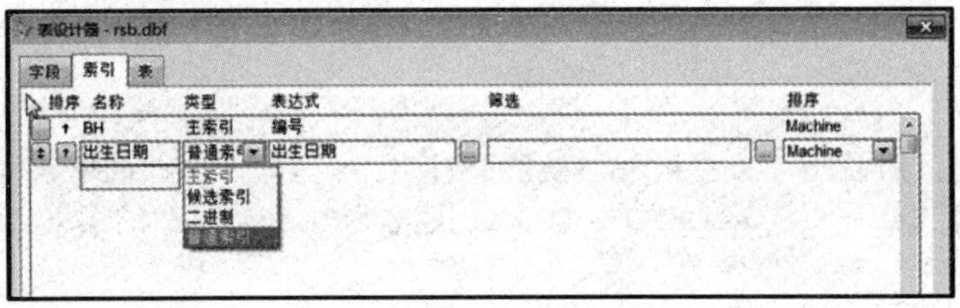

图 3-44　设置索引选项

（3） 单击“确定”按钮，在弹出的提示对话框中单击“是”按钮。

用同样的方法创建出生日期索引。

例 3-28：以“编号”“增资日期”两个字段作为索引表达式为 ZZ 表创建主索引。

操作步骤如下。

（1） 打开数据库表 RSGZK，弹出“表设计器”窗口。

（2） 打开“索引”选项卡，输入索引名并选择类型和排序方式。这里索引表达式的加号是字符串的连接运算，如图 3-45 所示。

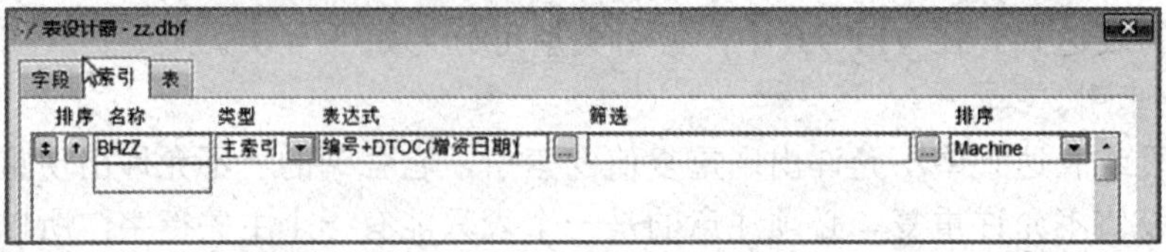

图 3-45 设置索引结果

（3） 单击“确定”按钮保存表结构。

2. 通过命令方式创建索引

```
格式：INDEX ON <索引表达式> TO <单索引文件名> | TAG <索引标识名> [OF <复合索引文件名>] [FOR <条件>] [COMPACT] [ASCENDING|DESCENDING] [UNIQUE| CANDIDATE] [ADDITIVE]
```

功能：创建索引文件或增加索引标识。

说明如下。

（1） <索引表达式>：由表中的字段（可以是单一字段或多个字段的组合）与内存变量、数组等构成的字符、数值、日期或逻辑表达式，表达式中各数据的类型要一致；否则需要类型转换。

（2） TO <单索引文件名>：创建单索引文件，默认为升序，不能改变排序方向。

（3） TAG <索引标识名>：指定结构复合索引文件中的索引标识名，必须以字母或下画线开头，最多可由 10 个字母、数字或下画线组成。

（4） OF <复合索引文件名>：指定非结构复合索引文件名。

（5） UNIQUE | CANDIDATE：表示创建唯一索引，还是候选索引。

（6） ASCENDING | DESCENDING：只用于复合索引文件（.cdx），表示升序还是降序，默认为升序。

（7） ADDITIVE：创建本索引文件时不关闭已经打开的索引文件。

例 3-29：用命令方式为 Rsb 表创建一个单索引文件，以“出生日期”为索引。然后增加一个结构复合索引，索引表达式为“姓名”，索引标识名为“XM”，索引顺序为升序。

命令序列如下：

```
USE  Rsb
INDEX  ON 出生日期  TO   CSRQ      &&创建名为"CSRQ.idx"的单索引文件
INDEX  ON 姓名 TAG  XM  ASCENDING  &&创建名为"Rsb.cdx"的索引文件
```

3.4.3　使用和删除索引

创建索引的目的是提高操作表记录的效率。如果一个表有多个索引且每个索引都表示表中记录的一种处理顺序，则按当前起作用的索引顺序来处理记录，这个当前起作用的索引即主控索引。

结构复合索引文件随表的打开而自动打开，其他索引必须由用户通过菜单或者命令打开。

1. 打开和关闭索引文件

格式 1：SET INDEX TO [<索引文件表>] [ADDITIVE]

功能：打开当前表的一个或多个索引文件并确定主控索引文件。

说明如下。

（1）　索引文件表中第 1 个索引文件为主控索引文件。

（2）　若选择 ADDITIVE 选项，则用该命令打开索引文件时，除结构复合索引文件以外的索引文件均被关闭。

（3）　若 TO 后面没有任何选项，则该命令将关闭当前工作区中除结构复合索引文件以外的所有索引文件，并取消主控索引。

格式 2：USE <表文件名> INDEX <索引文件表>。

功能：在打开表的同时打开索引文件。

2. 确定主控索引

（1）　菜单方式。

例 3-30：RSB 表中已创建索引名为“BH”的主索引、索引名为“XM”的候选索引和索引名为“出生日期”的普通索引，利用菜单为 RSB 表指定索引顺序为“出生日期”。

操作步骤如下。

- 打开 RSB 表，打开表的浏览窗口，此时记录的顺序为原始顺序。
- 选择“表”|“属性”选项，弹出“工作区属性”对话框。
- 选择“索引顺序”下拉列表框中的“Rsb:出生日期”选项，如图 3-46 所示。

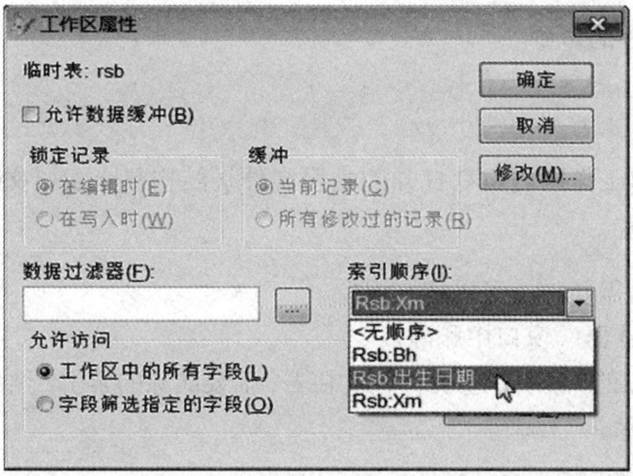

图 3-46　选择“Rsb:出生日期”选项

- 单击“确定”按钮，则表中的数据按“出生日期”值升序显示，如图 3-47 所示。

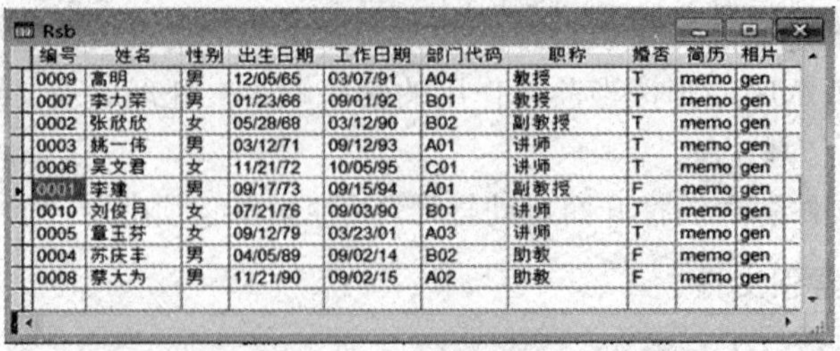

编号	姓名	性别	出生日期	工作日期	部门代码	职称	婚否	简历	相片
0009	高明	男	12/05/65	03/07/91	A04	教授	T	memo	gen
0007	李力莱	男	01/23/66	09/01/92	B01	教授	T	memo	gen
0002	张欣欣	女	05/28/68	03/12/90	B02	副教授	T	memo	gen
0003	姚一伟	男	03/12/71	09/12/93	A01	讲师	T	memo	gen
0006	吴文君	女	11/21/72	10/05/95	C01	讲师	T	memo	gen
0001	李建	男	09/17/73	09/15/94	A01	副教授	F	memo	gen
0010	刘俊月	女	07/21/76	09/03/90	B01	讲师	T	memo	gen
0005	章玉芬	女	09/12/79	03/23/01	A03	讲师	T	memo	gen
0004	苏庆丰	男	04/05/89	09/02/14	B02	助教	F	memo	gen
0008	蔡大为	男	11/21/90	09/02/15	A02	助教	F	memo	gen

图 3-47　按“出生日期”值升序显示

（2） 命令方式。

```
格式：SET ORDER TO <索引名>|<索引序号>
```

功能：确定主控索引。

说明：SET ORDER TO 或 SET ORDER TO 0 命令取消主控索引。

例 3-31：前面已经为 RSB 表创建了结构复合索引文件 RSB.cdx，其中有两个索引项“XM”和“BH”，还创建了单索引文件 CSRQ.idx，要求分别使用这些索引并显示表记录。

命令序列如下：

```
USE RSB
SET INDEX TO CSRQ.IDX    &&打开索引文件
SET ORDER TO BH          &&改变主控索引标识，设置索引标识 BH 为主控索引
LIST                     &&注意观察记录的显示顺序
SET ORDER TO XM
LIST
SET ORDER TO 出生日期
LIST
SET ORDER TO         &&取消主控索引
LIST                 &&显示记录的物理顺序
SET INDEX TO         &&关闭索引文件，这里只会关闭单索引文件 CSRQ.idx
```

逐条执行以上命令后，可以看到屏幕上显示记录的顺序随着主控索引的改变而改变。

3. 关闭索引文件的命令

```
格式 1：CLOSE INDEXS
格式 2：SET INDEX TO
```

功能：关闭当前工作区内所有打开的索引文件（结构复合索引文件除外）。

4. 删除索引文件

当某个索引不再需要时，可以把它删除。

（1） 在“表设计器”窗口中删除。

在“表计器”窗口的“索引”选项卡中选中某个需要删除的索引，然后单击“删除”按钮。

（2） 用命令删除。

```
格式 1：DELETE TAG ALL|索引标识名表
```

功能：删除全部打开的复合索引文件中的所有索引标识或指定索引。

格式 2：DELETE　FILE　<索引文件名表>

功能：删除单索引文件。

3.4.4　查询表内容

查询表内容有如下两种方法。

1. 顺序查询

（1）　顺序查找命令。

格式：LOCATE FOR <条件> [<范围>]

功能：按表的物理顺序依次搜索满足条件的第 1 条记录。

说明如下。

- 该命令可用于查找未索引或已索引的表文件。
- LOCATE 的默认范围是 ALL，即所有记录。
- 如果找到满足条件的记录，函数 FOUND( )的结果为.T.，函数 EOF( )为.F.；否则分别为.F.和.T.。

（2）　继续查找命令。

格式：CONTINUE

功能：配合 LOCATE 命令在表的剩余部分查找其他满足条件的记录。

说明如下。

- CONTINUE 只能在 LOCATE 后使用。
- 可重复执行 CONTINUE，直到到达范围边界或文件尾。

例 3-32：用 LOCATE 和 CONTINUE 等命令在 RSB 表中顺序查找 1990 年参加工作的职工。

```
USE RSB
LOCATE  FOR YEAR(工作日期)=1990    &&查找 1990 年参加工作的职工
?FOUND()                    &&测试是否找到，如找到，结果为.T.；否则为.F.
DISPLAY                     &&显示找到的第 1 条记录
CONTINUE                    &&继续查找下一条记录
?FOUND()
DISPLAY
CONTINUE
?FOUND()
?EOF()                      &&结果为真，说明到了文件尾，查找结束
```

2. 索引查询

索引查询指依赖索引文件用一定的算法快速查找记录的方法，在实际的应用系统中数据量非常大，一般比较多地采用索引查询方法。

使用索引查询的一般顺序为打开表文件和索引文件，确定主控索引后查询。

索引查询有 SEEK 和 FIND 两个命令，其中 FIND 是为了与早期版本兼容而保留的，使用不如 SEEK 灵活方便，故本书不再介绍。

格式：SEEK <表达式>

功能：将记录指针定位到索引关键字值=<表达式>的第 1 条记录。

说明：对于字符串表达式，使用 SET EXACT ON|OFF 命令可设置字符串匹配规则。系统默认为 OFF，此时只要字符串表达式值与索引关键字值左子串相同，则认为找到；若为 ON，则表示完全匹配，要求两个字符串完全相同。

例 3-33：按编号字段为 Gzb 表创建索引，然后查询。

命令序列如下：

```
USE  Gzb
INDEX ON 编号 TAG  BH
SEEK  "0002"
?FOUND()
DISPLAY
```

结果如下：

```
.T.
```

记录号	编号	姓名	性别	出生日期	工作日期	部门代码	职称	婚否	简历	相片
2	0002	张欣欣	女	05/28/66	03/12/90	B02	副教授	.T.	memo	gen

3.4.5 排序

1. 排序（SORT）的定义

排序就是把数据表中的记录按照某个字段值或者多个字段组成的表达式值的大小顺序重新排列。作为排序依据的字段或者字段表达式称为“关键字”，排序操作的结果是创建一个新的数据表文件。

排序可以按照关键字值从小到大的升序排序，也可以按照从大到小的降序排序。

2. 数据比较大小的依据

在 VFP 9.0 中，数据大小的比较规则如下。

（1） 数值型数据按其数值的大小比较。

（2） 字符型数据按其机内码顺序比较，西文字符是按 ASCII 码值大小；汉字是汉字国标码的值，常用的一级汉字按照拼音顺序排列，即字典顺序。

（3） 日期型数据按年、月、日的顺序比较。

3. 实现排序

在 VFP 9.0 中排序通过 SORT 命令实现。

格式：SORT TO <文件名> ON <字段名 1>[/A] [/D] [/C][,<字段名 2>[/A][/D] [/C]…] [<范围>][FOR<条件>][FIELDS<字段名表>]

功能：将当前数据表中指定范围内满足条件的记录按指定字段的升序或降序重新排列，并将排序后的记录按 FIELDS 子句指定的字段写入新的表文件中。

说明如下。

（1） ON 子句中字段名 1、字段名 2 等：为排序关键字，不包括逻辑型字段、备注型字段和通用型字段。其中字段名 1 为主要排序关键字，字段名 2 为次要关键字，依此类推。排序时先比较主关键字的值，当主关键字值相同时再比较次关键字的值，依此类推。

（2） FIELDS：指定排序以后的新表所包含的字段个数，若无此选项，则新表中包含原表中的所有字段。

（3） /A：按字段值升序排列，可以省略不写，默认为升序。

（4） /D：按字段值降序排列。

（5） /C：按指定的字符字段排序时不区分字母的大小写，/C 可以与/D 或/A 合用，如/AC 或/DC。

排序后会生成新的表文件，而原来的表文件仍存在，并且记录顺序和数据内容不改变。

例 3-34：降序排列 Gzb 表中的实发工资字段，实发工资相同时按编号升序排列。

命令序列：SORT TO Gzb1 ON 实发工资/D，编号/A

3.5　数据的完整性约束

数据的完整性约束是指为了防止不符合规范的数据进入数据库，在用户插入、修改、删除数据时数据库管理系统自动按照一定的约束条件检测数据，使不符合规范的数据不能进入数据库，以确保数据库中存储的数据正确、有效和相容。在关系模型中有 3 类完整性约束，即实体完整性、参照完整性和用户定义的完整性。

在数据库表的“表设计器”窗口中可以设置字段属性、记录的有效性规则和触发器等。

3.5.1　设置数据库表的字段属性

字段属性可以在如图 3-48 所示的“表设计器-rsb.dbf”对话框中的“字段”选项卡中设置，包括显示设置、字段有效性和字段注释等部分。

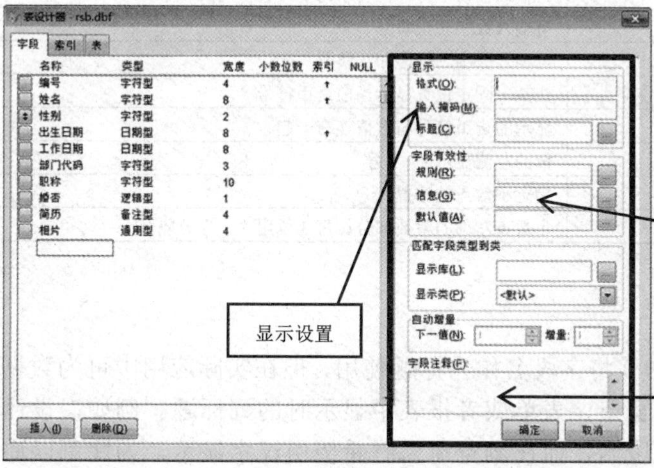

图 3-48　设置“字段”选项卡

1. 格式

在“格式”文本框中输入相应的代码，可以指定当前字段在浏览窗口、表单或报表等界面中的数据显示格式，如大小写及数字是否有前导 0 等，常用的格式字符及其功能如表 3-9 所示。

表 3-9 常用的格式字符及其功能

格式字符	功　能
A	只允许输出英文字母
D	使用当前系统设定的日期格式
L	在数值前显示前导 0
K	光标移至该字段时便选择整个字段内容
R	显示文本框的掩码格式
T	禁止字符串的前后空格字符
!	把输入的小写字母转换为大写字母
$	将数值数据以货币格式显示

2. 掩码字符

掩码字符用于指定字段的输入格式，如是否允许输入字母和数值的范围等。使用掩码字符可以减少人为的数据输入错误，提高输入准确性，保证数据格式统一。例如，在输入 RSB 表的记录时，编号虽然是字符型，但均由数字组成。如果能限制输入时只能输入数字，就可以避免用户不小心输入了字母的错误。常用的掩码字符及其功能如表 3-10 所示。

表 3-10 常用的掩码字符及其功能

掩码字符	功　能
A	只允许输入英文字母
L	只允许输入 T 或 F
N	只允许输入英文字母和数字
X	可输入任何字符
Y	可输入字母 Y、y、N、n，并自动将 y 和 n 转换为大写
!	可输入任何字符，但将小写字母转换为大写字母
9	可输入数字和正负号
#	可输入数字、空格和正负号
$	在某一固定位置显示当前货币符号
$$	显示的货币符号与数值连在一起
*	值的左侧显示“*”号
.	指定小数点的位置
,	小数点左部的整数部分按每 3 位用“，”分隔开

3. 标题

一般情况下，VFP 9.0 将字段名作为标题使用，但在实际应用中可为数据库表中的字段创建标题作为在浏览窗口、表单或者报表中显示时的列标题。例如，设计表结构时我们使用英文字母作为字段名，而在浏览窗口时希望用汉字显示，为此可以通过设置标题来实现。

4. 为字段输入注释

字段注释用于为字段增加一些说明性的文字来说明表中的字段含义、特性和使用方式等。

例 3-35：设置 RSB 表中字段“相片”的标题为“个人近照”，注释为“本人的无冠彩照一张”，编号不允许输入字母且前后不能有空格。

操作步骤如下。

（1） 打开 RSB 表，弹出“表设计器-rsb.dbf”对话框。选中“编号”字段，注意一定要选择对应的字段。

（2） 在“格式”文本框中输入“T”，表示禁止字段的前导空格和结尾空格字符。在“输入掩码”文本框中输入“9999”，表示编号由 4 位数字组成，如图 3-49 所示。

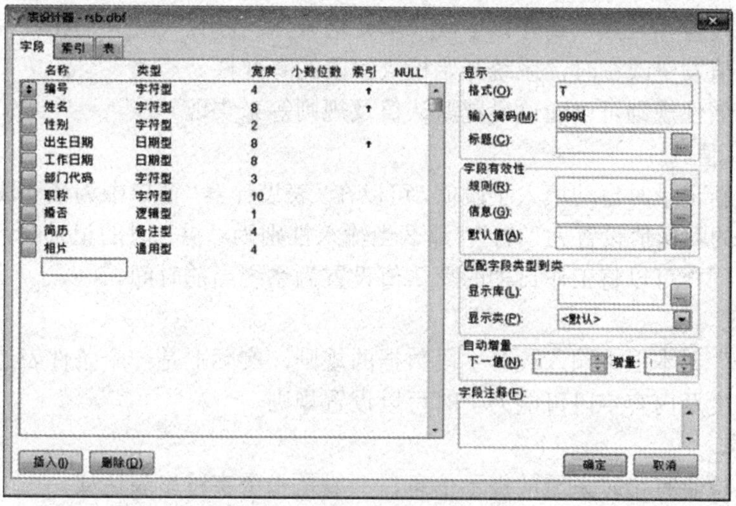

图 3-49　设置格式和输入掩码

（3） 选中“相片”字段，在“标题”文本框中输入“个人近照”，在“字段注释”文本框中输入“本人的无冠彩照一张”，如图 3-50 所示。

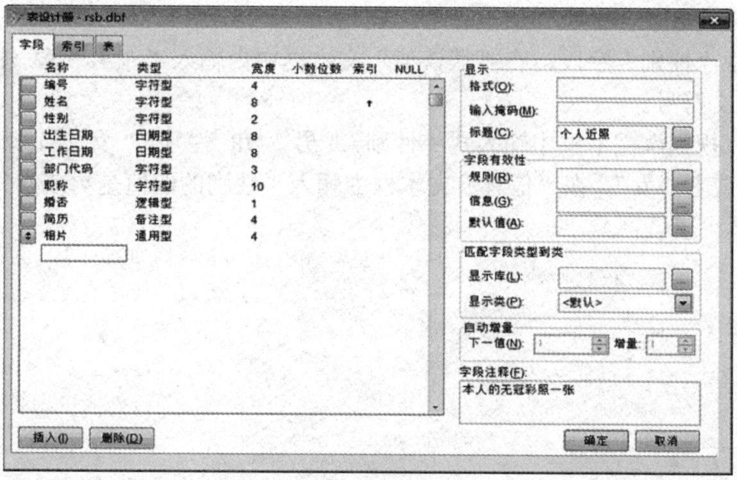

图 3-50　设置字段标题和注释

（4） 单击“确定”按钮。

3.5.2 设置记录规则

在数据库表中为保证数据的可靠性和有效性，可以设置字段级和记录级有效性规则。有效性规则将把所输入的值与所定义的规则表达式进行比较，如果输入值不满足规则要求，则拒绝该值。无论通过何种方式访问数据，有效性规则都能够控制输入到表中的数据。

有效性规则分为字段级有效性规则和记录级有效性规则。

1. 字段级有效性规则

字段级有效性规则用来控制用户输入到字段中的数据。当用户在浏览窗口和表单等界面中改变了字段值并且焦点离开该字段（单元格），或者用户在使用 APPEND、REPLACE 等命令使字段值发生改变时，系统开始检查字段的有效性。

字段的有效性规则可以通过设置默认值及规则等来实现。

（1） 默认值。

要在创建新记录时自动填入字段值，可以在“表设计器”窗口中为该字段设置默认值。例如，将性别的默认值设置为“男”，那么当输入性别为“男”时的记录时，这一字段的值会自动填入；同样可以将工作日期的默认值设置为系统当前时间。

（2） 规则。

在“规则”文本框中输入检验字段数据的规则，实际上是一个条件表达式。例如，要控制字段的长度及内容字段可能为空时可以设置规则。

（3） 信息。

用于输入检验有错时系统的提示信息，一般是一个字符串表达式。

例 3-36：设置 Rsb 表中性别的默认值为“男”，且性别的取值只能是“男”或“女”，提示信息为“性别的取值为男或者女”；工作日期的取值在 1953 年 1 月 1 日以后，提示信息为“在 1953 年 1 月 1 日以后参加工作”。

操作步骤如下。

（1） 打开 Rsb 表，弹出“表设计器”窗口。

（2） 选中“性别”字段，在“默认值”文本框中内输入“"男"”，注意字符的界定符双引号为英文符号。

（3） 在“规则”文本框中输入式“性别="男" OR 性别="女"”，表示性别的取值只能是“男”或者“女”。在“信息”文本框中输入“性别的取值是男或女”，如图 3-51 所示。

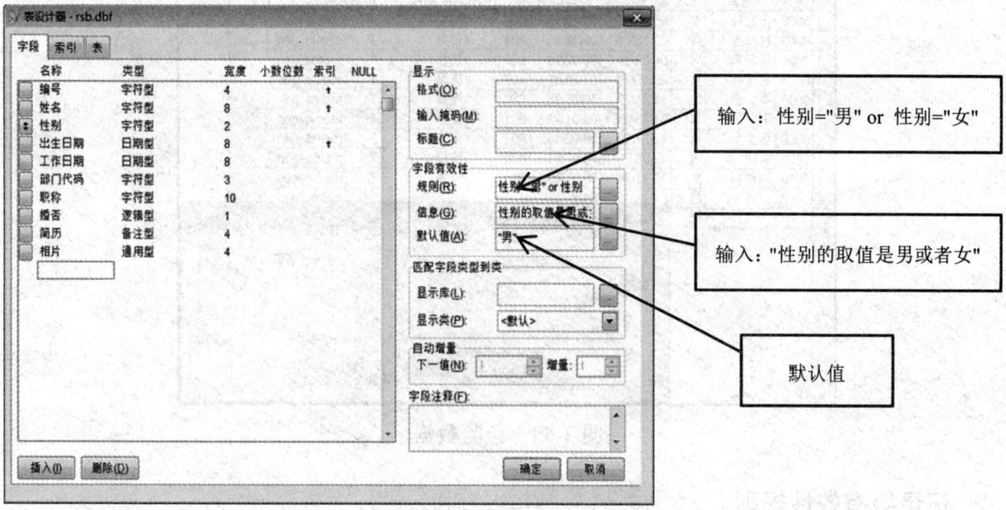

图 3-51　设置默认值、规则和信息

（4） 选中“工作日期”字段，在“规则”文本框中输入表达式“工作日期>={^1953-01-01}”，在“信息”文本框中输入““在 1953 年 1 月 1 日以后参加工作””，如图 3-52 所示。

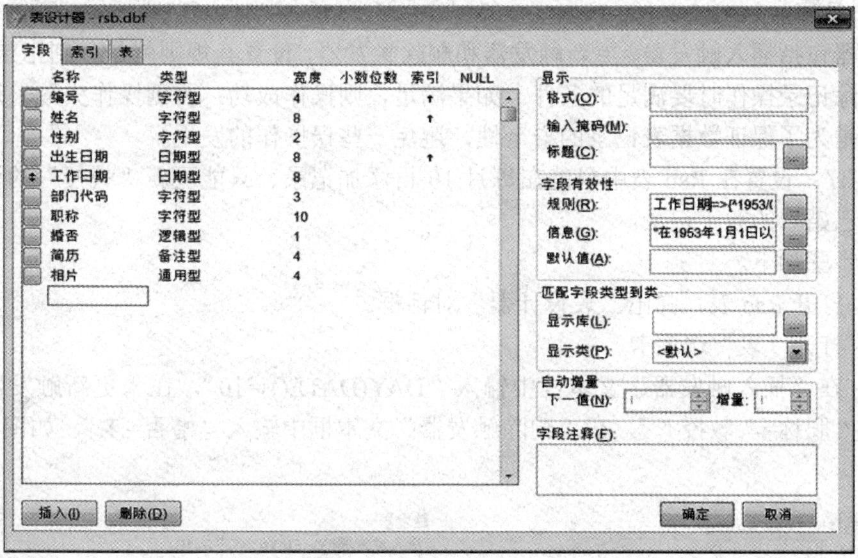

图 3-52　设置“工作日期”字段的规则和信息

（5） 单击“确定”按钮，保存表结构。

打开浏览窗口，追加一条新记录，会发现性别列中已自动填入“男”。如果误输入性别为“吕”，会显示“性别的取值是男或者女”的提示信息，如图 3-53 所示。单击“确定”或“还原”按钮，正确修改数据即可。与此类似，可以检验工作日期输入的有效范围。

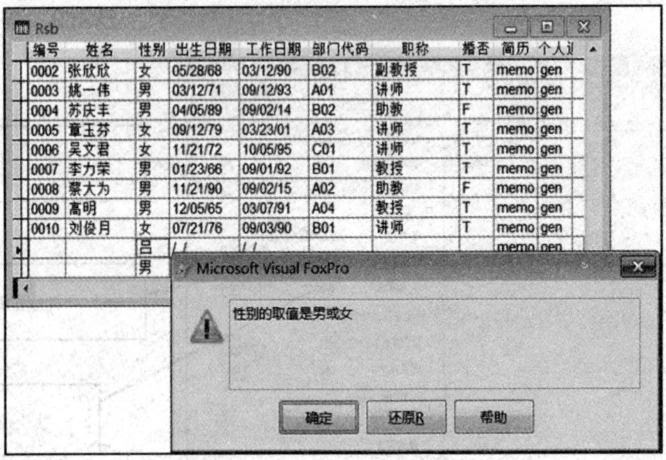

图 3-53　检验数据

2. 记录级有效性规则

记录级有效性规则一般在同一条记录的多个字段间进行比较，以检查数据是否有效。设置方法为在“表设计器”窗口中打开“表”选项卡，在“记录有效性规则”文本框中输入规则表达式。并在“信息”文本框中输入提示信息，然后单击“确定”按钮。

3. 触发器

触发器包括插入触发器、更新触发器和删除触发器，设置其规则就是分别指定在插入、更新和删除记录操作时要满足的条件。如果满足，则操作成功；否则操作失败。这些规则的制定也是为了保证数据表记录的安全性，避免一些误操作的发生。

例 3-37：设置在 Rsb 表中只能在每月 10 日添加记录、只能更新“教授”的记录且只能删除“已婚”的职工记录。

操作步骤如下。

（1） 打开 Rsb 表，弹出“表设计器”对话框。

（2） 打开“表”选项卡。

（3） 在“插入触发器”文本框中输入“DAY(DATE())=10”，在“更新触发器”文本框中输入“职称="教授"”，在“删除触发器”文本框中输入“婚否=.T.”，如图 3-54 所示。

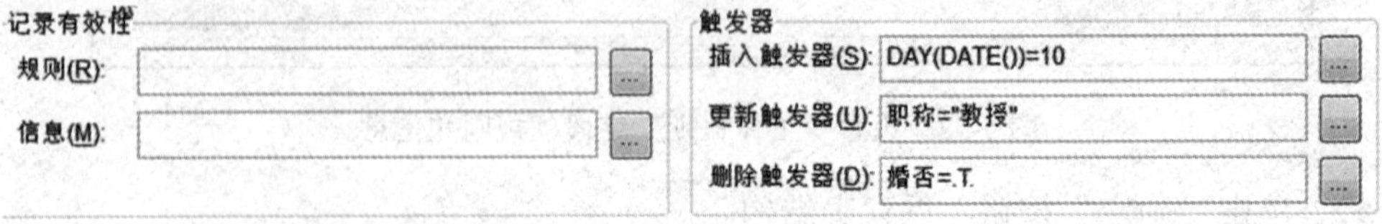

图 3-54　设置表触发器

（4） 单击“确定”按钮，关闭“表设计器”对话框。

试试在浏览窗口中更新一条不是“教授”的记录，则会弹出提示对话框，提示操作无法进行。

3.5.3　参照完整性与表之间的联系

参照完整性是定义创建表之间联系的主关键字与外部关键字引用的约束条件，当插入、删除或修改一个表中的数据时，通过参照引用相互关联的另一个表中的数据来检查操作是否正确。例如，Gzb 工资表的字段组成有编号、基本工资和实发工资等。当在此表中插入一条记录时，如果没有设置参照完整性，则可能会插入一个并不存在的编号，这样的插入肯定是错误的；如果插入前能进行参照性检查，检查指定的编号在表 Rsb 中是否存在，则可以保证插入的正确性。

1. 创建表之间的联系

表之间的联系是基于索引创建的一种永久关系，这种联系作为数据库的一部分保存在数据库中，并在“数据库设计器”窗口中显示为表索引之间的连接线。

在数据库的两个表之间创建联系时要求两个表的索引中至少有一个是主索引或候选索引。一般来说父表创建主索引，而子表中的索引类型决定了要创建的联系类型。如果子表中的索引类型是主索引或候选索引，则创建的就是一对一联系；如果子表中的索引类型是普通索引，则创建的就是一对多联系。

例 3-38：在 RSGZK 数据库中创建表之间的联系，BMDM 表和 Rsb 表创建的是一对多联系，连接字段是部门代码；Rsb 和增加工资表 ZZ 表之间创建的是一对多联系，连接字段是编号；Gzb 和 Rsb 创建的是一对一的联系，连接字段是编号，如图 3-55 所示。

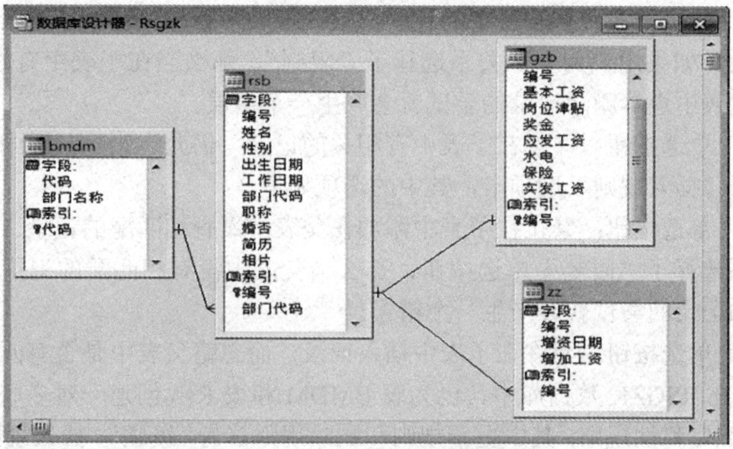

图 3-55　包含永久关系的数据库设计器

操作步骤如下。

（1） 打开 RSGZK 数据库，弹出“数据库设计器”窗口。

（2） 拖动父表 BMDM 表的主索引名“代码”（前面有一个钥匙标记，代表主索引）到 Rsb 表的索引名“部门代码”处，两个表之间产生一对一联系。

（3） 按同样方法创建 Rsb 表和 ZZ 表间的一对多的联系，以及 Rsb 表和 Gzb 表间的一对一的联系。

如果需要编辑或删除已创建的联系，可以用鼠标右键单击关系连线，从弹出的快捷菜单中选择“编辑关系”或“删除关系”选项，然后可以编辑或删除永久关系。

2. 设置参照完整性约束

在数据库中创建数据表之间的联系后，可以设置管理联系记录的规则。VFP 9.0 使用用户自定义的字段级和记录级规则完成参照完整性规则。参照完整性生成器可以帮助用户创建规则，控制如何在相关表中插入、更新或删除记录。

利用参照完整性生成器创建参照完整性的步骤如下。

（1） 打开“数据库设计器”窗口，选择“数据库”|“编辑参照完整性”选项，弹出“参照完整性生成器”对话框。

（2） 打开“更新规则”选项卡，其中的选项如下。

- “级联”单选按钮：选择该单选按钮，对父表中的主关键字段或候选关键字段的更改会反映在相应的子表中，即 VFP 9.0 自动更改所有相关子表记录中的对应值。
- “限制”单选按钮：选择该单选按钮，若子表中有相应记录，则禁止更改父表中的主关键字段或候选关键字段的值。
- “忽略”单选按钮：选择该单选按钮，即使在子表中有与父表相关的记录，仍允许更新父表中的记录。

（3） 打开“删除规则”选项卡，其中的选项如下。

- “级联”单选按钮：指定在父表进行的删除在相关的子表中反映出来。如果用户为一个关系选择了“级联”，无论何时删除父表中的记录，相关子表的记录会自动删除。
- “限制”单选按钮：若父表中的这些记录在子表中有相关记录，则禁止删除父表中的记录。如果用户为一个关系选择了“限制”，那么当在子表中有相关的记录时，则在父表中进行删除记录的尝试就会产生一个错误。
- “忽略”单选按钮：即使在子表中有相关的记录，仍允许删除父表中的记录。

（4） 打开“插入规则”选项卡，其中的选项如下。

- “限制”单选按钮：禁止在子表中添加在父表中没有相匹配的记录。如果用户为一个关系选择了“限制”单选按钮，那么当父表中没有相匹配的记录时，则在子表中添加记录的尝试就会产生一个错误。
- “忽略”单选按钮：允许在子表中插入记录，而忽略父表中是否有匹配的记录。

例 3-39：在 RSGZK 数据库中，已为表 BMDM 和表 Rsb 创建一对多联系。设置这两个表之间的参照完整性规则，其中更新规则和删除规则都为“级联”，插入规则为“忽略”。

操作步骤如下。

（1） 打开 RSGZK 数据库。

（2） 选择“数据库”|“清理数据库”选项，如图 3-56 所示。

（3） 选择“数据库”|“编辑参照完整性”选项或在“数据库设计器”窗口中用鼠标右键单击表 BMDM 和表 Rsb 之间的连线，选择快捷菜单中的“编辑参照完整性”选项，弹出“参照完整性生成器”对话框。

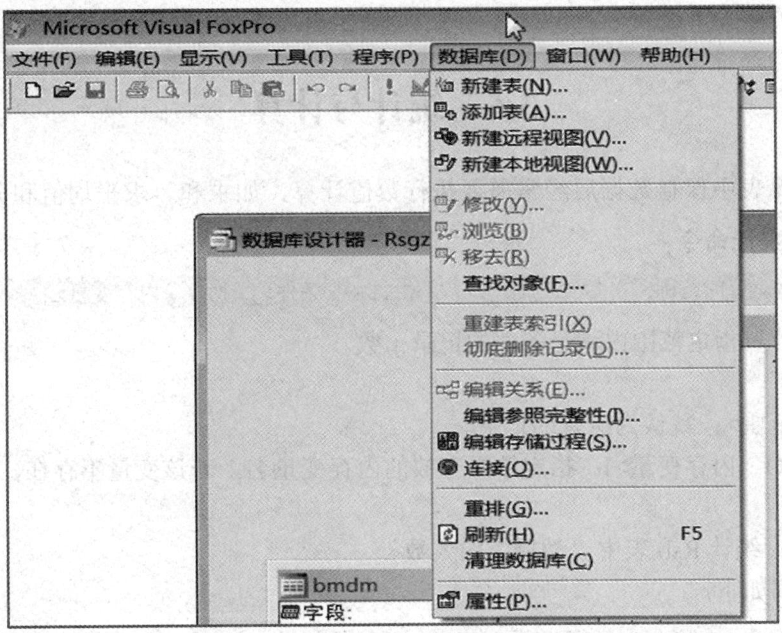

图 3-56　选择“数据库”|“清理数据库”选项

（4） 分别打开“更新规则”“删除规则”“插入规则”选项卡设置相应规则，更新规则和删除规则选择“级联”单选按钮；插入规则选择“忽略”单选按钮。也可以在“参照完整性生成器”对话框的各选项卡的下拉列表框中统一进行选择，“参照完整性生成器”对话框如图 3-57 所示。

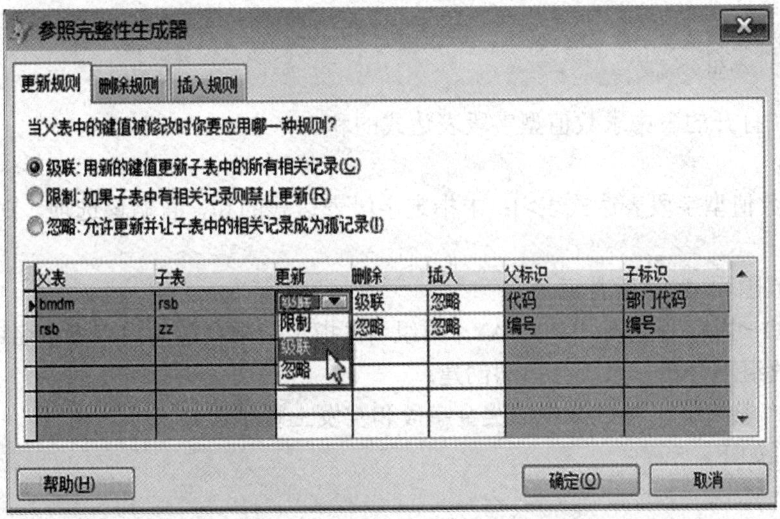

图 3-57　“参照完整性生成器”对话框

（5） 单击“确定”按钮，弹出提示对话框提示“是否保存改变，生成参照完整性代码并退出”。

（6） 单击“是”按钮，再次弹出提示对话框，单击“是”按钮。

3.6 统计与计算

在数据库表中保存数据后经常需要执行数值计算，如求和、求平均值和分类汇总等。

1. 计数统计命令

```
格式：COUNT [<范围>] [FOR <条件>] [WHILE <条件>] [TO <内存变量>]
```

功能：计算指定范围内满足条件的记录个数。

说明如下。

（1） <范围>：默认为所有的记录。

（2） [TO <内存变量>]：指定结果存放的内存变量名，若该变量不存在，系统会自动创建。

例 3-40：统计 Rsb 表中“教授”的人数。

命令序列如下：

```
USE Rsb
COUNT FOR 职称="教授" TO JSRS
?JSRS
```

显示结果为：

```
2
```

2. 求和命令

```
格式：SUM [<数值型字段表达式表>] [<范围>][FOR <条件>][WHILE <条件>][TO <内存变量表> | ARRAY <数组>]
```

功能：在打开的表中求数值型字段表达式的和。

说明如下。

（1） [<数值型字段表达式表>]：求指定字段表达式的和，省略该选项，则求所有数值型字段的和。

（2） <范围>：默认所有记录。

（3） [TO <内存变量表> | ARRAY <数组>]：指定结果存放的内存变量名或者数组名，若该变量或数组不存在，系统会自动创建。

例 3-41：求和统计表 Gzb 中的奖金字段和实发工资字段。

命令序列如下：

```
USE Rsb
SUM 奖金，实发工资 TO  S1,S2
```

显示结果为：

奖金	实发工资
5731.20	28388.40

4. 求平均值命令

```
格式：AVERAGE[<数值表达式表>][<范围>][FOR <条件>][WHILE <条件>]
[TO <内存变量表> | ARRAY<数组>]
```

功能：在打开的表中求数值表达式的平均值。

说明如下。

（1） [<数值型字段表达式表>]：求指定数值型字段表达式的和，省略该选项，则求所有数值型字段的和。

（2） <范围>：默认为所有记录。

（3） [TO <内存变量表> | ARRAY <数组>]：指定结果存放的内存变量名或者数组名，若该变量或数组不存在，系统会自动创建。

例 3-42：求表 Gzb 中实发工资的平均值。

命令序列如下：

```
USE  Gzb
AVERAGE 实发工资 TO  AVEGZ
?"平均工资", AVEGZ
```

显示结果为：

```
   实发工资
    2838.84
平均工资        2838.84
```

5. 计算

```
格式：CALCULATE <表达式表> [<范围>][FOR <条件>][WHILE <条件>][TO <内存变量表> |
ARRAY<数组>]
```

功能：分别统计当前表达式的值。

说明：有 NULL 值的记录不包含在 CALCULATE 操作中，表达式中可以包含下列函数的任意组合，其中常用的是前 5 个。

（1） AVG(<数值表达式>)：计算平均值。

（2） CNT()：返回表中记录数。

（3） MAX(<表达式>)：返回最大值。

（4） MIN(<表达式>)：返回最小值。

（5） SUM(<数值表达式>)：求和。

（6） NPV(<数值表达式 1>,<数值表达式 2>,<数值表达式 3>)：计算净现值。

（7） STD(<数值表达式>)：计算标准偏差。

（8） VAR(<数值表达式>)：计算方差。

例 3-43：统计 Gzb 表中实发工资超过 2 600 元的人数、平均工资、最高工资、最低工资及工资总和。

命令序列如下：

```
USE  Gzb
CALCULATE CNT(), AVG(实发工资), MAX(实发工资),  MIN(实发工资), SUM(实发工资);
FOR 实发工资>2600 TO JLS, PJGZ, ZGGZ, ZDGZ, GZZH
? JLS, PJGZ, ZGGZ , ZDGZ, GZZH
```

显示结果为：

```
CNT()      AVG(实发工资)     MAX(实发工资)     MIN(实发工资)     SUM(实发工资)
    3            2213.33          2578.00          1991.00          6640.00
3      2213.33      2578.00     1991.00     6640.00
```

在 VFP 9.0 中，如果一个命令长于一行，可以用续行符“;”连接多行。

6. 分类汇总

分类汇总是将数据表中某个字段排序分类，然后汇总统计其他需要汇总的字段。例如，在人事工资管理数据库的增加工资表 ZZ 中要按编号汇总增加的工资。

```
格式：TOTAL  TO <表文件名>  ON <关键字段>  [FIELDS <数值型字段表>][<范围>] [FOR <条件>] [WHILE <条件>]
```

功能：在打开的表中按关键字分类汇总计算，将结果存入新文件中。表必须按关键字排序或索引，即表文件必须有序；否则不能汇总。

说明如下。

（1） <表文件名>：指定存放计算结果的新表文件名，若该表不存在，系统会自动创建。

（2） <关键字段>：指定作为分类汇总依据的字段。

（3） [FIELDS <数值型字段表>]：指定要汇总的字段。

例 3-44：按编号分类汇总 ZZ 表的增资，即查询每位职工增加工资的总和，并将结果存入 ZZHZ 表中。

命令序列如下：

```
USE ZZ
INDEX ON 编号 TAG ZZBH
TOTAL TO ZZHZ ON 编号 FIELDS 增加工资
USE ZZHZ
BROWSE
USE
```

原 ZZ 表数据与分类汇总结果分别如图 3-58 和图 3-59 所示。

Zz

编号	增资日期	增加工资
0001	04/23/18	200.00
0003	07/10/18	111.30
0004	06/15/18	85.50
0002	07/14/18	500.00
0001	06/22/18	421.20
0002	07/16/18	184.22
0003	08/25/18	500.30

图 3-58　原 ZZ 表数据

Zzhz

编号	增资日期	增加工资
0001	04/23/18	621.20
0002	07/14/18	684.22
0003	07/10/18	611.60
0004	06/15/18	85.50

图 3-59　分类汇总后的结果（ZZHZ 表）

3.7　多 表 操 作

在数据库的实际应用中经常要操作多个数据表，为了解决这一问题，VFP 9.0 提供了多工作区工作模式，可以同时操作多个表。

3.7.1　工作区

1. 概念

为了同时打开并操作多个表，VFP 9.0 引入工作区的概念。工作区是用来保存表及相关信息的一个内存空间，每个工作区可以打开一个表文件。所谓打开表文件就是把它从磁盘调入内存的某一工作区，表文件只有在打开后才能进行操作。VFP 9.0 提供了 32 767 个工作区，选择不同的工作区可以使用 USE 命令打开不同的表。即不同的表可以在多个工作区中同时打开，但同一时刻只能有一个工作区是处于活动的。该工作区被称为“当前工作区”，即最后一个被选中的工作区。默认情况下，VFP 9.0 工作在 1 号工作区，工作区的区号可以是 0，含义是选择当前未被使用的最小工作区。

2. 选择工作区的命令

格式：SELECT <工作区号>|<别名>

功能：选择工作区。

说明：工作区号的取值范围是 1～32 767 之间的正整数。别名是为工作区命名的除编号以外的名字，可以是系统定义的别名。1～10 号工作区的别名分别为字母 A～J，也可以将表名作为工作区的别名。用户可以通过命令重新定义别名。

例如:

```
USE  Rsb  ALIAS 人事表   &&打开 Rsb 表的同时指定别名为“人事表”。
```

例 3-45：分别在 1、2、3 区打开 Rsb 表、BMDM 表和 ZZ 表并显示当前表记录。

命令序列如下：

```
OPEN  DATEBASE  RSGZK
SELECT  1
USE Rsb
LIST
SELECT B
USE BMDM
LIST
SELECT  3
USE ZZ
LIST
```

也可以用下面的命令：

```
OPEN DATEBASE RSGZK
USE Rsb IN 1
USE BMDM IN 2
USE ZZ IN 3 ALIAS ZHENGZI
```

3.7.2 关联表

每个工作区的表文件都有独立的记录指针，如果工作区之间没有创建关联，则操作当前工作区表文件不会影响其他工作区的记录指针，但是在实际工作中有时需要多个表之间的联动。例如，在浏览 BMDM 表时，希望能同时显示该部门的职工记录，这时就需要 Rsb 表跟随 BMDM 表联动。如果要实现联动，则需要创建表之间的临时关联。临时关联在数据库关闭后消失，下次打开数据库后必须重新创建。

1. 通过“数据工作期”对话框创建表之间的临时关联

例 3-46：利用“数据工作期”对话框创建表 BMDM 和 Rsb 之间的临时关联（Rsb 已按部门代码建立索引）。

操作步骤如下。

（1） 选择“窗口”|“数据工作期”选项，弹出“数据工作期”对话框，如图 3-60 所示。

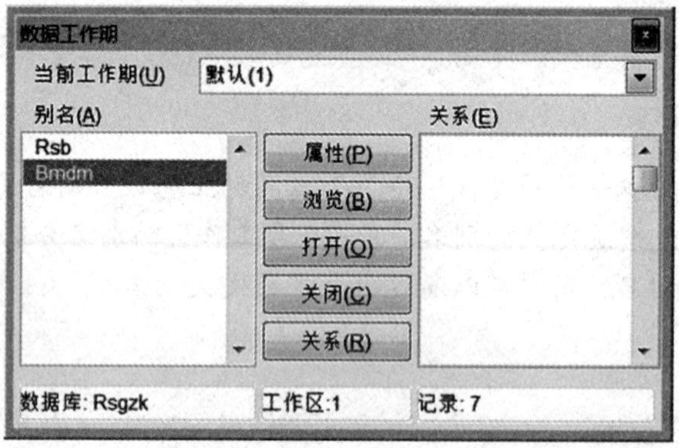

图 3-60 “数据工作期”对话框

（2） 单击“打开”按钮，在“别名”下拉列表中选择“Bmdm”命令，用同样方法打开表 Rsb。

（3） 在“别名”下拉列表框中选中父表“Bmdm”，单击“关系”按钮，将父表 Bmdm 移到“关系”列表框中，下方会自动地引出一条线。

（4） 在“别名”下拉列表框中选中子表 Rsb，系统弹出“设置索引顺序”对话框，如图 3-61 所示。

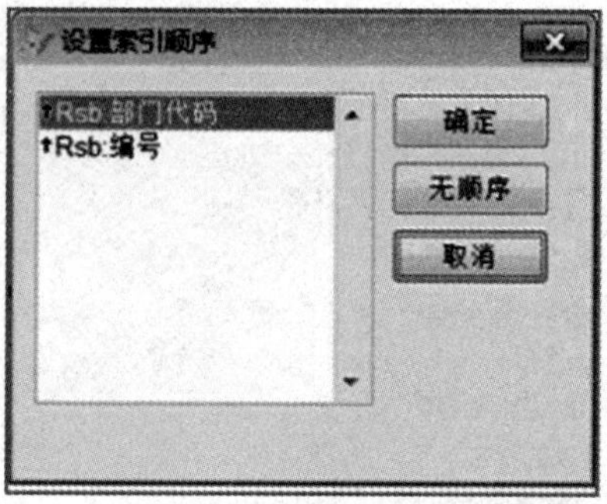

图 3-61 “设置索引顺序”对话框

（5） 选择“Rsb.部门代码”选项，单击“确定”按钮，弹出“表达式生成器”对话框，如图 3-62 所示。

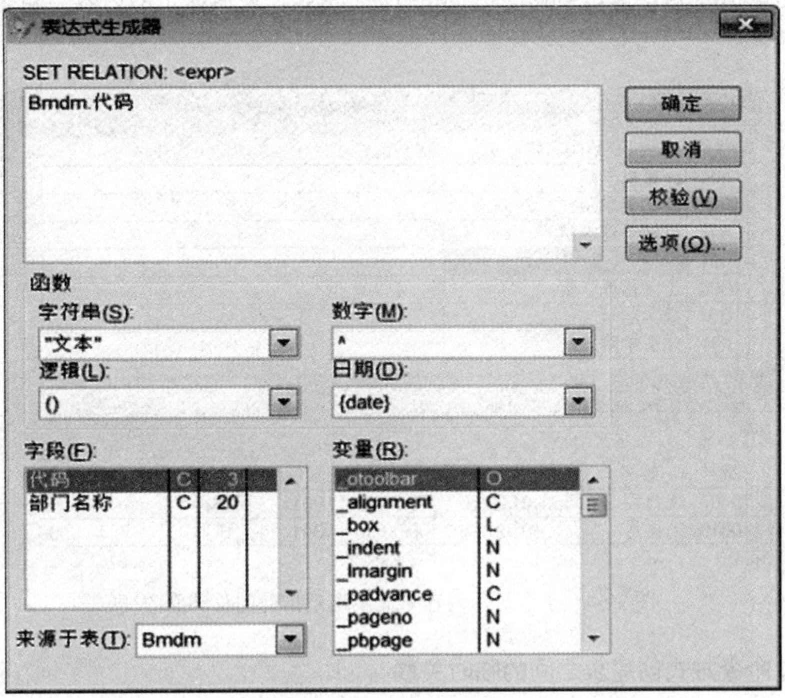

图 3-62　“表达式生成器”对话框

（6） 在“来源于表”下拉列表框中选择“Bmdm”选项，在“SET RELATION：<expr>”文本框中输入“Bmdm.代码”选项。

（7） 单击“确定”按钮，返回“数据工作期”对话框。所建关系显示在“关系”下拉列表框中，如图 3-63 所示。

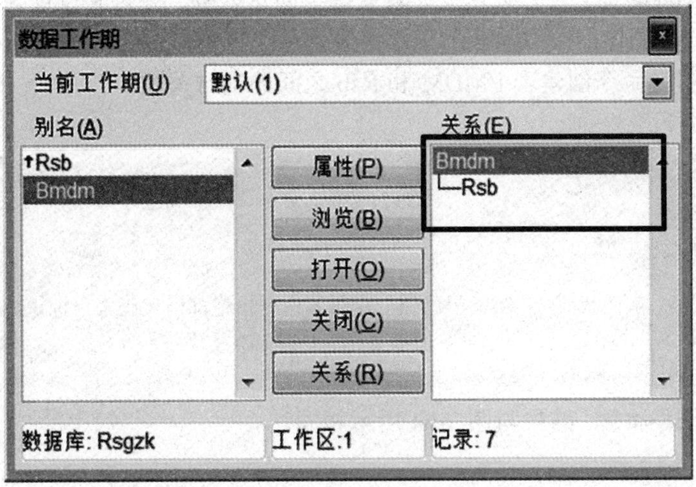

图 3-63　所建关系

（8） 在“别名”下拉列表框中选择“Bmdm”选项，单击“浏览”按钮打开“Bmdm”窗口，同样方法打开“Rsb”窗口。

（9） 在“Bmdm”窗口中移动记录指针时“Rsb”窗口显示的内容会随之改变，如图 3-64 所示。

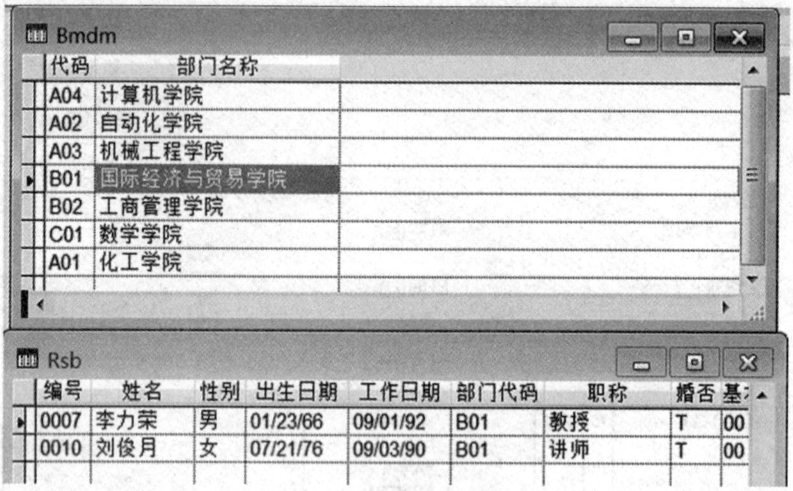

图 3-64　子表显示内容随父表记录指针的移动而改变

2. 通过命令方式创建表之间的临时关联

格式： SET RELATION TO [<索引表达式> INTO <工作区号>|<子表别名>[ADDITIVE]]

功能：在两个打开的表之间创建临时关系。

说明如下。

（1）<索引表达式>指定创建临时关联时的索引关键字。

（2）<工作区号>|<子表别名>指定子表或其所在的工作区。

（3）被关联的表（子表）必须按关联关键字创建索引，并将其设置为主控索引。

（4）不带选项的该命令取消当前工作区表文件之间的临时关联。

例 3-47：利用命令创建表 BMDM 和 Rsb 之间的临时关联。

命令序列如下：

```
SELECT 1
USE BMDM
SELECT 2
USE Rsb
SET ORDER TO 部门代码    &&索引已经创建，该命令指定部门代码索引标识为主控索引
SELECT 1
SET RELATION TO 代码 INTO 2    &&创建临时关联
```

逐条执行上述命令，结果与图 3-64 所示相同。

习　　题

1. 思考题

（1） 什么是数据库表？什么是自由表？

（2） 什么是表间的一对一关系和一对多关系？

（3） ZAP 命令和 PACK 命令有什么区别？

（4） 什么是排序和索引？为什么索引的查询效率高？

（5） 什么是主控索引文件和主控索引标识？它们的作用是什么？

（6） LOCATE、FIND、SEEK 命令在使用上有什么区别？如何判断查询是否成功？

2. 选择题

（1） 在 VFP 9.0 系统中.dbf 文件被称为（　　）。

A．数据库文件　　B．表文件

C．程序文件　　D．项目文件

（2） 在表中相对移动记录和绝对移动记录指针的命令分别为（　　）。

A．LOCATE 和 SKIP　　B．LOCATE 和 GO

C．SKIP 和 GO　　D．LOCATE 和 FIND

（3） 设表文件及其索引已打开，为了确保指针定位在物理记录号为 1 的记录上，应该使用命令（　　）。

A．SKIP 1　　B．SKIP -1

C．GO 1　　D．GO TOP

（4） 表结构中空值（NULL）的含义是（　　）。

A．空格　　B．尚未确定

C．默认值　　D．0

（5） 如果有一个表有备注型字段和通用型字段，那么它们的内容为（　　）。

A．存储在不同的表备注文件中　　B．存储在同一个文本文件中

C．存储在同一表备注文件中　　D．存储在不同的文本文件中

（6） 在当前数据表中“婚否”字段为逻辑型字段，要显示未结婚的记录应使用命令（　　）。

A．LIST FOR　.NOT. 婚否　　B．LIST 婚否=.F.

C．LIST FOR 婚否=.T.　　D．LIST FOR .NOT.“婚否”

（7） 若为一个数据库表创建以奖学金和出生日期的多字段索引，其正确的索引关键字表达式为（　　）。

A．奖学金+出生日期　　B．STR(奖学金,8,8)+出生日期

C．奖学金+DTOC(出生日期)　　D．STR(奖学金,8,2)+DTOC(出生日期)

（8） 当前数据库中有基本工资、奖金、津贴、代扣费用和工资总额字段，都是 N 型。要把职工的所有收入汇总后写入工资总额字段中，应使用的命令是（　　）。

A. REPLACE　ALL 工资总额 WITH 基本工资+奖金+津贴-代扣费用

B. REPLACE 工资总额 WITH 基本工资+奖金+津贴-代扣费用

C. SUM　基本工资+奖金+津贴-代扣费用 TO 工资总额

D. TOTAL ON 工资总额 FIELDS　基本工资+奖金+津贴-代扣费用

（9） 创建索引时，（　　）字段不能作为索引字段。

A. 字符型　　B. 数值型

C. 备注型　　D. 日期型

（10）使用命令“USE 学生”打开表文件时，其对应的结构复合索引文件也自动打开，没有设置主控索引时表记录的顺序将按（　　）显示。

A. 第 1 个索引标识　　B. 最后一个索引标识

C. 主控索引标识　　D. 物理顺序

（11） 物理删除当前记录可用两个命令实现，这两个的命令分别是（　　）。

A. PACK 和 ZAP　　B. PACK 和 RECALL

C. DELETE 和 PACK　　D. DELETE 和 RECALL

（12）在 VFP 9.0 中表结构中的逻辑型、通用型和日期型字段的宽度由系统自动给出，它们分别为（　　）。

A. 1，4，8　　B. 4，4，8

C. 1，10，8　　D. 2，8，8

（13） 在 VFP 9.0 中主索引字段（　　）。

A. 不能出现重复值或空值　　B. 能出现重复值或空值

C. 能出现重复值，但不能出现空值　　D. 能出现空值，但不能出现重复值

（14） 表间的“一对多”关系指（　　）。

A. 一个表与多个表之间的关系

B. 一个表中的一条记录对应另一个表中的多条记录

C. 一个表中的一条记录对应另一个表中的一条记录

D. 一个表中的一条记录对应多个表中的多条记录

（15） 在 VFP 9.0 中设置参照完整性时，要设置为若子表中有相关记录禁止修改父表的连接字段值，应选择（　　）。

A. 限制　　B. 忽略

C. 级联　　D. 级联或限制

3. 填空题

（1） “成绩”字段为数值型，若整数部分最多 3 位，小数部分 2 位，那么该字段的宽度至少应为________位。

（2） 要从磁盘上一次性彻底删除全部记录，可以使用__________命令。

（3） 若在当前记录之前插入一条新记录，则应输入命令______________。

（4） 数据表由___________和表记录两部分构成。

（5） 在 VFP 9.0 中索引类型分别是主索引、候选索引、普通索引和____________。

（6） 求当前表中数值型字段平均值的命令为____________________，分类汇总的命令

是____________________。

（7）显示当前记录的命令为________________，修改表结构的命令为____________。

上 机 练 习

（1）设计表结构并建表和输入数据。

- 设计并创建人事工资管理数据库，本次操作先创建人事表。设计表的结构描述职工的信息，定义字段的数据类型及相关属性，表记录如图 3-65 所示。

Rsb

编号	姓名	性别	出生日期	工作日期	部门代码	职称	婚否
0001	李建	男	09/17/73	09/15/94	A01	副教授	F
0002	张欣欣	女	05/28/68	03/12/90	B02	副教授	T
0003	姚一伟	男	03/12/71	09/12/93	A01	讲师	T
0004	苏庆丰	男	04/05/89	09/02/14	B02	助教	F
0005	章玉芬	女	09/12/79	03/23/01	A03	讲师	T
0006	吴文君	女	11/21/72	10/05/95	C01	讲师	T
0007	李力荣	男	01/23/66	09/01/92	B01	教授	T
0008	蔡大为	男	11/21/90	09/02/15	A02	助教	F
0009	高明	男	12/05/65	03/07/91	A04	教授	T
0010	刘俊月	女	07/21/76	09/03/90	B01	讲师	T

图 3-65　表记录

- 选择“文件”|“新建”|“数据库”选项，弹出“数据库设计器”窗口，创建数据库 RSGZK.dbc。
- 根据之前的设计，创建数据库表 Rsb。
- 修改 Rsb 表结构，增加“简历”字段，类型为备注型。
- 显示表结构。
- 输入 Rsb 表的记录。
- 将 Rsb 表结构复制到新表“Rsb1”中。

（2）写出下列显示表记录的命令。

- 显示 Rsb 表中所有女职工的记录。
- 显示 Rsb 表中的“姓名”“出生日期”“职称”3 个字段的内容。
- 显示 Rsb 表中男职工中职称为讲师的记录，要求只显示“姓名”“性别”“职称”3 个字段。
- 显示 Rsb 表中从第 5 条记录开始的剩余所有记录。

（3）写出下列修改记录的命令。

- 打开浏览窗口，修改第 2 条记录，将其婚否改为 F。
- 将表中职称为“讲师”的记录删除并恢复。
- 真正删除表中的第 2～5 条记录（用 DELETE/ PACK)。
- 关闭表文件。

（4）为数据库表 Rsb 做如下设置。

- 设置字段“婚否”的默认值为.T.。
- 设置字段“性别”的有效性规则，要求性别只能为“男”或“女”。
- 要求“编号”只能输入数字，并且不超过 4 位。

（5） 排序和索引操作。

- 为 Rsb 表创建一个主索引，索引表达式为“编号”，索引名为“BH”，降序。
- 执行 LIST 命令观察记录的显示顺序。
- 为 Rsb 表创建一个普通索引，索引名为“XM”，索引表达式为“姓名”，升序。
- 执行 LIST 命令观察记录的显示顺序。
- 将 Rsb 表按“出生日期”字段降序排序，生成新表文件 EMPLOYEE1，并在屏幕上显示新表的记录。

第 4 章　结构化查询语言 SQL

4.1　SQL 语言概述

SQL（Structured Query Language）已被国际标准化组织（ISO）认定为关系数据库标准语言，它的核心是数据查询。所有的关系数据库管理系统都支持 SQL，SQL 主要有以下特点。

（1）是一种高度非过程化语言，无需一步一步地指示计算机“如何去做”，而只需要告诉计算机“做什么”系统就可以自动完成。

（2）是一种一体化的语言，包括了数据定义、数据查询、数据操作及数据控制等方面的功能，可以完成数据库的全部操作。

（3）非常简洁，虽然只有为数不多的几个命令，但功能非常强大；另外，由于 SQL 非常接近英文自然语言，所以非常易学。

（4）用法灵活，可以在数据库管理中直接应用，也可以嵌入其他高级程序设计语言中完成数据库的操作。

SQL 功能及命令动词如表 4-1 所示。

表 4-1　SQL 功能及命令动词

SQL 功能	命令动词
数据定义	CREATE、DROP，ALTER
数据修改	INSERT、UPDATE、DELETE
数据查询	SELECT
数据控制	GRANT、REVOKE

VFP 9.0 及很多数据库开发工具都将 SQL 直接融入自身语言之中，不同的数据库管理系统产品在具体实现 SQL 方面与标准 SQL 有差异。VFP 9.0 只支持数据定义、数据操纵和数据查询功能的 SQL 语言，因为 VFP 9.0 自身在安全控制方面的缺陷，所以没有提供数据控制方面的功能。

在 VFP 9.0 中只需要在命令窗口中输入 SQL 命令，然后按 Enter 键执行即可。

4.2　数 据 定 义

SQL 语言的重要功能之一是实现数据的定义，数据定义语句主要有定义数据表、修改表结构及删除表等语句。

1. 定义表

一般格式如下：

```
  CREATE TABLE <表名> (<列名> <数据类型> [列级完整性约束条件]
[, <列名> <数据类型> [列级完整性约束条件]…] [,<表级完整性约束条件>])
```

功能：定义一个表。

说明：<表名>是所要定义的基本表的名字，<列名>由一个或多个属性（列）组成。

列级约束定义如下：

```
[ NULL | NOT NULL ]
[[CONSTRAINT 约束名 ] DEFAULT 约束表达式 ]
[PRIMARY KEY | UNIQUE]
[CHECK <逻辑表达式>]
```

例 4-1：在数据库 RSGZK 中创建一个“部门表”，包括代码和部门名称。要求代码为主键，部门名称不能为空。

打开 RSGZK，在命令窗口中输入如下语句：

```
CREATE TABLE 部门表(代码 C(3)  PRIMARY KEY, 部门名称 C (20) NOT NULL)
```

例 4-2：创建一个自由表“人事表”，包括编号、姓名、性别、出生日期、部门代码、职称和简历。

在命令窗口中输入如下语句：

```
CREATE TABLE 人事表(编号 C(4), 姓名 C(8), 性别 C(2), 出生日期 D, 部门代码 C(3),
职称 C(10) ,简历 M)
```

2. 修改表结构

一般格式如下：

```
ALTER TABLE <表名>
[ALTER COLUMN <列名> <数据类型> [(长度, [小数位数])]]
[ADD <新列名> <数据类型> [(长度, [小数位数])]<完整性约束>]
[DROP <列名> ]
```

功能：修改表结构。

说明：ALTER COLUMN 子句用于修改已有的列，ADD 子句用于增加新列，DROP 子句用于删除已有的列。

例 4-3：修改例 4-1 创建的“部门表”，增加一个备注字段。

在命令窗口中输入如下语句：

```
ALTER TABLE 部门表  ADD  备注 M
```

例 4-4：修改例 4-2 创建的“人事表”，将职称的宽度改为 8。

在命令窗口中输入如下语句：

```
ALTER TABLE 人事表 ALTER COLUMN 职称 C(8)
```

例 4-5：修改例 4-2 创建的“人事表”，删除列简历。

在命令窗口中输入如下语句：

```
ALTER TABLE 人事表 DROP 简历
```

3. 删除表

格式如下：

```
DROP TABLE <表名>
```

功能：该命令直接从磁盘中删除由表名指定文件的表文件。

说明如下。

（1） 如果命令中指定的不是自由表，而是当前数据库表，则从磁盘和数据库中均删除此表。

（2） 如果该表所属的数据库不是当前数据库，使用该命令删除表虽然从磁盘中删除了表文件，但记录在数据库文件中的信息却没有删除，以后会出现错误提示。

（3） 一旦删除基本表的定义，表中的数据、此表创建的索引和视图都将自动被删除。

例 4-6：删除上面例题中创建的“部门表”和“人事表”。

在命令窗口中输入如下语句：

```
DROP TABLE 部门表
DROP TABLE 人事表
```

4.3　数 据 查 询

数据查询是 SQL 语言的重要部分，通过 SELECT 语句来实现。在 SQL 语言的诸多命令中，使用最频繁且应用最广泛的是 SELECT-SQL 数据查询命令。查询指从一个或多个表中依照一定的顺序或符合一定的条件提取信息的一种方法。它可以对数据源进行多种组合，有效地筛选记录、管理数据并对结果进行排序，控制查询结果和结果的存放位置。SELECT-SQL 功能强大，有很多组成部分，这里只介绍其中最常用的部分。

4.3.1　SELECT 语句的语法

SQL 查询语句常用的语法格式如下：

```
SELECT [ALL|DISTINCT|TOP<n>]
<*| [别名.] | 表名.* | 字段表达式 [AS 列标题] [, [别名.] 字段表达式[AS 列标题]…]>
[INTO <新表名>]
FROM <表列或者表之间的连接关系>
[WHERE <查询条件> ]
[GROUP BY <分组项> ] [HAVING <分组筛选条件> ]
[ORDER BY <排序项>[ASC|DESC] [,…]]
```

说明如下。

（1） ALL|DISTINCT|TOP<N>：限定查询的记录范围，默认 ALL。DISTINCT 是无重复记录，TOP<N>是前 N 个。

（2） *：代表全部字段，多个表时要有表名前缀。

（3） AS：可用于计算字段的列标题，也可以为原字段另起列标题。

（4） FROM：为要查询的数据源，可以是表或查询，多个表时须有连接方式。

（5） WHERE：设置查询的条件。

（6） GROUP BY：设置分组依据，HAVING 筛选分组。

（7） ORDER BY：设置排序依据，ASC 为升序排序，DESC 为降序排列。

（8） INTO：设置查询去向表，若无，则显示查询数据表。

SELECT 查询语句可以划分为查询项、查询去向、数据源、查询条件、查询分组和查询排序。

4.3.2 基本查询

这里的基本查询指无“条件”查询，即 SELECT 命令中只包括 SELECT 子句和 FROM 子句。

例 4-7：查询 Rsb 表中所有记录的所有字段。

在命令窗口中输入如下查询语句：

```
SELECT * FROM Rsb
```

命令执行后弹出“查询”窗口，其中显示 Rsb 表中的所有字段。

例 4-8：查询 Rsb 表中所有记录中职工的姓名、性别和婚姻状况。

在命令窗口中输入如下查询语句：

```
SELECT 姓名，性别，婚否 FROM Rsb
```

命令执行后弹出“查询”窗口，查询结果如图 4-1 所示。

例 4-9：查询 ZZ 表中所有记录的编号，要求不显示重复的编号。

在命令窗口中输入如下查询语句：

```
SELECT DISTINCT 编号 FROM ZZ
```

例 4-10：查询 Rsb 表中所有职工的姓名和年龄。

在命令窗口中输入如下查询语句：

```
SELECT 姓名， YEAR(DATE()) - YEAR(出生日期) AS 年龄 FROM Rsb
```

查询结果如图 4-2 所示。

姓名	性别	婚否
李建	男	F
张欣欣	女	T
姚一伟	男	T
苏庆丰	男	F
章玉芬	女	T
吴文君	女	T
李力荣	男	T
蔡大为	男	F
高明	男	T
刘俊月	女	T

图 4-1 查询结果

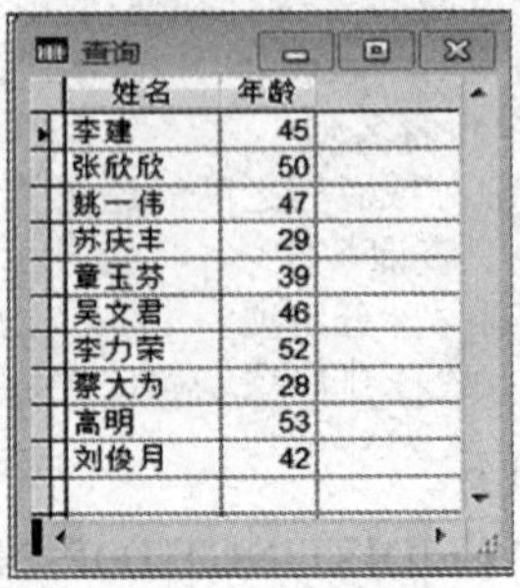

姓名	年龄
李建	45
张欣欣	50
姚一伟	47
苏庆丰	29
章玉芬	39
吴文君	46
李力荣	52
蔡大为	28
高明	53
刘俊月	42

图 4-2 查询结果

4.3.3　条件查询和排序

条件查询指在基本查询的基础上增加由 WHERE 子句构成的条件过滤掉不需要的数据行。

WHERE 子句可包括如下条件运算符。

（1）　比较运算符：>、>=、=、<、<=、<>、!>、!<。

（2）　范围运算符：BETWEEN…AND…。

（3）　列表运算符：IN(项 1,项 2……)，NOT IN(项 1,项 2……)。

（4）　模式匹配运算符：LIKE、NOT LIKE。

（5）　空值判断符：IS NULL、IS NOT NULL。

（6）　逻辑运算符：NOT、AND、OR。

例 4-11：查询 Rsb 表中职称为“讲师”的职工姓名和部门代码。

在命令窗口中输入如下查询语句：

```
SELECT 姓名,部门代码 FROM Rsb WHERE 职称= " 讲师 "
```

命令执行后弹出“查询”窗口，其中显示满足条件的数据，如图 4-3 所示。

例 4-12：查询 Gzb 表中基本工资在 1 800～2 400 元之间的编号、基本工资、应发工资和实发工资，并按基本工资的升序排列。

在命令窗口中输入如下查询语句：

```
SELECT 编号, 基本工资, 应发工资,  实发工资 FROM Gzb ;
WHERE 基本工资>=1800 AND 基本工资<=2400;
ORDER BY 基本工资  ASC
```

命令执行后会弹出“查询”窗口，其中是显示满足条件的数据，如图4-4所示。

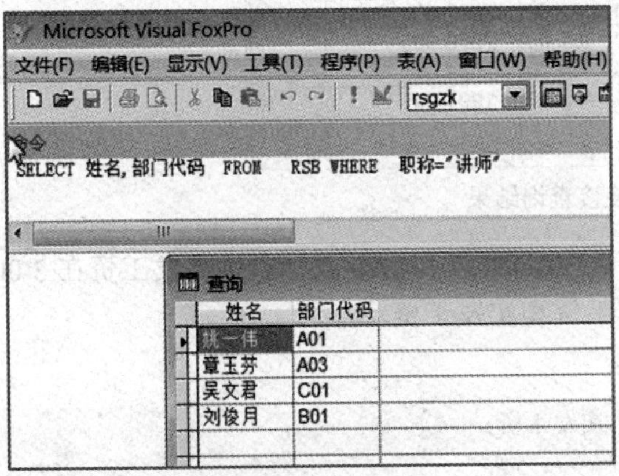

图 4-3　条件查询结果

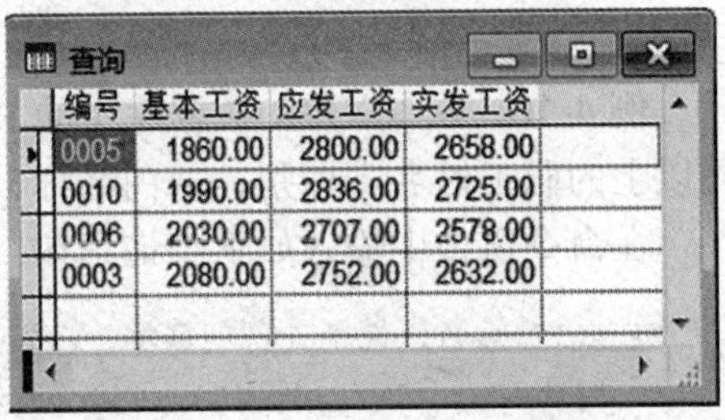

图 4-4　条件查询结果（例 4-12）

例 4-13：查询 Rsb 表中姓“李”的职工的姓名和部门代码，并按部门代码的降序排列。

在命令窗口中输入如下查询语句：

```
SELECT 姓名, 部门代码 FROM Rsb WHERE 姓名 LIKE " 李% ";
ORDER BY 部门代码 DESC
```

查询结果将显示姓“李”的职工，并按部门代码的降序排列。

例 4-14：查询 Rsb 表中婚否为空的职工情况。

在命令窗口中输入如下查询语句：

```
SELECT * FROM Rsb WHERE 婚否 IS NULL
```

4.3.4 多表查询

在数据库应用中经常要同时涉及两个或两个以上的表，需要根据这些表中的数据情况进行操作，这时就要使用连接查询。

例 4-15：从 RSGZK 数据库中的 Rsb 表和 Gzb 表中查询所有职工的姓名、性别、基本工资、奖金和实发工资，并按实发工资的降序排列。

在命令窗口中输入如下查询语句：

```
SELECT 姓名, 性别, 基本工资,奖金, 实发工资 FROM Rsb ,Gzb;
WHERE Rsb.编号= Gzb.编号 ORDER BY 实发工资 DESC
```

在连接查询时要保证连接的两个或多个表之间存在一定的联系，若查询结果涉及的字段在多个表中都存在，则应该在字段名前添加数据表的名称，如本例中的“Rsb.编号”。连接查询结果如图 4-5 所示。

姓名	性别	基本工资	奖金	实发工资
高明	男	3080.00	567.00	3756.00
李力荣	男	2900.00	554.00	3582.00
张欣欣	女	2550.00	670.00	3219.00
李建	男	2450.00	712.20	3176.40
刘俊月	女	1990.00	666.00	2725.00
章玉芬	女	1860.00	754.00	2658.00
姚一伟	男	2080.00	432.00	2632.00
吴文君	女	2030.00	467.00	2578.00
苏庆丰	男	1580.00	453.00	2071.00
蔡大为	男	1530.00	456.00	1991.00

图 4-5　连接查询结果

例 4-16：从 RSGZK 数据库中的 Rsb 表、BMDM 表和 Gzb 表中查询实发工资在 3 000 元以上的职工姓名、性别、部门名称、应发工资和实发工资。

在命令窗口中输入如下查询语句：

```
SELECT 姓名, 性别, 部门名称, 应发工资, 实发工资;
FROM Rsb, Gzb, BMDM;
WHERE Rsb.编号=Gzb.编号 AND Rsb.部门代码=BMDM.代码 AND 实发工资>3000
```

这里的查询涉及 3 个表，所以做两次连接。有两个连接条件，查询结果如图 4-6 所示。

姓名	性别	部门名称	应发工资	实发工资
李建	男	化工学院	3281.20	3176.40
张欣欣	女	工商管理学院	3340.00	3219.00
李力荣	男	国际经济与贸易学院	3714.00	3582.00
高明	男	计算机学院	3857.00	3756.00

图 4-6　多表连接查询结果

4.3.5　嵌套查询

有时一个 SELECT 命令无法完成查询任务，而需要一个子 SELECT 命令结果作为查询的条件。所谓嵌套查询指在一个 SELECT 查询命令的 WHERE 子句中，包含了另一个 SELECT 查询命令。

例 4-17：列出 Gzb 表部门代码是“B01”的职工的工资详细列表。

在 Gzb 表中没有部门代码字段，所以无法直接从中查找需要的数据。因而首先需要在 Rsb 中查询“B01”的职工编号，然后根据找到的编号在 Gzb 中找出对应的记录。

在命令窗口中输入如下查询语句：

```
SELECT  *  FROM   Gzb;
WHERE  编号  IN(SELECT 编号 FROM Rsb WHERE 部门代码=" B01 ")
```

查询结果如图 4-7 所示。

编号	基本工资	岗位津贴	奖金	应发工资	水电	保险	实发工资
0007	2900.00	260.00	554.00	3714.00	86.00	46.00	3582.00
0010	1990.00	180.00	666.00	2836.00	75.00	36.00	2725.00

图 4-7　嵌套查询结果

4.3.6　统计与分组查询

1. 计算查询

在实际应用中除了需要查询表中的记录，还需要在原有数据的基础上通过计算来输出统计结果。常用的计算查询函数有 COUNT（计数）、SUM（求和）、AVG（求平均值）、MAX（求最大值）和 MIN（求最小值）等。

例 4-18：查询 Gzb 表职工实发工资的最高值、最低值、平均值及总和。

在命令窗口中输入如下查询语句：

```
SELECT MAX(实发工资) AS 最高工资, MIN(实发工资) AS 最低工资,;
AVG(实发工资) AS 平均工资, SUM(实发工资) AS 工资总和 FROM Gzb
```

查询结果如图 4-8 所示。

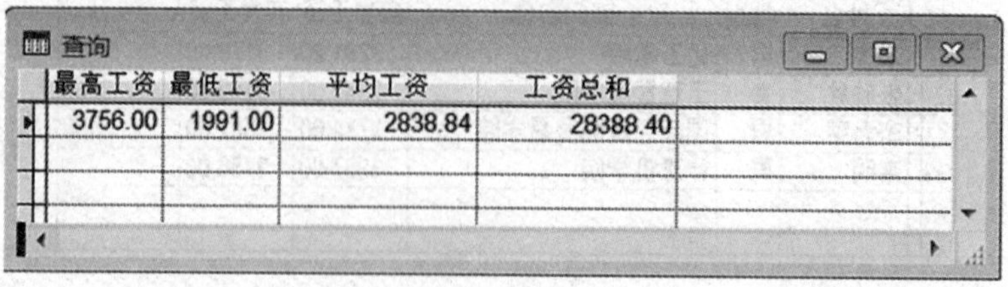

最高工资	最低工资	平均工资	工资总和
3756.00	1991.00	2838.84	28388.40

图 4-8　统计查询结果

例 4-19：查询 Gzb 表中部门的个数。

在命令窗口中输入如下查询语句：

```
SELECT COUNT(DISTINCT 代码) AS 部门个数 FROM BMDM
```

查询结果为“7”说明有 7 个部门。

2. 分组查询

GROUP BY 子句可以将查询结果按照某个字段值或多个字段值分组，分组后统计函数按同一分组的记录统计。

例 4-20：查询 Rsb 表和 Gzb 表中男职工和女职工的基本工资的平均值。

在命令窗口中输入如下查询语句：

```
SELECT 性别, AVG(基本工资) AS 平均工资 FROM Rsb, Gzb;
WHERE Rsb.编号=Gzb.编号 GROUP BY 性别
```

查询结果如图 4-9 所示。

例 4-21：查询 Rsb 表和 BMDM 表中各部门的人数，要求结果显示部门名称和部门人数。

在命令窗口中输入如下查询语句：

```
SELECT 部门名称, COUNT(部门名称) AS 部门人数;
FROM Rsb, BMDM;
WHERE Rsb.部门代码= BMDM.代码;
GROUP BY 部门名称
```

查询结果如图 4-10 所示。

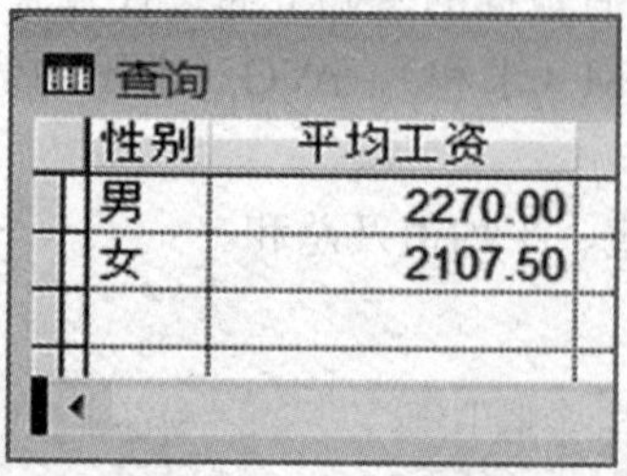

性别	平均工资
男	2270.00
女	2107.50

图 4-9　分组查询结果

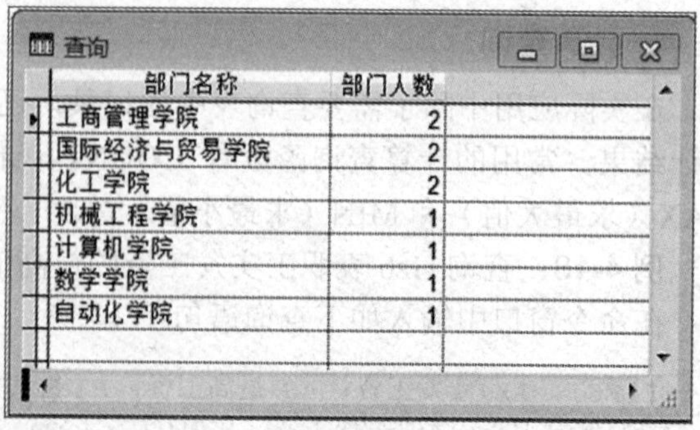

部门名称	部门人数
工商管理学院	2
国际经济与贸易学院	2
化工学院	2
机械工程学院	1
计算机学院	1
数学学院	1
自动化学院	1

图 4-10　连接分组查询结果

例 4-22：查询 Rsb 表和 Gzb 表中各部门的实发工资的平均值且实发工资平均值超过 3 000 元的情况。

在命令窗口中输入如下查询语句：

```
SELECT 部门代码, AVG(实发工资) AS 平均工资;
FROM Rsb,Gzb;
WHERE Rsb.编号=Gzb.编号;
GROUP BY 部门代码 HAVING AVG(实发工资)>3000
```

HAVING 设置的分组条件一定要紧跟在 GROUP BY 子句之后，查询结果如图 4-11 所示。

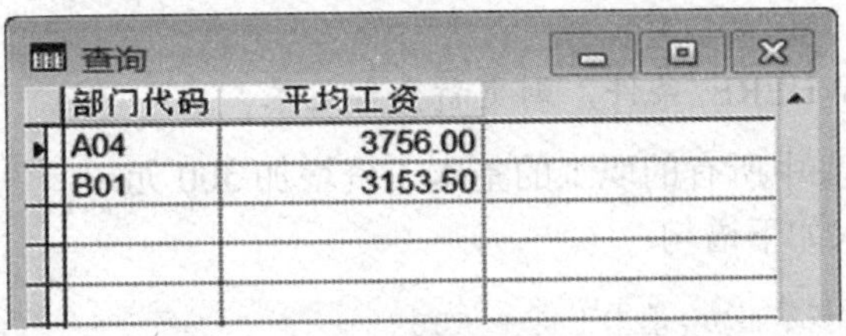

图 4-11　分组条件查询结果

4.4　数 据 操 纵

数据操纵是对数据表记录的操作，数据操纵的语句有 INSERT（插入记录）、UPDATE（更新记录）和 DELETE（删除记录）。

4.4.1　插入记录

插入记录使用 INSERT 语句。

```
格式：INSERT  INTO <表名> [( 字段名列表 )] VALUES ( 表达式列表 )
```

功能：将数据值（VALUES 子句）添加到目标表（INSERT INTO 子句）中。

说明：*表达式列表要和字段名列表的顺序、数据类型一致，当表中所有字段均插入数据时，可省略字段名列表。*

例 4-23：为增加工资表 ZZ 增加一条记录。

在命令窗口中输入如下语句：

```
INSERT  INTO  ZZ  VALUES("0004", {^2018/08/25}, 220.00)
```

添加日期型的数据时建议使用严格的日期格式，防止出错。

例 4-24：为人事 Rsb 表增加一条记录，编号 0011、姓名张丰、性别男、出生日期 1990 年 2 月 20 日、部门代码 A03。

在命令窗口中输入如下语句：

```
INSERT INTO Rsb (编号, 姓名, 性别, 出生日期, 部门代码);
VALUES ("0011", "张丰", "男", {^1990/02/20}, "A03")
```

执行该语句，一条记录就插入 Rsb 表中了。

4.4.2 更新记录

更新记录使用 UPDATE 语句。

```
格式：UPDATE <表名>  SET <字段 1>=<表达式 1>  [,<字段 2>=<表达式 2> , …]
[WHERE <更新条件> ]
```

功能：修改表（UPDATE 子句）中满足条件（WHERE 子句）的所有记录，修改为 SET 子句中指定的值。

说明： 如果没有 WHERE 条件，则更新全部记录。

例 4-25： 为 Gzb 表中所有的职工的基本工资增加 500 元。

在命令窗口中输入如下语句：

```
UPDATE Gzb  SET 基本工资=基本工资 + 500
```

例 4-26： 为 Gzb 表中基本工资在 1 800 元以下的职工的基本工资增加 200 元。

在命令窗口中输入如下语句：

```
UPDATE Gzb SET 基本工资=基本工资+200 WHERE 基本工资<1800
```

4.4.3 删除记录

删除记录使用 DELETE 语句。

```
格式：DELETE  FROM <表名>  [ WHERE <删除条件> ]
```

功能：删除（DELETE 子句）表（FROM 子句）中满足条件（WHERE 子句）的所有记录。

说明： 该删除为逻辑删除，如果需要彻底删除，还需要执行 PACK 命令。如果没有 WHERE 条件，则删除全部的记录。

例 4-27： 彻底删除姓名为“张丰”的职工记录。

在命令窗口中输入如下语句：

```
DELETE  FROM  Rsb  WHERE 姓名="张丰"
PACK
```

习　题

1. 思考题

（1） 什么是 SQL 语言？它的主要特点是什么？

（2） SQL 语言的主要功能有哪些？分别用什么命令来实现？

2. 选择题

（1） 下列说法正确的是（　　）。

A．SQL 语言不能直接以命令方式交互使用，而只能嵌入到程序设计语言中以程序方式使用。

B．SQL 语言只能直接以命令方式交互使用，而不能嵌入到程序设计语言中以程序方式使用。

C．SQL 语言不可以直接以命令方式交互使用，也不可以嵌入到程序设计语言中以程序方式使用，是在一种特殊的环境下使用的语言。

D．SQL 语言既可以直接以命令方式交互使用，也可以嵌入到程序设计语言中以程序方式使用。

（2） SQL 语言具有（　　）的功能。

A．关系规范化、数据操纵、数据控制　B．数据定义、数据操纵、数据控制

C．数据定义、关系规范化、数据控制　D．关系规范化、数据操纵、数据查询

（3） SQL 语言中使用最多的功能是（　　）。

A．数据查询　　B．数据修改

C．数据定义　　D．数据控制

（4） SQL 语句中，SELECT 命令的分组操作配套使用的条件短语应使用（　　）引导。

A．WHERE　　B．LIKE

C．HAVING　　D．IN

（5） SQL 语句中删除表中记录的语句是（　　）。

A．DROP　　B．ERASE

C．CANCLE　　D．DELETE

（6） 用 SQL 语句创建表时为属性定义主索引，应在 SQL 语句中使用短语（　　）。

A．DEFAULT　　B．PRIMARY KEY

C．CHECK　　D．UNIQUE

（7） SQL 语句的 WHERE 短语中可以使用的通配符是（　　）。

A．*　　B．?

C．%　　D．—

（8） SQL 语句中条件短语的关键字是（　　）。

A．WHERE　　B．FOR

C．WHILE　　D．AS

（9） SQL 语句中可以使用的通配符有（　　）。

A．*　　B．%

C．_　　D．B 项和 C 项

（10） SQL 的数据操纵语句不包括（　　）。

A．INSERT　　B．DELETE

C．UPDATE　　D．CHANGE

（11） 字符串匹配运算符是（　　）。

A．LIKE　　B．AND

C．IN　　D．=

（12） SQL 实现分组查询的短语是（　　）。

A．ORDER BY　　B．GROUP　BY

C．HAVING　　D．ASC

（13） 书写 SQL 语句，若语句要占用多行，在行的末尾要加续行符（　　）。

A．:　　B．;

C．,　　D．”

（14） 用于更新表中数据的 SQL 语句是（　　）。

A．UPDATE　　B．REPLACE

C．DROP　　D．ALTER

（15） 在表中插入数据的 SQL 语句是（　　）。

A．INSERT　INTO　　B．INSERT

C．INSERT BLANK　　D．INSERT BEFORE

（16） Having 短语不能单独使用，且必须放在（　　）短语之后。

A．ORDER BY　　B．FROM

C．WHERE　　D．GROUP BY

3. 填空题

（1） SQL 的中文名称____________，SQL 的核心是____________。

（2） SQL SELECT 语句的功能是__________，其中 DISTINCT 短语的用法是_______。

（3） SELECT 语句中的排序子句是____________，升序输出用____________表示，降序输出用______________实现；分组子句是______________，与该子句配套的条件短语是______________；引导条件的子句是____________。

（4） 在 SQL SELECT 命令中可以使用一些统计函数，分别是____________。

（5） SQL 的数据定义包括____________、____________、____________等；其中定义表的命令是____________；修改表结构的 SQL 命令是____________；删除表的命令是____________。

（6） SQL 的数据操作主要包括____________、____________、____________ 3 部分功能，对应的命令分别是____________、____________、____________。

上 机 练 习

（1） 写出下列数据定义和操作的命令。

- 使用 SQL 命令创建 Rsb 表，具体结构的设计参考本书第 3 章。
- 使用 SQL 命令修改表结构，把 Rsb 表中的字段姓名宽度改为 10 并增加一个字段“籍贯”，字符型，宽度为 10。

- 使用 SQL 命令增加记录：在 Rsb 表中输入两条记录。
- 使用 SQL 命令修改记录：将所有姓“李”的职工的籍贯修改为“山东”。
- 使用 SQL 命令删除记录：删除姓“刘”的职工的记录。

（2） 根据教材中的 RSGZK 数据库中的 Rsb 表、BMDM 表、ZZ 表和 Gzb 表，分别写出下列数据查询的命令。

- 简单查询：按职工的出生日期升序列出所有职工的记录。
- 条件查询：查询所有已婚的职工记录。
- 条件查询：查询基本工资在 2 000～2 500 元之间的职工的编号、基本工资和实发工资。
- 连接查询：查询所有“化工学院”的职工的姓名、性别和基本工资。
- 连接查询：查询“机械工程学院”和“化工学院”的职工的姓名、编号和实发工资，并按实发工资的升序排列。
- 嵌套查询：找出所有男职工的工资详细情况。
- 统计查询：计算“A03”部门的平均实发工资。
- 分组查询：分别统计职工表中男女职工的人数。

第 5 章　查询与视图

数据表是数据库中存储数据的基本单元，数据库中的数据都保存在数据表中。在实际应用中用户经常需要查询数据表中满足一定条件的某几个字段的值，或者从几个数据表中筛选显示相关的字段，这时要使用查询或视图等工具。查询和视图是检索数据的重要工具，它们的用途基本相同且创建的步骤也非常相似，但是使用的角度有区别。

5.1 查　　询

查询指根据用户给定的条件从指定的一个或多个关联表中获取数据的过程，创建查询实际上就是创建一个扩展名为“.qpr”的查询文件。运行查询文件就可以从指定的表中提取满足条件的记录，并按设定的去向输出查询结果。

5.1.1 利用查询向导创建查询

查询向导可以快速地创建查询，按照向导的步骤提示完成操作，即可轻松地创建查询文件。

例 5-1：利用查询向导查询数据表 Rsb 中的记录，要求性别为男，查询内容包含编号、姓名、性别及职称 4 个字段。以姓名升序排列，并以 cx1.qpr 为文件名将该查询文件保存到 E:\RSGZK 文件夹中。

（1） 选择“文件” | “新建”选项，弹出“新建”对话框。

（2） 选择“查询”选项，单击“向导”按钮，弹出“向导选取”对话框，如图 5-1 所示。

（3） 选择“查询向导”选项，单击“确定”按钮，弹出“步骤 1-选择字段”对话框，如图 5-2 所示。

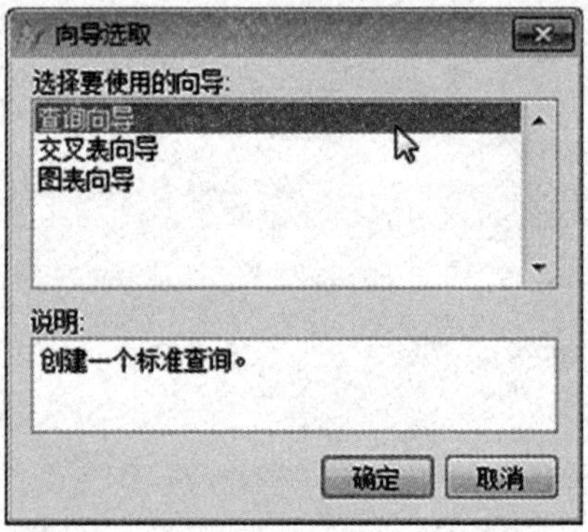

图 5-1　“向导选取”对话框

（4） 在“数据库和表”下拉列表框中选择需要的数据表“RSB”，然后在“可用字段”下拉列表框中选择所要求的字段到“选定字段”下拉列表框中，如图 5-3 所示。

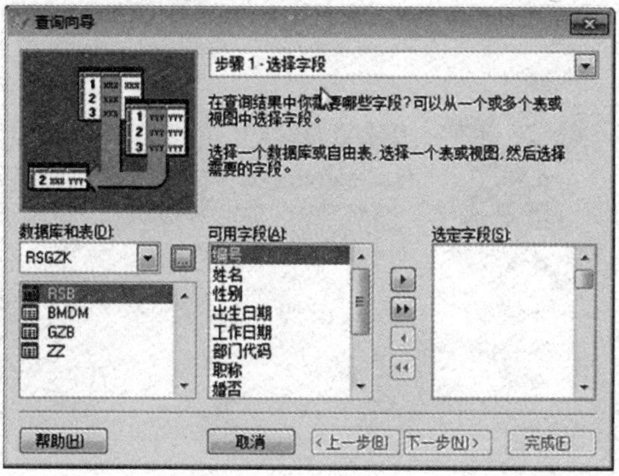

图 5-2　“步骤 1-选择字段”对话框

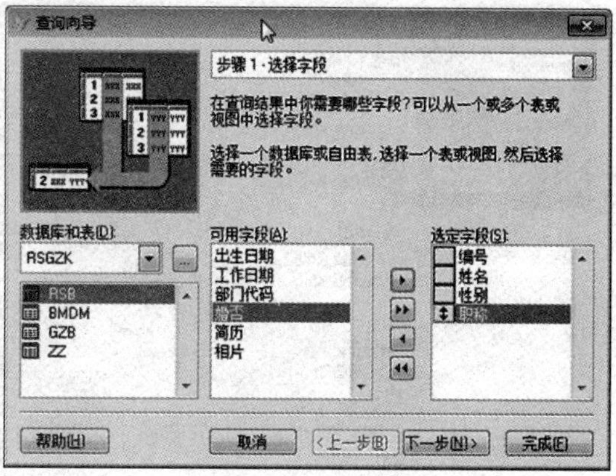

图 5-3　选择字段

（5）　单击“下一步”按钮，弹出“步骤 3-筛选记录”对话框（注：因为此查询只涉及一个表，所以步骤 2-表的关联关系直接跳过）。

（6）　按要求选择性别等于男，如图 5-4 所示。

（7）　单击“下一步”按钮，弹出“步骤 4-排序记录”对话框。

（8）　按要求添加排序字段，如图 5-5 所示。

图 5-4　筛选记录

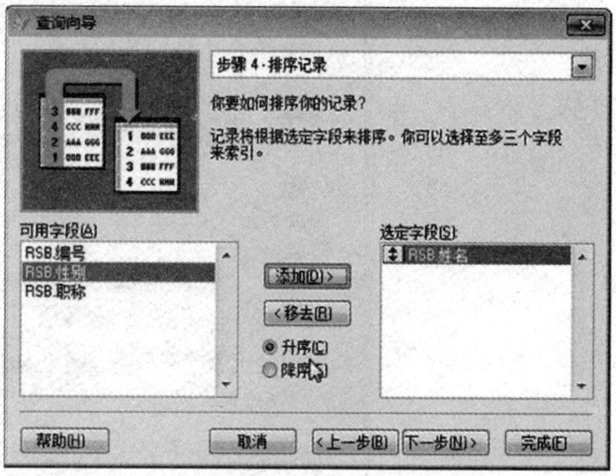

图 5-5　排序记录

（9）　单击“下一步”按钮，弹出“步骤 4a-限制记录”对话框。

（10）　其中的设置决定创建的查询是包含所有符合条件的记录还是部分记录，默认为“全部记录”，如图 5-6 所示。

（11）　单击“下一步”按钮，弹出“步骤 5-完成”对话框。

（12）　选择其中一项来完成本次创建查询操作，如选中“保存查询并运行它”单选按钮，如图 5-7 所示。

（13）　单击“完成”按钮，弹出“另存为”对话框。

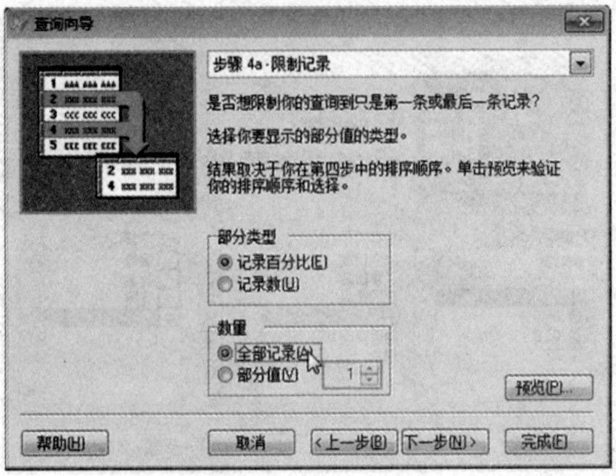

图 5-6　限制记录

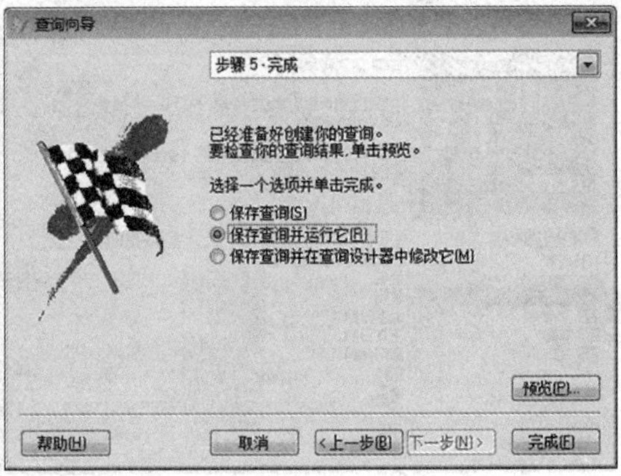

图 5-7　选中“保存查询并运行它”单选按钮

（14）　按要求输入查询文件名后单击“保存”按钮即可，如图 5-8 所示。

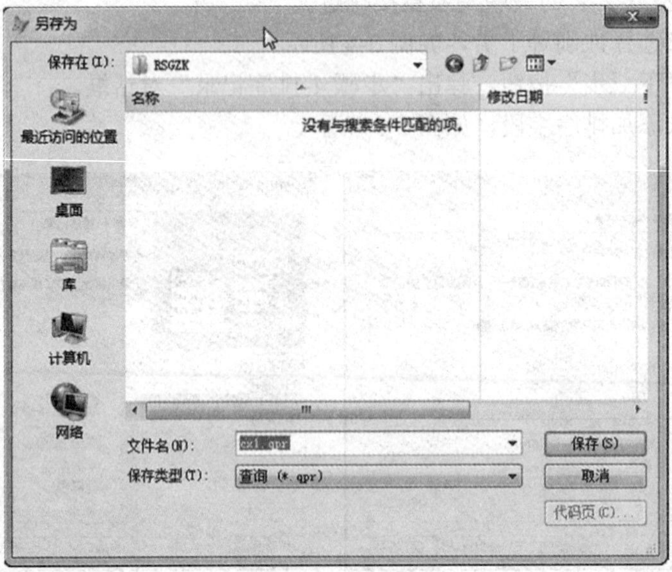

图 5-8　保存查询文件

（15）　自动运行该查询，在“查询”窗口中显示查询结果，如图 5-9 所示。

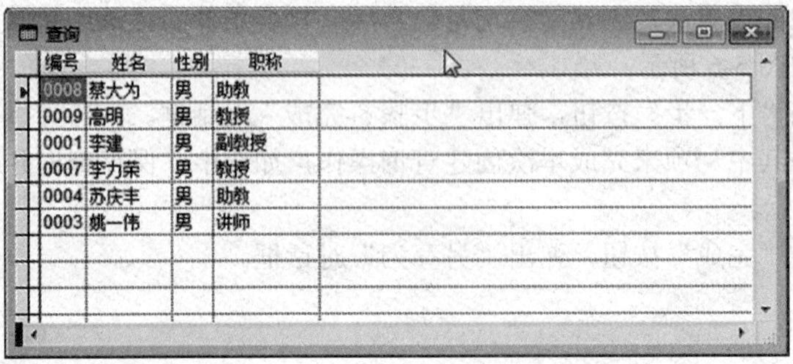

图 5-9　查询结果

5.1.2　利用查询设计器创建查询

使用查询设计器是创建查询的基本方法，可以更加灵活地创建查询，也可以修改已有的查询。

例 5-2：使用查询设计器为数据表 Rsb 和 Gzb 创建查询，要求查询条件为职称是教授，查询结果包含编号、姓名、职称、基本工资、岗位津贴和奖金 6 个字段内容。并且按编号降序排列，将该查询以 cx2.qpr 为文件名保存到 E:\RSGZK 文件夹中。

（1） 选择“文件”|“新建”选项，弹出“新建”对话框。

（2） 在“文件类型”下拉列表框中选择“查询”选项。

（3） 单击“新建文件”按钮，弹出“添加表或视图”对话框，如同 5-10 所示。

（4） 选择需要操作的表，单击“添加”按钮，该表出现在“查询设计器-查询 1”窗口中。如需添加多个表，重复选择要操作的表，单击“添加”按钮。

（5） 单击“关闭”按钮。

本例中的字段包含在 Rsb 和 Gzb 两个数据表中，所以“查询设计器-查询 1”窗口中添加了这两个表，如图 5-11 所示。

图 5-10　“添加表或视图”对话框

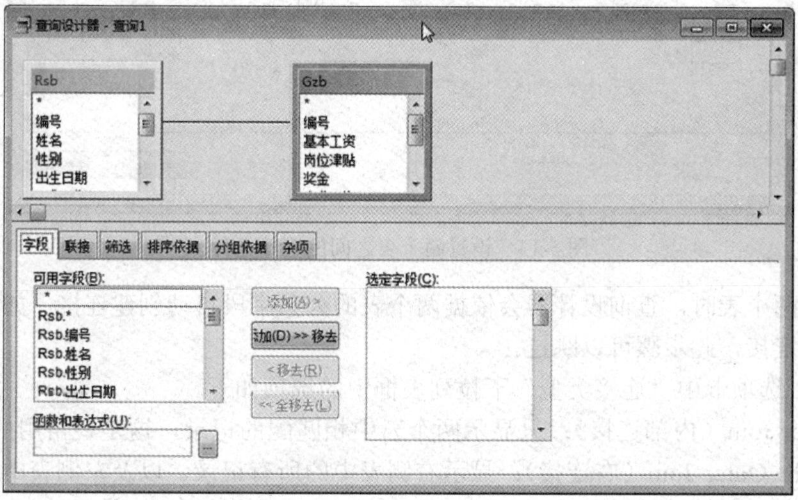

图 5-11　添加的表

（6） 打开“字段”选项卡，将所需字段从左边的“可用字段”下拉列表框中通过单击“添加”按钮添加到右边的“选中字段”下拉列表框中。如果要查询的不是一个字段值，而是一个要计算的值，可以在“函数和表达式”文本框中输入计算表达式，或单击右侧的...按钮通过表达式生成器生成相应的表达式，如图 5-12 所示。

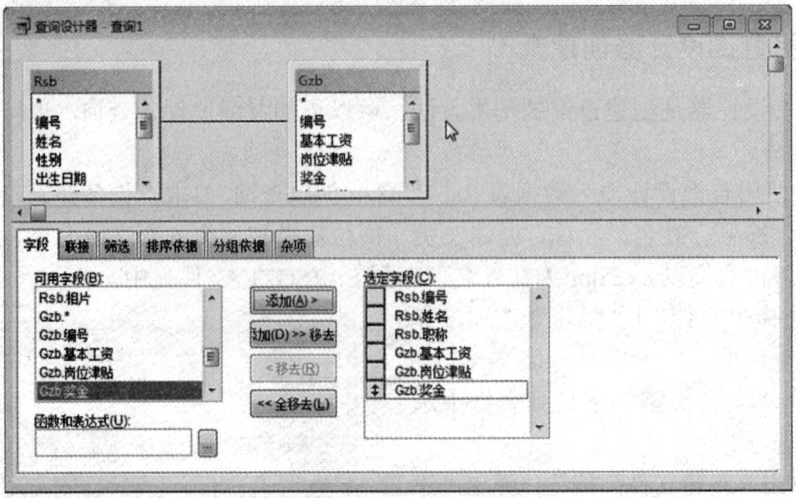

图 5-12　选择字段

（7）　打开“联接”选项卡，设置两个表之间的连接条件，如图 5-13 所示。

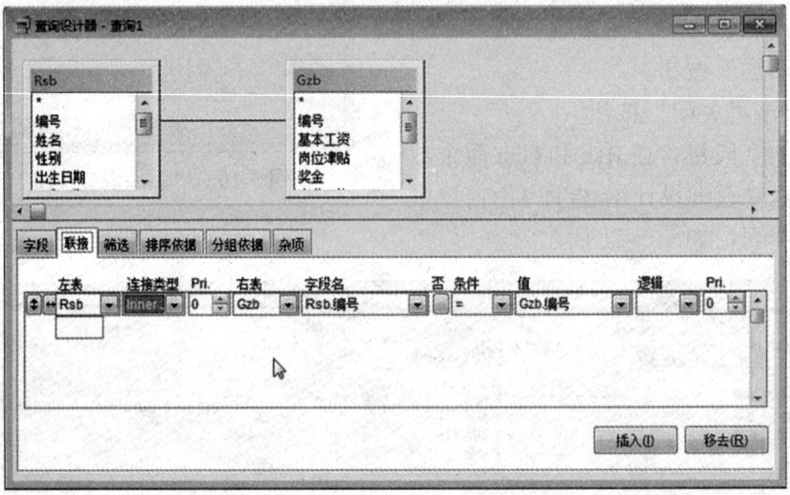

图 5-13　设置两个表之间的连接条件

在添加两个表时，查询设计器会依据两个表的公共字段自动创建连接。如已经自动创建了正确的连接，此步骤可以跳过。

“连接”选项卡中“连接类型”下拉列表框中的选项如下。

- Inner Join（内部连接）：只显示两个表中相匹配的记录，这是最常用的连接类型。
- Right Outer Join（右连接）：显示右侧表中的所有记录，以及左侧表中和右侧表相匹配的记录。
- Left Outer Join（左连接）：显示左侧表中的所有记录，以及右侧表中和左侧表相匹配的记录。
- Full Join（完全连接）：显示两个表中的所有记录。

（8）　打开“筛选”选项卡，按要求设置查询条件，如图 5-14 所示。

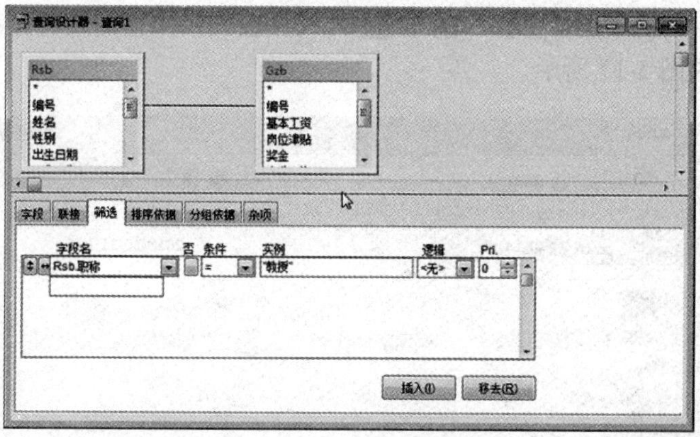

图 5-14　设置筛选条件

（9） 打开“排序依据”选项卡，按要求设置排序条件，如图 5-15 所示。

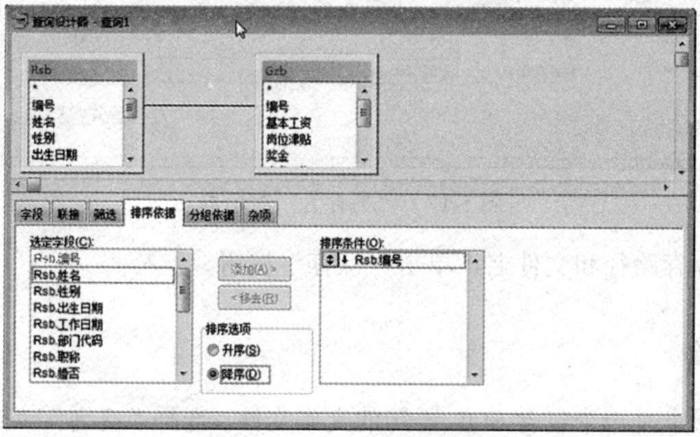

图 5-15　设置排序条件

（10） 打开“分组依据”选项卡，将查找结果按某字段把相同数据值的记录列为一组。本例无需分组，此步骤跳过。

（11） 打开“杂项”选项卡，设置全部还是部分显示查询结果。默认值为“全部”，如图 5-16 所示。

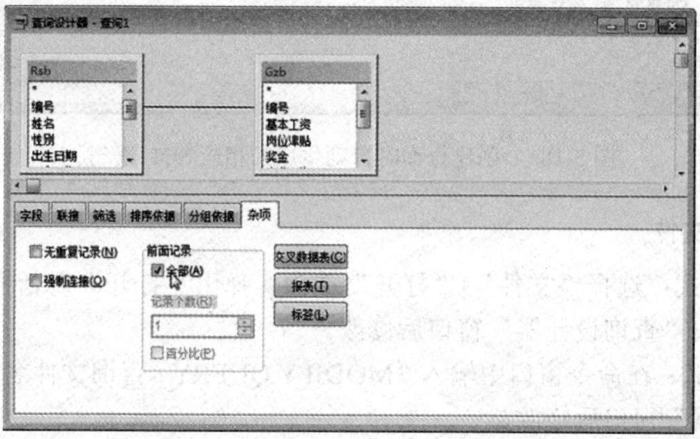

图 5-16　设置全部还是部分显示查询结果

（12） 单击工具栏中的“保存”按钮，或直接关闭“查询设计器”窗口，弹出“另存为”对话框，如图 5-17 所示。

图 5-17 “另存为”对话框

（13） 输入保存路径和文件名，单击“保存”按钮。

5.1.3 使用查询

查询文件本质上是一个包含 SQL 语句的文本文件，选择“查询”|“查看 SQL”选项，弹出“查询 1.qpr”窗口。其中显示创建查询时自动生成的相应 SQL 语句，如图 5-18 所示。

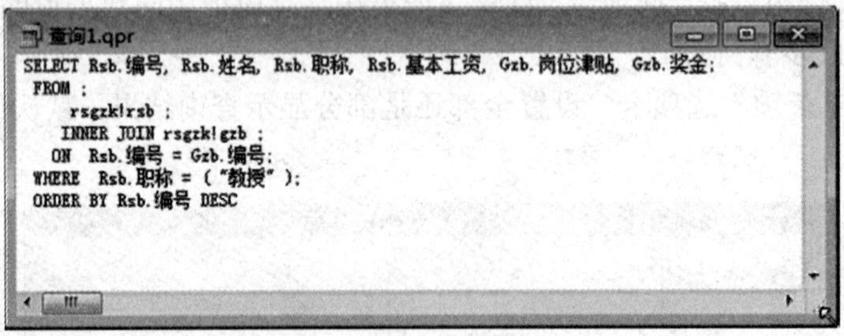

图 5-18 创建查询时自动生成的相应 SQL 语句

1. 修改查询文件

（1） 菜单方式：选择“文件”|“打开”选项，弹出“打开”对话框。双击需要修改的查询文件，弹出“查询设计器”窗口后修改。

（2） 命令方式：在命令窗口中输入“MODIFY QUERY <查询文件名>”，按 Enter 键，弹出“查询设计器”窗口后修改。

2. 运行查询文件

（1） 在“查询设计器”窗口中按 Ctrl+Q 组合键。

（2） 在“查询设计器”窗口中单击工具栏中的 ! 按钮。

（3） 在“查询设计器”窗口中选择“查询”|“运行查询”选项。

（4） 在命令窗口中输入命令“DO <查询文件名>”。注意，这里的扩展名.qpr 不能省略。

3. 设置查询去向

当运行查询文件时，系统默认的查询去向（输出方式）是在“查询”窗口中显示查询结果，上例的查询结果如图 5-19 所示。

图 5-19　上例的查询结果

VFP 9.0 允许用户选择其他查询输出方式，选择“查询”|“查询去向”选项，弹出“查询去向”对话框。如图 5-20 所示选择需要的输出去向，然后单击“确定”按钮。

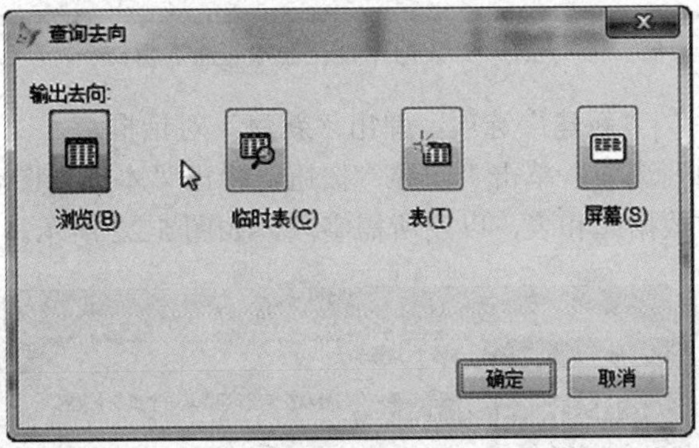

图 5-20　选择需要的输出去向

4 种输出去向说明如下。

（1） 浏览：在浏览窗口中显示查询结果，这是默认的输出去向。

（2） 临时表：将查询结果存放在一个临时的数据表中，该临时表打开后可以查看其内容，关闭后系统自动将其删除。

（3） 表：将查询结果存放在一个数据表中，该表关闭后查询结果仍保存在磁盘中，以后可以继续打开使用。

（4） 屏幕：将查询结果显示在 VFP 9.0 的主窗口或当前活动输出窗口中。

5.2 视　　图

视图是从一个或多个相关联的数据表中提取所需信息而派生出来的“虚拟表”，其中的数据是按照用户的需求从已有的数据表或其他视图中抽取而来的。用户可以像数据表一样来使用视图，也可以通过视图更新原数据表中的数据。视图不能单独存在，必须依赖于数据库而存在，创建和使用视图都必须打开对应的数据库后才能操作。创建视图和创建查询类似，也可以使用视图向导和视图设计器来完成。

5.2.1 利用数据库视图向导创建视图

例 5-3：使用 Rsgzk 数据库中的数据表 Rsb 通过视图向导创建一个视图，名为“视图 1”。要求性别为男，包含编号、姓名、性别和职称 4 个字段，以姓名升序排列。

（1） 打开数据库文件 Rsgzk，弹出“数据库设计器-Rsgzk”窗口，如图 5-21 所示。

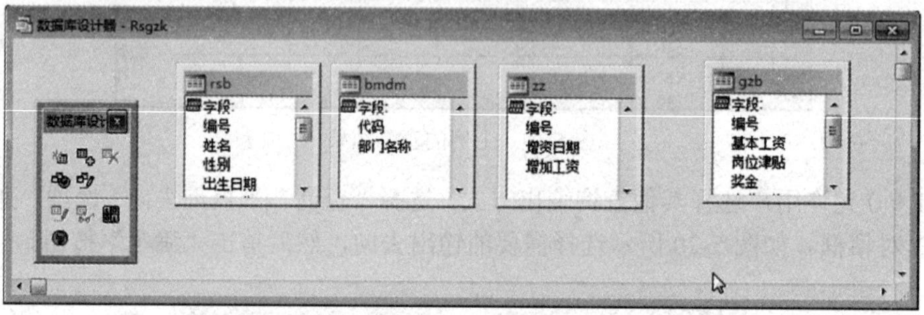

图 5-21　“数据库设计器-Rsgzk”窗口

（2） 选择“文件”|“新建”选项，弹出“新建”对话框。

（3） 选择“视图”选项，单击“向导”按钮，弹出“本地视图向导”对话框。

（4） 选择相应的数据库和表，以及所需字段，如图 5-22 所示。

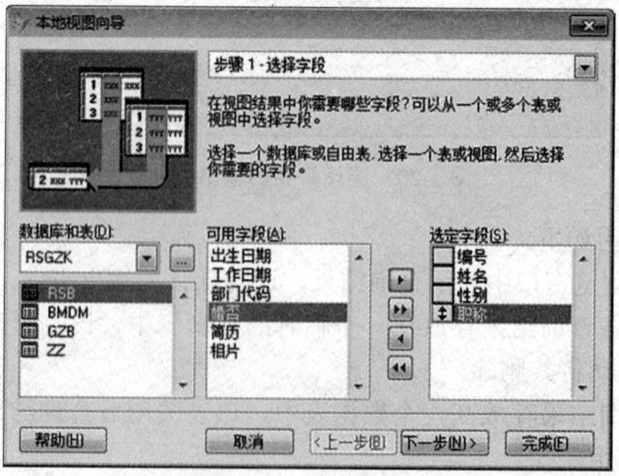

图 5-22　选择字段

（5） 单击“下一步”按钮，弹出“步骤 3-筛选记录”对话框（注：此视图也只涉及一个表，所以直接跳过步骤 2-表的关联关系）。

（6） 按要求选择性别等于男，如图 5-23 所示。

（7） 单击“下一步”按钮，弹出“步骤 4-排序记录”对话框。

（8） 按要求添加排序字段，如图 5-24 所示。

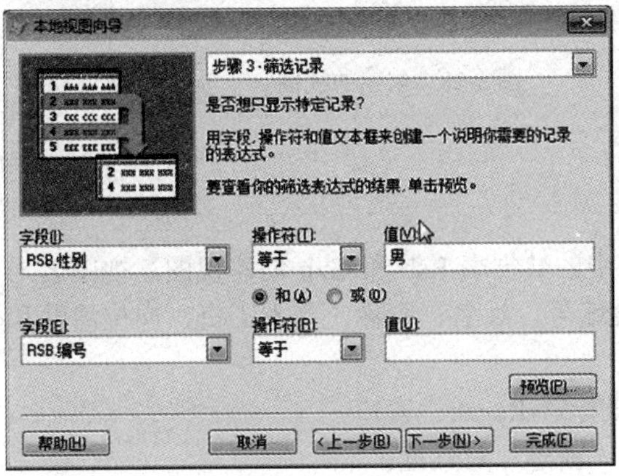

图 5-23　筛选记录

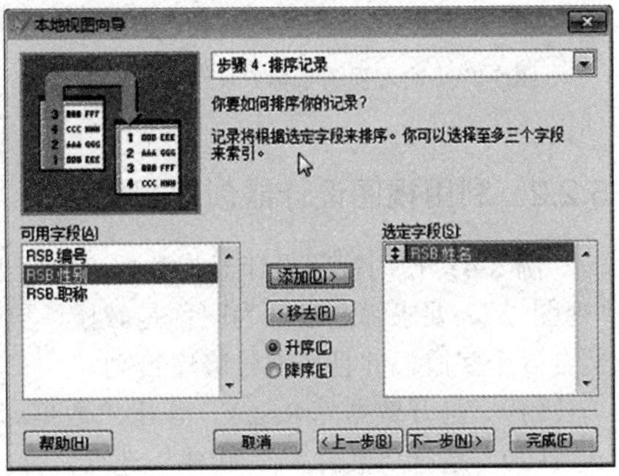

图 5-24　添加排序字段

（9） 单击“下一步”按钮，弹出“步骤 4a-限制记录”对话框。默认为“全部记录”，如图 5-25 所示。

（10） 单击“下一步”按钮，弹出“步骤 5-完成”对话框。

（11） 选中“保存本地视图”单选按钮，如图 5-26 所示。

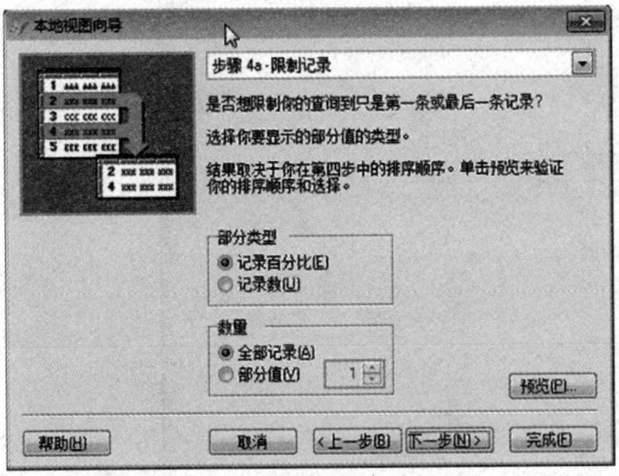

图 5-25　默认为“全部记录”

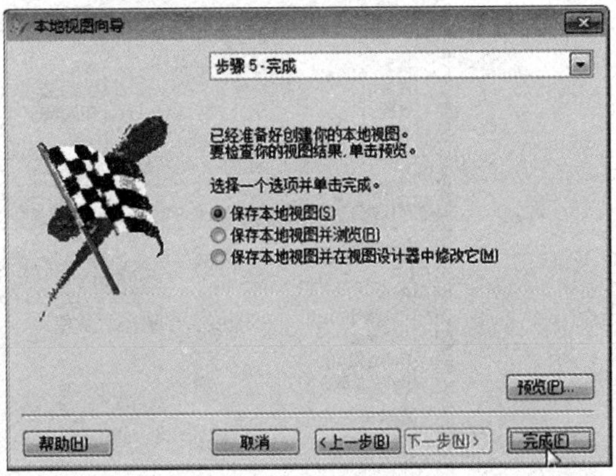

图 5-26　选中“保存本地视图”单选按钮

（12） 单击“完成”按钮，弹出“视图名称”对话框。

（13） 按要求输入该视图的名称，如图 5-27 所示。

（14） 单击“确定”按钮。

在“数据库设计器-Rsgzk”窗口中已经包含了刚刚创建的视图，如图 5-28 所示。

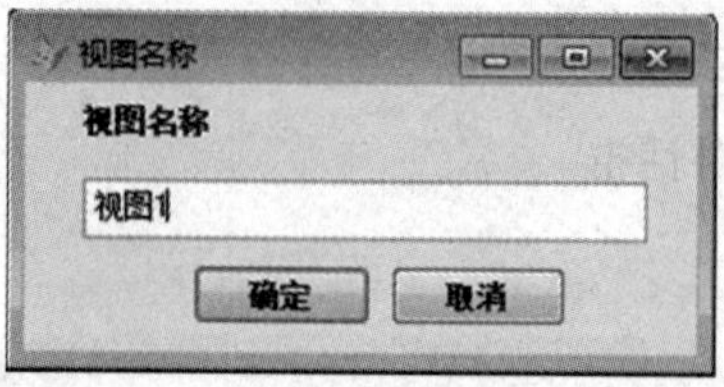

图 5-27　输入视图名称

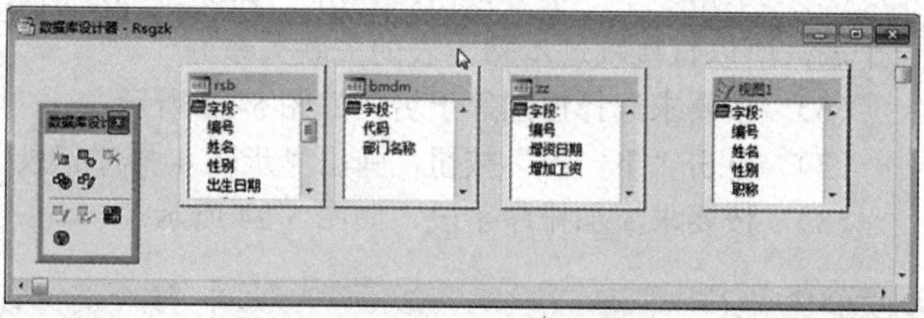

图 5-28　创建的视图

5.2.2　利用视图设计器创建视图

例 5-4：使用视图设计器为数据库 Rsgzk 中的数据表 Rsb 和 Gzb 创建视图，视图名为“视图 2”。要求筛选条件为职称是教授，包含编号、姓名、职称、基本工资、岗位津贴和奖金 6 个字段，并且按编号降序排列。

（1）　打开数据库 Rsgzk，弹出“数据库设计器-Rsgzk”窗口。

（2）　选择“文件”|”新建”选项，弹出“新建”对话框。

（3）　选择“视图”选项，单击“新建文件”按钮，弹出“添加表或视图”和“视图设计器”窗口。

（4）　按要求添加 Rsgzk 数据库中的 Rsb 和 Gzb 两个表，视图设计器自动按公共字段创建连接，如图 5-29 所示。

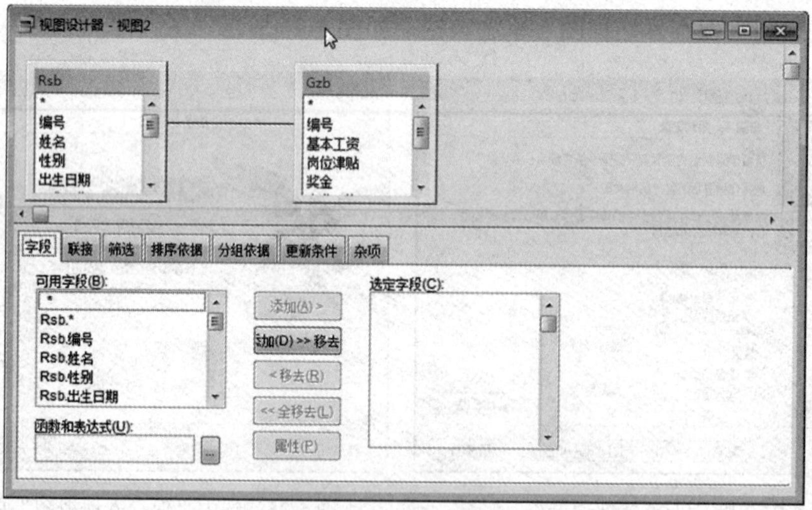

图 5-29　创建连接

（5）　“视图设计器”窗口和“查询设计器”窗口非常相似，也包含“字段”“连接”“筛选”“排序依据”“分组依据”“杂项”等选项卡，其设置方法与“查询设计器”窗口类似，故省略之后的设置步骤。

全部设置完成后保存视图，“数据库设计器-Rsgzk”窗口中已包含刚创建的“视图 2”，如图 5-30 所示。

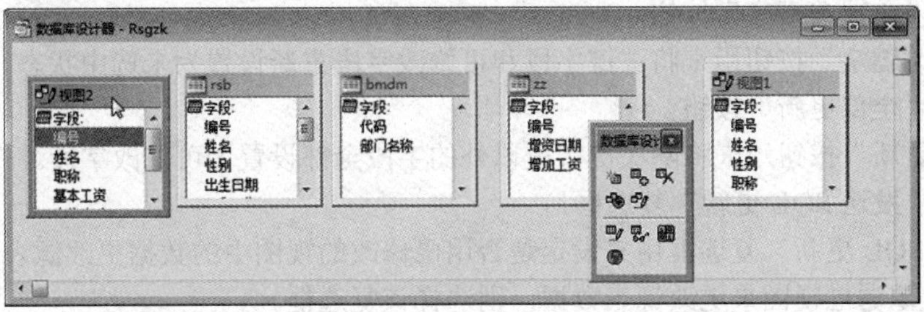

图 5-30　已创建的“视图 2”

5.2.3　通过视图更新数据

视图中的数据保存在原数据表中，关闭数据库后其中的数据消失，下次打开数据库时视图又从源表中抽取数据。默认情况下，更改视图中的数据不会更改源表中的数据。如果希望在视图中直接更改源表数据，则需在“视图设计器”窗口中设置相应的选项。

以上例说明，在“视图设计器-视图 1”窗口中打开“更新条件”选项卡，如图 5-31 所示。

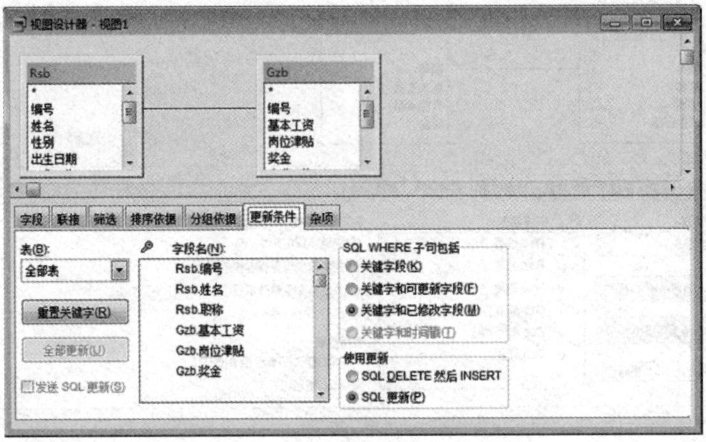

图 5-31　“更新条件”选项卡

说明如下。

（1）　“字段名”下拉列表框。

其中显示在“字段”选项卡中选中的所有字段，字段名前面的钥匙形状表示该字段是否为关键字段。选中某一字段，其前面与钥匙相对齐的一列会显示一个复选框。选中该复选框，表示该字段被设置为关键字段，清除后取消关键字段。如果希望源数据表能通过视图直接更改数据，每个表都必须至少要设置一个关键字段。

设置关键字段后在钥匙和字段名之间会出现一个铅笔形状，选中某一字段，其前面与铅笔相对齐的一列会出现一个复选框。选中该复选框，该字段被设置为可修改字段，在视图中修改该字段的值会直接修改原表中该字段的值。

（2）　“表”下拉列表框。

“表”下拉列表框用来选择要更改数据的表，可选择其中一个或全部表，默认为全部表。

（3）“重置关键字”按钮。

“重置关键字”按钮用来将关键字段和可修改字段重新设置为未选中状态。

（4）“全部更新”按钮。

“全部更新”按钮用来将除关键字段以外的字段全部设置为可修改字段。

（5）“发送 SQL 更新”复选框。

“发送 SQL 更新”复选框用来设定是否用已修改的视图中的数据更改源表中的对应数据。如果希望通过视图来更改源表数据，则选择该复选框。

（6）“SQL WHERE 子句”选项组。

“SQL WHERE 子句”选项组用来设定冲突检测方式。在多用户环境下，VFP 9.0 允许在数据更新前检查源表中的指定字段，查看其数据被提取到视图后数据是否更改。如果数据源中的这些数据在此期间已更改，则不允许再次执行更新操作。

（7）“使用更新方式”选项组。

“使用更新方式”选项组用来选择使用更新的方式。

图 5-32 所示为已经设置关键字段和可修改字段更新条件的“视图设计器-视图 1”窗口。

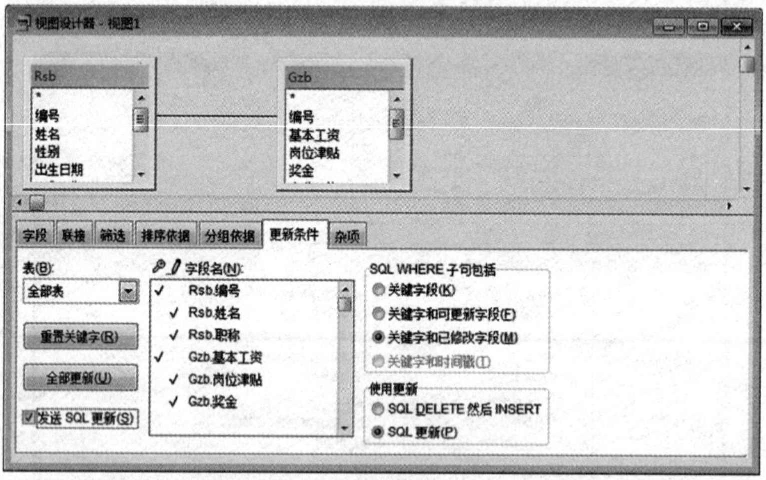

图 5-32　已经设置关键字段和可修改字段更新条件的“视图设计器-视图 1”窗口

习　题

（1）什么是查询？有几种方法可以创建查询？

（2）查询文件有哪几种输出形式？

（3）查询和视图有什么区别？

（4）如何通过视图来修改源表数据？

上 机 练 习

（1） 利用查询向导查询表 Gzb 中的记录，要求奖金大于 600 元，包含编号、基本工资、岗位津贴和奖金 4 个字段，以基本工资升序排列并以“cxgz.qpr”为文件名保存查询文件。

（2） 使用“查询设计器”窗口为数据表 Rsb 和 Gzb 创建查询，要求查询条件是性别为男，查询结果包含编号、姓名、性别、出生日期、岗位津贴和奖金 6 个字段。并且按出生日期降序排列，查询文件名为“cxnx.qpr”。

（3）使用视图设计器为数据库 Rsgzk 中的数据表 Rsb 和 Gzb 创建视图，视图名为“view”。要求筛选条件是性别为女，筛选结果包含编号、姓名、性别、基本工资、岗位津贴和奖金 6 个字段，并且按基本工资降序排列。

第 6 章　结构化程序设计

VFP 9.0 的基本工作方式为交互和程序方式，通过在命令窗口中输入命令完成相应的操作即交互方式，它适用于解决简单的问题。一些复杂的任务需要一组命令来完成，这时需要事先编写一系列命令语句（程序代码）并保存在程序文件中。通过运行程序，系统自动执行程序代码完成相应的功能，此即程序方式。

6.1　程序设计概述

6.1.1　程序设计的概念

程序设计指利用某种计算机语言为实现特定目标或解决特定问题而编写程序的过程，一般分为结构化程序设计和面向对象程序设计。前者通常采用“自顶向下、逐步求精”的方法，即在程序设计时首先考虑总体，然后考虑细节。从最上层的总目标开始设计，逐步使问题具体化，将复杂的问题分解成若干个简单的问题逐步细化。

6.1.2　创建和修改程序文件

程序文件也称为“命令文件”，其扩展名为“.prg”。它可以用编辑文本文件的工具软件来创建和修改，但一般通过调用 VFP 9.0 内置的文本编辑器来创建和修改。

1. 命令方式

```
格式：MODIFY  COMMAND <程序文件名|?>
```

功能：打开编辑窗口创建或修改程序文件。

说明如下。

（1） <程序文件名>：如果已经存在，则打开该文件；否则新建该程序文件。

（2） <?>：显示“打开”对话框，可以从中选择或键入程序文件名。

输入程序命令后可以按 Ctrl+W 组合键快速保存并退出编辑状态，也可以按 Ctrl+Q 组合键或按 Esc 键放弃保存并退出编辑状态。

2. 菜单方式

选择“文件”|“新建”选项，弹出“新建”对话框。选择“程序”选项，单击“新建

文件”按钮进入编辑状态。

6.1.3 运行程序文件

程序文件创建好以后，可以通过运行程序来实现该程序的功能。

1. 命令方式

格式：DO <程序文件名>

功能：将程序文件调入内存并执行。

说明：该命令可以在命令窗口中输入，也可以在程序中调用。

2. 菜单方式

（1） 选择“程序”|“运行”选项，弹出“运行”对话框。选择要运行的程序文件，单击“运行”按钮。

（2） 如果要运行的程序处于编辑状态，可以单击工具栏中的运行“!”按钮。

6.2 程序中的常用命令

6.2.1 辅助命令

1. 设置会话状态命令

格式：SET TALK OFF|ON

功能：设置是否显示程序中每一个命令的运行结果。

在程序运行时为避免出现大量的中间信息，一般在每个程序的前面都添加 SET TALK OFF 命令，默认值为 ON。

2. 清屏命令

格式：CLEAR

功能：清除当前屏幕的所有信息。

3. 返回命令

格式：RETURN [TO MASTER]

功能：结束执行当前程序，返回到调用它的上级程序继续执行。如果没有上级程序，则返回命令窗口；如果有 TO MASTER 子句，表示直接返回主程序。

4. 终止命令

格式：CANCEL

功能：停止执行当前程序，返回命令窗口。

5. 退出命令

```
格式：QUIT
```

功能：退出 VFP 9.0，返回操作系统。

6. 注释命令

```
格式 1：NOTE <注释内容>
格式 2：* <注释内容>
格式 3：…&&<注释内容>
```

功能：为程序添加的解释性的文字，不会执行任何操作。

6.2.2 交互输入命令

1. INPUT 命令

```
格式：INPUT [“提示信息”] TO <内存变量>
```

功能：暂停程序的运行等待用户从键盘输入数据，并将其赋值给<内存变量>。

说明如下。

（1） 可以输入的数据类型有数值型、字符型、逻辑型和日期型。

（2） 除数值型数据外，其他类型数据输入时需用定界符括起。

2. ACCEPT 命令

```
格式：ACCEPT [“提示信息”] TO <内存变量>
```

功能：与 INPUT 命令类似，暂停程序的运行等待用户从键盘输入数据，并将其赋值给<内存变量>。

说明：该命令只能输入字符型数据且不需要定界符。

3. WAIT 命令

```
格式：WAIT [“提示信息”] [TO <内存变量>] [WINDOW] [TIMEOUT <数值表达式>]
```

功能：暂停程序运行，等待用户按任意键或单击继续运行。

说明如下。

（1） 如果默认“提示信息”，则屏幕上自动显示“按任意键继续”提示。

（2） 如果有 WINDOW 子句，则在屏幕右上角弹出对话框显示“提示信息”；否则在屏幕的输出对话框中显示“提示信息”。

（3） 如果有 TO 子句，则把输入的字符赋值给<内存变量>。

（4） TIMEOUT 子句用来设定等待时间（秒），一旦超时不再等待用户按键，自动继续运行程序。

6.2.3　输出命令

1. ?|??命令

```
格式：?|?? <表达式>
```

功能：先计算表达式的值，然后在屏幕上输出计算结果。

说明：这两个命令功能类似，不同在于?是换行显示，即光标跳到下一行的第 1 列后显示表达式结果；??是同行显示，即光标不换行，在当前行的当前列显示表达式结果。

2. 文本输出命令

```
格式：TEXT
<文本内容>
ENDTEXT
```

功能：在屏幕或打印机上按原样输出文本内容。

3. 定位输出命令

```
格式 1：@<行，列> SAY <表达式>
```

功能：从指定的行、列坐标位置显示 SAY 后面表达式的值。

```
格式 2：@<行，列> SAY <提示信息> [GET <变量> [DEFAULT <表达式 2>]]
……
      READ
```

功能：从指定的行、列坐标位置显示 SAY 后面的提示信息，接着显示 GET 后面变量的值，并允许修改变量值。

说明如下。

（1）　变量需在程序中事先定义，如果没有定义，可以接 DEFAULT 子句设定默认值。

（2）　程序运行到 READ 命令时光标停留到变量值处，允许直接修改变量值。

6.3　程序的基本结构

程序结构指程序中命令或语句执行的流程结构，一般有顺序结构、分支结构和循环结构 3 种基本结构。

6.3.1　顺序结构

顺序结构是程序中最基本、最普遍的结构形式，它按照先后顺序依次逐条地执行程序中的命令或语句。

例 6-1：在 Rsb 表中查找姓名为“李建”的记录，并在屏幕上显示其信息。

```
CLEAR
SET TALK OFF
USE Rsb
LOCATE ALL FOR 姓名="李建"
DISPLAY
USE
SET TALK ON
```

6.3.2 分支结构

计算机程序最重要的特点之一就是具有逻辑判断功能，即根据不同的逻辑条件转向不同的程序方向。这些不同的转向就构成了分支结构，也称为“选择结构”。

1. 简单分支语句

```
格式：IF <条件表达式>
<语句系列>
     ENDIF
```

功能：若<条件表达式>的值为真，则顺序执行<语句系列>，然后执行 ENDIF 后面的语句；若<条件表达式>的值为假，则不执行<语句系列>，直接执行 ENDIF 后面的语句。

例 6-2：在 Rsb 表中查找姓名为“高明”的记录，如果职称为“教授”，则其基本工资增加 200 元（假设表中姓名不重复）。

```
CLEAR
SET TALK OFF
USE Rsb
LOCATE ALL FOR 姓名="高明"
IF  职称="教授"
REPLACE   基本工资 WITH 基本工作+200
ENDIF
USE
SET TALK ON
```

2. 选择分支语句

```
格式：IF <条件表达式 1>
<语句系列 1>
     ELSE
<语句系列 2>
     ENDIF
```

功能：若<条件表达式>的值为真，则顺序执行<语句系列 1>，然后跳过<语句系列 2>直接执行 ENDIF 后面的语句；若<条件表达式>的值为假，则跳过<语句系列 1>执行 ELSE 后面的<语句系列 2>，然后执行 ENDIF 后面的语句。

例 6-3：提示用户输入姓名，在 Rsb 表中查找该姓名的记录。如果找到，则在屏幕上显示该记录信息；否则显示“查无此人！”。

```
CLEAR
```

```
SET TALK OFF
USE Rsb
ACCEPT "请输入姓名：" TO xm
LOCATE FOR 姓名=xm
IF FOUND()
DISPLAY
ELSE
?"查无此人！"
ENDIF
USE
SET  TALK  ON
```

3. 多重分支语句

```
格式：DO CASE
      CASE <条件表达式 1>
<语句系列 1>
      CASE <条件表达式 2>
<语句系列 2>
…
      CASE <条件表达式 N>
<语句系列 N>
      [OTHERWISE
<语句系列 N+1>]
      ENDCASE
```

功能：依次判断 CASE 后面的<条件表达式>，若某个<条件表达式>的值为真，则执行其下面的<语句系列>，然后跳过其后面的 CASE 语句直接执行 ENDCASE 后面的语句；如果每条 CASE 语句后面的<条件表达式>的值都不为真且有 OTHERWISE 语句，则执行其下面的<语句系列>，若没有 OTHERWISE 语句，则直接执行 ENDCASE 后面的语句。

例 6-4：提示用户输入成绩，成绩必须在 0～100 之间。如果成绩在 90～100 之间，显示“优秀”；在 80～89 之间，显示“良好”；在 70～79 之间，显示“中等”；在 60～69 之间，显示“及格”；在 60 分以下，显示“不及格”。

```
CLEAR
SET TALK OFF
INPUT "请输入成绩：" TO CJ
DO CASE
CASE CJ<0 OR CJ>100
        ?"成绩输入错误！"
CASE CJ >=90
        ?"优秀"
CASE CJ>=80
      ?"良好"
CASE CJ>=70
?"中等"
CASE CJ>=60
        ?"及格"
OTHERWISE
```

```
?"不及格"
ENDCASE
SET TALK ON
```

6.3.3 循环结构

在程序设计时，可以运用循环结构来解决需要重复执行部分操作的问题。

1. 当型循环语句

```
格式：DO WHILE <条件表达式>
<语句系列>
      [LOOP]
      [EXIT]
      ENDDO
```

功能：判断 DO WHILE 语句后面的条件表达式的值是否为真，如果为真，依次执行下面的语句系列（循环体）。执行到 ENDDO 语句时，再返回到 DO WHILE 语句重新判断条件表达式的值是否为真；如果仍为真，继续执行下面的语句系列，以此反复。一旦条件表达式的值为假，则直接执行 ENDDO 后面的语句，从而结束循环语句的执行。

说明如下。

（1） 如果遇到 LOOP 语句，则直接返回到 DO WHILE 语句，重新判断条件表达式的值。

（2） 如果遇到 EXIT 语句，则跳出循环语句，直接执行 ENDDO 后面的语句。

例 6-5：计算 1～100 自然数的和。

```
CLEAR
SET TALK OFF
I=1
S=0
DO  WHILEI<=100
   S=S+I
   I=I+1
ENDDO
?"1 到 100 自然数的和是"+STR(S)
SET TALK ON
```

2. 步长型循环语句

```
格式：FOR <循环变量>=<初值>  TO 终值 [STEP <步长>]
<语句系列>
      [LOOP]
      [EXIT]
      ENDFOR|NEXT
```

功能：第 1 次执行 FOR 语句时，循环变量的值等于初值。每次执行 FOR 语句都要判断循环变量的值是否在初值与终值之间，如果在，则执行下面的语句系列（循环体）。执行到 ENDFOR（或 NEXT）语句时重新返回到 FOR 语句，循环变量的值自动增加步长值。

再次判断是否在初值与终值之间的范围内，如果仍然在，则继续执行下面的语句系列，以此反复。一旦循环变量超出初值与终值之间的范围，则直接执行 ENDFOR（或 NEXT）后面的语句，从而结束循环语句的执行。

说明如下。

（1） 如果省略 STEP <步长>子句，步长值默认为 1。

（2） LOOP 和 EXIT 语句的作用与当循环中的作用相同。

例 6-6：分行显示 1～100 之间的所有奇数。

```
CLEAR
SET TALK OFF
FOR I=1 TO 100 STEP 2
?I
ENDFOR
SET TALK ON
```

3. 扫描型循环语句

```
格式：SCAN [范围] [FOR <条件>]。
<语句系列>
      [LOOP]
      [EXIT]
      ENDSCAN
```

功能：在当前表中从首记录开始逐个移动记录指针扫描指定范围的记录，对于符合条件的记录执行下面的语句系列。

说明如下。

（1） 默认范围为 ALL。

（2） LOOP 和 EXIT 语句的作用与其他循环结构中的作用相同。

例 6-7：显示 Rsb 表中所有男性记录的信息。

```
CLEAR
SET TALK ON
USE Rsb
SCAN FOR 性别="男"
DISPLAY
ENDSCAN
USE
SET TALK OFF
```

6.4　子程序和过程

在结构化程序设计中通常将一个完整的应用程序分解为若干个独立的模块，各模块在主模块的控制下实现各种具体的功能操作，模块包括主程序、子程序、过程和函数。将应用程序模块化能够使程序结构清晰，便于开发和维护，也有利于程序功能的扩充和完善。

6.4.1 子程序

1. 创建和修改

子程序是一个独立的程序文件，能完成某一个特定的功能。其创建和修改方法与前述程序文件完全一样，即使用 MODIFY COMMAND 命令进入程序编辑状态来完成。不同的是子程序在结尾处必须设置 RETURN 语句返回调用它的上一级程序或主程序，子程序文件的扩展名也是.prg。

2. 调用

子程序的调用也和前述程序运行命令相同，即使用 DO 命令。

```
格式：DO <子程序名>  [WITH <实际参数表>]
```

功能：调用子程序。

说明：如果子程序中有<形式参数表>，则需要接 WITH <实际参数表>子句，其含义是调用子程序时系统自动把实际参数传递给子程序中对应的形式参数。

6.4.2 过程和过程文件

子程序是一个独立的程序文件，每次调用时都需要从磁盘中读取并打开，这势必会影响程序的运行效率。如果将子程序写在主程序的末尾，那么在打开主程序时子程序也随之打开，从而达到提高程序运行速度的目的，这里的子程序称为“过程”。

1. 过程

```
格式：PROCEDURE <过程名>
      [PARAMETERS <形式参数表>]
<语句系列>
      RETURN
```

功能：定义过程。

说明如下。

（1） 如果主程序需要传递参数，过程中必须有 PARAMETERS <形式参数表>语句。

（2） 一个程序文件中可以包含多个过程。

例 6-8：利用调用过程的方法计算圆的面积。

```
CLEAR
SET TALK OFF
DO MJ
SET TALK ON

*以下为MJ过程
PROCEDURE MJ
R=0
```

```
INPUT "请输入半径：" TO R
S=3.14*R*R
?"圆的面积是",S
RETURN
```

2. 过程文件

过程除了放在主程序中之外，还可以作为独立的文件保存在磁盘中。可以把若干个过程集中写在一个程序文件中，这个文件称为“过程文件”。过程文件的扩展名也是.prg，其创建与修改方法也和程序文件一样。如果要调用其中多个过程，我们只需要打开一次过程文件。这样可以减少访问磁盘的次数，提高程序运行速度。

（1） 格式。

```
PROCEDURE <过程名1>
<语句系列1>
RETURN
PROCEDURE <过程名2>
<语句系列2>
RETURN
⋮
PROCEDURE <过程名N>
<语句系列N>
RETURN
```

（2） 打开。

```
格式：SET PROCEDURE TO <过程文件名>。
```

功能：打开过程文件。

说明：系统同一时刻只能打开一个过程文件，打开新过程文件的同时关闭原来打开的过程文件。

（3） 关闭。

```
格式1：CLOSE PROCEDURE
格式2：SET PROCEDURE TO
```

功能：关闭已打开的过程文件。

例6-9：调用过程文件计算正方形的面积和周长。

```
*主程序 MAIN.PRG
CLEAR
SET PROCEDURE TO JISUAN
INPUT "请输入正方形的边长" TO L
DO MJ
DO ZC
SET PROCEDURE TO

*过程文件 JISUAN.PRG
PROCEDURE MJ
```

```
S=L*L
?"正方形的面积是",S
RETURN
PROCEDURE ZC
C=4*L
?"正方形的周长是",C
RETURN
```

6.4.3 变量的作用域

变量除了其数据类型和取值之外，还有一个重要的属性就是其作用域，即变量在各程序模块间产生作用的有效范围。按照作用域的不同，内存变量可以分为全局变量、局部变量和私有变量 3 种。

（1） 全局变量。

全局变量指在任何程序模块中都可以使用的变量，也称为“公共变量”。它不会因为程序结束而自动释放，必须使用 RELEASE 命令来清除。在命令窗口中定义的内存变量默认为全局变量。

定义全局变量的命令格式为：

```
PUBLIC <内存变量表>
```

（2） 局部变量。

局部变量只能在创建它的程序模块中使用，不能在上层或下层模块中使用，局部变量也称为“本地变量”。当创建它的模块程序运行结束时，局部变量将自动释放。定义局部变量的命令动词不能缩写。

定义局部变量的命令格式为：

```
LOCAL <内存变量表>
```

（3） 私有变量。

没有通过 PUBLIC 或者 LOCAL 命令事先声明而在程序中直接使用的变量，系统隐含定义为私有变量。其作用域是创建它的程序模块及其下属的各层模块，一旦创建它的模块程序运行结束，私有变量将自动释放。

定义私有变量命令格式为：

```
PRIVATE <内存变量表>
```

私有变量定义后会隐藏其上层模块中的同名变量，使得这些变量在当前模块中暂时无效。一旦当前模块程序运行结束返回上层模块，那些被隐藏的内存变量自动恢复有效性，并保持原有的取值。

例 6-10：不同类型变量的使用。

```
CLEAR
PUBLIC X,Y&& 定义全局变量
X=5
Y=10
```

```
DO SUB1 && 调用 SUB1 过程
?X,Y&& 显示 5，BBB
RETURN
*以下为 SUB1 过程
PROCEDURE  SUB1
PRIVATE X  && 定义私有变量（隐藏上层模块中的变量 X）
X=50
LOCAL Y  && 定义局部变量，仅在本模块中使用
DO SUB2   && 调用 SUB2 过程
?X,Y  && 显示 AAA，.F.（X 值被下层模块修改，Y 值没有定义，默认为.F.）
RETURN
*以下为 SUB2 过程
PROCEDURE  SUB2
X="AAA"   && X 为 SUB1 中创建的私有变量，其值上传
Y="BBB"   && Y 为全局变量
RETURN
```

习　题

（1）程序设计有哪几种基本结构？

（2）交互式输入命令 IUPUT 和 ACCEPT 有何异同？

（3）怎样创建和运行程序文件？

（4）试述 LOCAL、PRIVATE 和 PUBLIC 变量的作用域。

上 机 练 习

（1）编写程序，提示用户输入姓名，在 Rsb 表中查找该姓名的记录。如果找到，则在屏幕上显示该记录信息；否则显示“查无此人!”。

（2）编写程序统计 Rsb 表中所有性别为男的记录的个数。

（3）编写程序，在屏幕上显示如下图形。

```
    *
   ***
  *****
 *******
*********
```

第 7 章　设计与应用表单

在 VFP 9.0 系统中表单（Form）是数据库应用系统的主要工作界面，它实际上是一种容器，其中可以加入 VFP 9.0 中的很多其他对象（Object）。通过可视化的设计方法，用户能够方便地定义表单中的各种对象、对象的属性和对象的方法；同时，表单本身也有属性、事件和方法。用户可以通过表单对数据库中的数据执行编辑、查询、统计及其他操作。

7.1　面向对象程序设计的概念

计算机程序设计的方法基本上可以分为两种，即结构化程序设计和面向对象的程序设计。VFP 9.0 支持面向对象程序设计，为用户提供了强大的可视化编程工具，从而使得原有的结构化程序设计和面向对象程序设计紧密地结合在一起，提供了面向对象程序设计的强大功能和更大的灵活性。程序开发人员在进行面向对象的程序设计时，不再只是单纯地从代码的第 1 行编写到最后一行，而是要考虑如何创建对象。即利用对象来简化程序设计，提供代码的可重用性，从而创建出功能强大、界面友好、灵活多变和操作简便的应用程序。

面向对象的程序设计方法并不是完全摒弃现有的结构化程序设计方法，在对象内部的实现上仍然常常使用过程式的结构化程序设计方法，也常常调用系统函数库中的函数。从程序的总体结构上来说，它是由一系列对象构成的，通过封装性将操作对象内部的复杂性与应用程序的其他部分分离。而对象之间能够以某种方式通信和协作，从而实现程序的具体功能。这种特性使编程工作方便快捷，而且安全性、可靠性、通用性和可移植性得到增强。

7.1.1　对象与类

1. 对象

现实世界的任何一个具体事物都可以称为“对象”，每个对象都具有其独特存在的状态和客观行为。对象可以是现实世界中的任何物体，也可以指某些概念。对象都具有一定的属性和特征，并可以产生一定的行为。属性实际上是描述该对象的一系列数据，如一张桌子的规格和颜色等描述性数据。而行为则是对该对象施加的操作，如对一张桌子的放置和擦洗等动态操作行为。对象之间通过消息进行联系。

在 VFP 9.0 中对象是构成程序的基本单位和运行实体，如表单、标签和命令按钮等都是对象，每一个对象都有自己的属性、事件和方法。

2. 类（Class）

类是定义了对象特征及外观和行为的模板，其中包含了有关对象的特征和行为信息，是一个数据模式和若干个程序过程经过封装而形成的一个整体，是对现实世界的一种模拟与抽象。而对象则是类的一个具体实例，例如，把“球”看做一个类。它具有“种类”和“形状”等特性，以及进行运动和游戏等操作，每一个具体的“篮球”“足球”都可以看做是“球”类中的对象。

类决定了对象的特征，所有对象的属性、事件和方法程序在定义类时被指定。虽然由同一个类生成的对象采用了相同的属性来表示对象的状态，但它们的属性取值可以完全不同。因而它们有不同的状态，彼此保持相对独立。

3. 类的特点

（1）　封装性。

把对象的数据和相应的方法程序、属性和事件代码捆绑包装在一起称为“封装”。数据封装将一组数据和与这组数据相关的操作集合封装在一起形成了一个能动的实体，该实体称为“对象”。封装使抽象性变得容易实现，程序开发人员在使用类时无需知道其中的具体代码。不用对它进行控制和干预，只需直接使用从类派生出来的对象即可。例如，可以把确定列表框选项的属性和选择某选项所执行的代码封装在一个控件内，然后把该控件加到表单中。

封装性简化了程序的设计过程，使用户能集中精力来使用对象的特性。封装性也保证了模块具有较好的独立性，使得程序的维护和修改比较容易。对应用程序的修改仅限于类的内部，因而可以将修改程序带来的影响减少到最低程度。

（2）　继承性。

继承是面向对象语言提供的一种重要机制，它支持层次分类的观点。在客观世界中存在着整体和部分的关系，以及一般和特殊的关系，继承将后者模型化。继承使得程序开发人员在基于现有的类创建新类时新类继承了现有类的属性和方法；此外，新类中还可以有自己所特有的新的属性和方法。在一个比较一般的基础上很快地创建一个新类，而不必从头开始设计每个类。

另外，一个类可以继承另一个类的特征，在 VFP 9.0 中称之为“派生一个类”。其中派生出的类被称为“派生类”（也称为“子类”），另一个类称为“基类”（也称为“父类”）。该过程可以不断继续，这样创建起来的类层次称为“类的等级结构”。子类可以继承父类中的全部功能和相应代码，可以添加新的功能及相应代码，也可以用新的过程来替代父类中不适合子类的过程。例如，“球”可以派生出“大球”和“小球”子类，而“球”是这两个子类的父类。“大球”还可以派生出“篮球”和“足球”子类等。

继承性使用户可以通过为子类添加各种与基类有差异的代码来创建新的对象，可以省略与基类相同的那部分代码，从而大大减少程序设计的工作量。

（3）　多态性。

多态性指允许不同类的对象响应同一消息，即在类等级中的不同层次可以共享（公用）一个方法名，但不同层次中的各个类却各自按照自己的需要来实现这个方法。例如，同样是开车提速，有的车采用手动档完成，有的车采用自动档完成。

7.1.2 引用类与对象

VFP 9.0 系统内部定义了一些类，这些类称为“基类”。用户可以直接使用它们，也可以作为自定义类的基础。基类又分为容器（Container）类和控件类。

（1） 容器类。

容器类可以包含其他对象，并且允许访问这些对象。无论在设计还是在运行时容器类对象及其所包含的对象都被作为一个独立的对象操作。在对象的层次中容器包含的对象处于容器对象的下一层，VFP 9.0 的容器类和可包含的对象如表 7-1 所示。

表 7-1 VFP 9.0 的容器类和可包含的对象

容 器	可包含的对象
容器	任意控件
表单集（Fornset）	表单和工具栏
表单（Form）	页框、任意控件、容器或自定义对象以外的对象
表格（Grid）	表格列
表格列（Column）	表头和除表单集、表单、工具栏、计时器和其他对象
页框（PageFrame）	页面
页面（Page）	任意控件、容器和自定义对象
工具栏（ToolBar）	任意控件、页框和容器
选项按钮组（OptionButtonGroup）	选项按钮
命令按钮组（CommandButtonGroup）	命令按钮

（2） 控件类。

控件类是一个相对独立的整体，不能包含其他对象，它包括标签、文本框、编辑框、命令按钮、复选框、列表框、组合框、微调按钮、图像、计时器、ActiveX 控件、线条、形状和分页符等。控件类对象作为容器类对象的一个元素，不能单独使用和修改，只能在包含它的容器类对象中修改或使用。控件类比容器类封装得更为严密，因此也丧失了一些灵活性。

（3） 对象的引用层次。

对象之间包含与被包含的关系产生了对象的层次关系，这与类的层次概念不同。类的层次关系体现了类之间继承与被继承的关系，对象的层次关系体现了包含与被包含的关系。容器内的对象还可以再作为其他对象的容器，不同的容器所能包含的对象也不同。

在面向对象程序设计时往往要引用容器中某个特定对象，这时就要指定对象在容器嵌套层次中的位置，引用格式中用点“.”分隔。

对象的引用有绝对引用和相对引用两种方式。

- 绝对引用对象：从最上层开始一层层向下提供完整的对象地址。

例 7-1：设置表单集中的表单（Form1）的命令按钮组（Commandgroup1）中的命令按钮（Commandl）的标题为“确定”。

程序代码如下：

```
Formset.Form1.commandgroup1.command1.caption="确定"
```

即表单集.表单.命令按钮组.命令按钮 1.caption=“确定”

- 相对引用对象：从当前对象出发逐层向高一层或低一层到另一对象的引用，相对引用常用到的关键字如表 7-2 所示。

表 7-2　相对引用常用到的关键字

关 键 字	含　义
THIS	当前对象本身
PARENT	当前对象的父容器
THISFORM	表示对象所在的表单
THISFORMSET	表示对象所在的表单所属表单集

7.1.3　对象的属性、事件和方法程序

1. 属性

属性用来表示对象的外观和状态，有属性值。如果改变对象的属性值，其状态也会随之变化。属性的设置和修改可分为设计和运行时，设计时用户可以通过交互操作方式（静态方式）设置；运行时则是由程序代码方式来实现。某些属性在设计和运行时都可以修改，如 Value 属性。

在 VFP 9.0 中各种对象具有 70 多个属性，如标题（Caption）和文字的对齐方式（Alignment）等。从功能上看，各种对象的属性可以分为布局和修饰、数据、状态和其他 4 大类。

常用的属性如表 7-3 所示。

表 7-3　常用属性

属性类别	属 性 名	说　明
布局和修饰属性	Caption	指定对象的标题
	ForeColor	对象前景色
	BackColor	对象背景色
	Height	对象的高度，设置值为数值，默认单位为像素
	Width	对象的宽度，设置值为数值，默认单位为像素
	Left	控件最左边相对于其父对象的位置
	Top	控件顶边相对于其父对象顶边的位置
	Fontname	指定对象文本的字型
	Fontsize	指定对象文本的字体大小
	Alignment	指定控件文本对齐方式
数据属性	Value	控件当前值，大多数控件有该属性，如文本框、组合框和列表框等
	ButtonCount	指定命令按钮组或选项按钮组中包含的按钮数
	Buttons	指定命令按钮组或选项按钮组中第几个按钮
状态属性	Enabled	对象是否可用，值为逻辑型，默认值为.T.（可用）
	Visible	对象是否可见，值为逻辑型，默认值为.T.（可见）
	ReadOnly	指定用户能否编辑该控件或指定与临时表对象相关联的表或视图是否允许更新。该属性的值为逻辑型，默认值为.F.（可以编辑）
其他属性	Name	指定对象在代码中的引用名称
	Parent	指定引用控件的容器对象

（1）　在程序中设置或修改属性的命令格式：

```
Container.Object.Property=Value
```

即容器.对象.属性=属性值

（2） 在程序中引用属性值的命令格式：

```
变量名=[表单集名.]表单名.属性名
```

例 7-2：以下代码设置当前表单中 text1 文本框的一些属性：

```
Thisform.text1.enabled=.T.  &&设置文本框有效
Thisform.text1.visible=.T.  &&设置文本框可见
```

2. 事件

事件指由用户或系统触发的一个特定的操作，一个对象可以是多个系统预先定义的事件。一个事件对应一个程序，称为“事件过程”，事件包括事件过程和事件触发方式两方面，其代码要事先编写好。事件触发方式有如下 3 种。

（1） 由用户触发：如单击命令按钮事件。

（2） 由系统触发：如计时器事件，将自动按照设定的时间间隔发生。

（3） 由代码引发：如用代码来调用事件过程。

在 VFP 9.0 中事件集是固定的，用户不能创建新的事件。对象可以响应系统提供的 50 多个事件，有的事件具有通用性，多个控件都能触发，如 Click 事件；有的事件只适用于专门的控件，如 Interactivechange 事件只适应用于列表框和组合框。

在对象层次中事件的处理遵循独立性原则，即每个对象识别并处理属于自己的事件。例如，当用户单击表单的命令按钮时，将触发命令按钮的 Click 事件，而不会触发表单的 Click 事件。如果没有指定命令按钮的 Click 事件代码，那么单击它不会有任何反应。

表 7-4 列出了 VFP 9.0 核心事件集，这些事件适用于大多数控件。

表 7-4 VFP 9.0 核心事件集

事　件	触发时机
Init	创建对象时
Load	创建对象前
Activate	激活对象时
Click	用户单击对象时
DblClick	用户双击对象时
RightClick	用户右击对象时
Destroy	释放一个对象时
GotFocus	对象得到焦点时
LostFocus	对象失去焦点时
Valid	控件失去焦点之前
When	控件接收到焦点之前
KeyPress	用户按下或释放键时
MouseDown	单击一个对象时
MouseMove	用户在对象上移动鼠标时
MouseUp	当鼠标指针停在一个对象上时用户释放鼠标时
InteractiveChange	在使用键盘或鼠标更改控件值时
Timer	当经过 Interval 属性中指定的毫秒数时

编写事件代码时注意如下两个原则。

（1）　每个对象独立地接收自己的事件。

（2）　容器事件和控件事件互相独立，只要控件本身编写有事件代码，无论是一般容器还是组容器均首先执行控件自身的事件代码。如果控件本身没有编写事件代码且控件是在组容器中的，则执行父容器的同名事件代码；如果控件是在一般容器中的，则控件不执行任何操作。

3. 方法

方法是指对象能够执行的一个操作，它封装在对象内部，在任何时候都不能独立存在于对象之外。例如，列表框有方法维护其列表内容，即 AddItem、RemoveItem 和 Clear。一个事件必定具有一个与之相关联的方法，如为 Click 事件编写的方法的程序代码将在 Click 事件出现时被执行。方法也可以独立于事件而单独存在，此类方法必须在代码中被显式地调用。

在 VFP 9.0 中提供了 50 多种不同的方法，每种方法都有自己的名称，称为“方法名”。不同的对象具有不同的方法，与事件不同的是方法程序集合可以无限扩展；除了在各个类中已定义的方法外，可以根据需要自定义方法（在类中添加新方法），以完成相应的操作，新建的方法属于表单或表单集。

实际上对象的方法与事件极其相似，只不过方法是系统定义操作代码且由用户来调用；而事件是系统定义名称并自动调用且由用户来填写操作代码。即二者都是通过调用来完成特定功能操作的过程代码程序，因此有时将二者统称为“方法程序”。

方法的调用格式如下：

```
[变量名=]=[表单集名].表单名.对象名.方法名（参数表）
```

以下介绍几个常用方法的功能及使用。

（1）　Hide 方法。

功能：隐藏表单、表单集或工具栏。

适用范围：表单、表单集、SCREEN 和工具栏。

```
语法格式：对象.Hide
```

（2）　Refresh 方法。

功能：重画表单或控件并刷新所有值。

适用范围：VFP 9.0 中所有的对象，包括复选框、列、组合框、命令按钮、命令组、容器对象、控件对象、编辑框、表单、表单集、表格、列表框、OLE 绑定型控件、OLE 容器控件、选项按钮、选项组、页面、页框、SCREEN、微调控件、文本框和工具栏等。

```
语法格式：对象.Refresh
```

说明：一般地，重画表单或控件是在没有事件发生时自动处理的，需要立刻更新表单或控件时可用 Refresh 方法。刷新表单的同时也刷新表单上所有的控件；刷新页框时，只刷新活动的页。

（3）　Release 方法。

功能：释放表单集或表单。

适用范围：表单、表单集和 SCREEN。

```
语法格式：对象.Release
```

（4） SetFocus 方法。

功能：为一个控件指定焦点，确定当前的操作对象。

适用范围：复选框、列、组合框、命令按钮、容器对象、控件对象、编辑框、表格、列表框、OLE 绑定型控件、OLE 容器控件、选项按钮、微调控件和文本框。

```
语法格式：对象.SetFocus
```

（5） Show 方法。

功能：显示表单、表单集或工具栏。

适用范围：表单、表单集、SCREEN 和工具栏。

```
语法格式：对象.Show
```

VFP 9.0 中的常用方法如表 7-5 所示。

表 7-5　VFP 9.0 中的常用方法

事　件	作　用
Refresh	重新绘制对象并刷新
Setfocus	为一个对象设置焦点
Cls	清除表单中的内容
Clear	清除组合框、列表框或文本框中的内容
Move	移动一个对象
Release	从内存中释放对象
Addltem	在对象中添加新数据项

例 7-3：使用方法。

```
Thisform.release          &&释放当前表单
Thisform.refresh          &&刷新当前表单，包括表单中所有值
```

7.2　创 建 表 单

表单以文件形式保存其内容，表单文件的扩展名为“.scx”。利用表单来设计应用系统是最为常用的数据显示及编辑方式，它可以包含多种不同的控件。程序开发人员通过可视化的设计方法利用这些控件制作不同的按钮、下拉列表框和选项组等，使用户能利用友好、美观的人机交互界面接收、显示和编辑数据，实现与应用程序的连接。

根据表单数据来源的不同，可分为以下几种类型。

（1） 简单表单：数据来源于某一个表或某一个视图。

（2） 复杂表单：数据来源于多个表或多个视图。

（3） 一对多表单：数据来源于两个表，这两个表分别为父表和子表，并且必须按一对多的关系连接。

7.2.1　使用表单向导创建表单

使用表单向导创建的表单具有允许用户浏览、编辑、查找、打印指定表文件等功能，

它可以分为两种方式，即针对一个表文件的“表单向导”和针对两个表文件的“一对多表单向导”。

例 7-4：使用表单向导创建以 Rsb.dbf 表为数据来源的人事表维护表单（rsbbd.scx）。

步骤如下。

（1） 打开“项目管理器-项目 1”对话框，如图 7-1 所示。

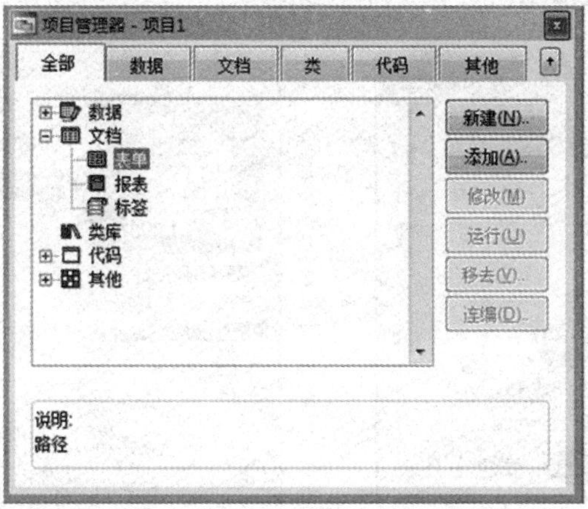

图 7-1　“项目管理器-项目 1”对话框

（2） 打开“文档”选项卡，选择“表单”选项。

（3） 单击“新建”按钮，弹出“新建表单”对话框，如图 7-2 所示。

也可选择“文件”|“新建”选项，在弹出的“新建”对话框中指定文件类型为“表单”，如图 7-3 所示。

图 7-2　“新建表单”对话框

图 7-3　指定文件类型为“表单”

（4） 在“新建表单”对话框中单击“表单向导”按钮或者在“新建”对话框中单击“向导”按钮，弹出如图 7-4 所示的“向导选取”对话框。

（5） “选择要使用的向导”下拉列表框中的“表单向导”选项用来创建单个表或单个视图的表单，“一对多表单向导”选项用来创建一组父表记录及其相关子表记录的表单。本例选择“表单向导”选项。

（6） 单击“确定”按钮，弹出“第一步・字段选取”对话框，如图 7-5 所示。

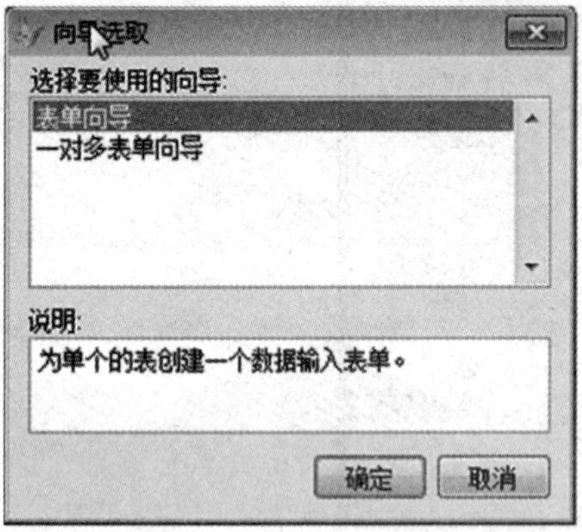

图 7-4 “向导选取”对话框

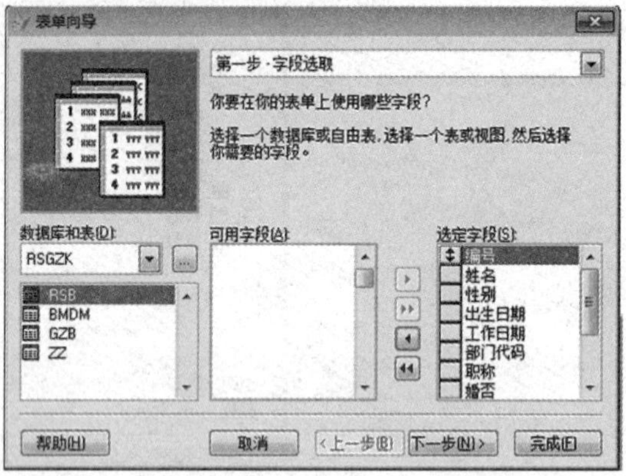

图 7-5 “第一步・字段选取” 对话框

（7） 本例选择 Rsb.DBF 数据表并添加所有字段。

（8） 单击“下一步”按钮，弹出“第二步・选择表单样式”对话框。

（9） 选择表单样式及按钮类型，表单样式包括标准式、凹陷式、阴影式、边框式、浮雕式、新奇式、石墙式、亚麻式、彩色式。当用户选择某种样式时，左上角的放大镜中将显示该样式的效果；按钮类型包括文本按钮、图形按钮、无按钮和自定义。本例选择标准式和文本按钮，如图 7-6 所示。

（10） 单击“下一步”按钮，弹出“第三步・排序记录”对话框。

（11） 选择排序关键字，并确定升序排序还是降序排序。本例选择“编号”字段作为关键字且按升序排序，如图 7-7 所示。

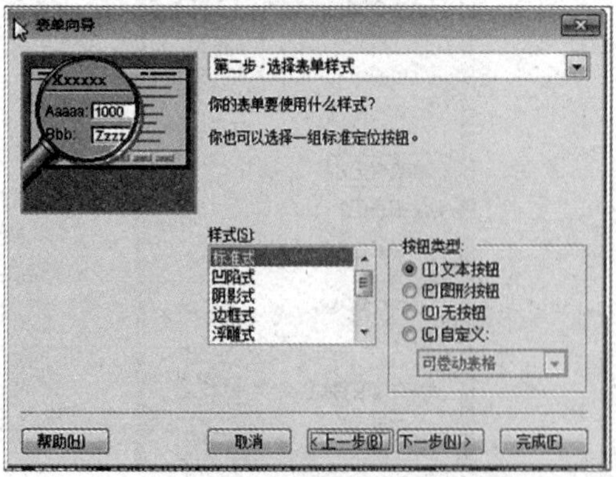

图 7-6 选择标准式和文本按钮

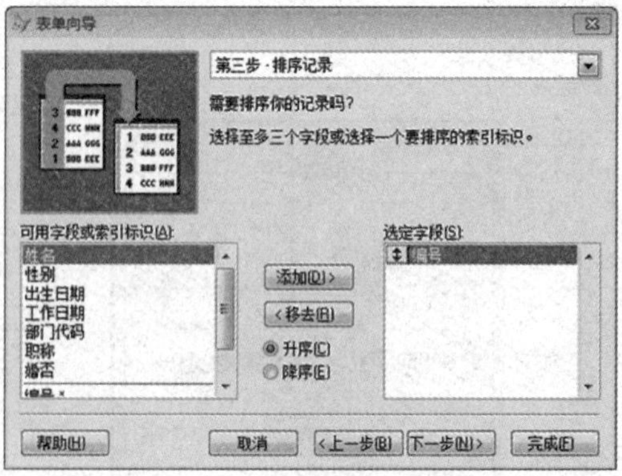

图 7-7 选择“编号”字段作为关键字且按升序排序

（12） 单击“下一步”按钮，弹出“第四步・完成”对话框。

（13） 设置表单标题，即显示在表单标题栏中的内容。如不设置，则取表单文件名作为表单标题，本例设置为“人事表维护”。还可以选择输出方式，包括“保存表单为以后使用”“保存并运行表单”和“保存表单并在表单设计器中修改它”3 个选项。这里选中“保存并运行表单”单选按钮，如图 7-8 所示。为了对当前设置的表单进行预览，可单击右下方的“预览”按钮。如果不满意，可以单击“上一步”按钮后修改。

（14） 单击“完成”按钮，弹出“另存为”对话框，如图 7-9 所示。

图 7-8 选择“保存并运行表单”单选按钮

图 7-9 “另存为”对话框

（15） 选择表单文件保存的磁盘路径，输入新的表单文件名“rsbbd”。

（16） 单击“保存”按钮，弹出如图 7-10 所示的表单。

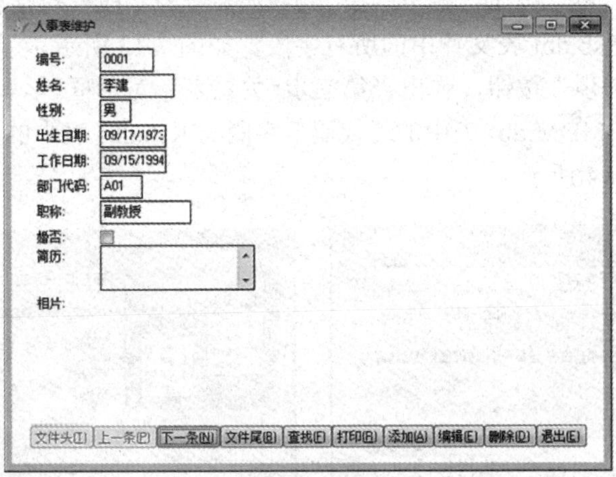

图 7-10 创建的表单

用向导创建的表单有一套标准的按钮，并已赋予其功能，利用这些按钮可以浏览、编辑、添加、删除及搜索记录。

注意：为了方便快捷，一般使用表单向导创建完成的表单在表单设计器中编辑修改后使用。

创建一对多表单。

例 7-5：用一对多表单向导创建一个 bmdm 和 Rsb 的维护表单（rsdmbd.scx）。

步骤如下。

（1） 执行上例的前 4 步打开“向导选取”对话框。

（2） 在“选择要使用的向导”下拉列表框中选择“一对多表单向导”选项，如图 7-11 所示。

（3） 单击“确定”按钮，弹出“第一步•选择父表字段”对话框。

（4） 本例选择 RSGZK 数据库中 BMDM.dbf 表文件中的“代码”和“部门名称”字段，如图 7-12 所示。

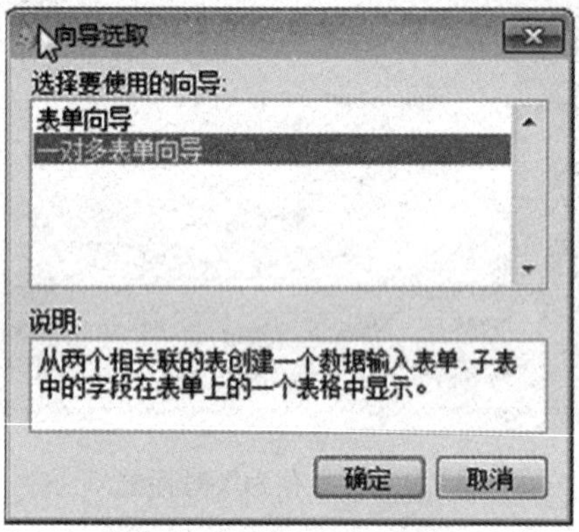

图 7-11 选择“一对多表单向导”选项

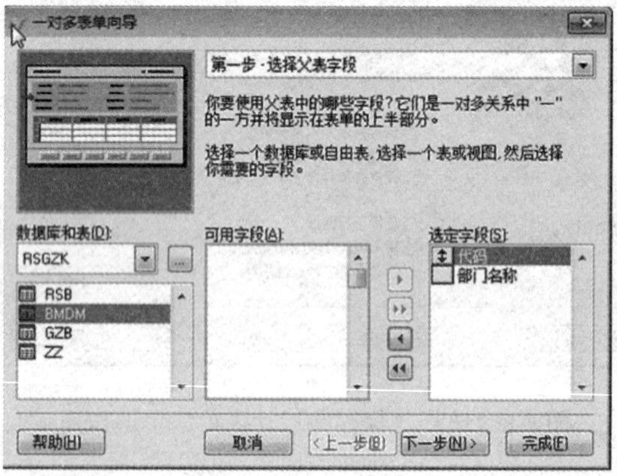

图 7-12 选择父表字段

（5） 单击“下一步”按钮，弹出“第二步•选择子表字段”对话框。

（6） 本例选择 Rsb.dbf 表文件中的所有字段，如图 7-13 所示。

（7） 单击“下一步”按钮，弹出“第三步•关系表”对话框。

（8） 本例选择 BMDM.dbf 表中的“代码”字段与 Rsb.dbf 表中的“部门代码”字段作为关键字段，如图 7-14 所示。

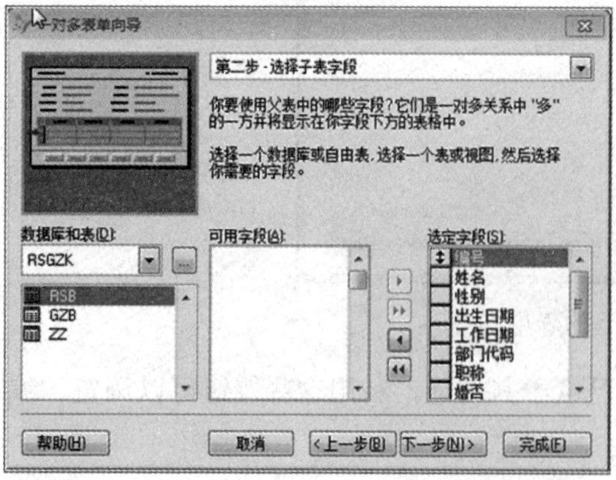

图 7-13 选择子表字段

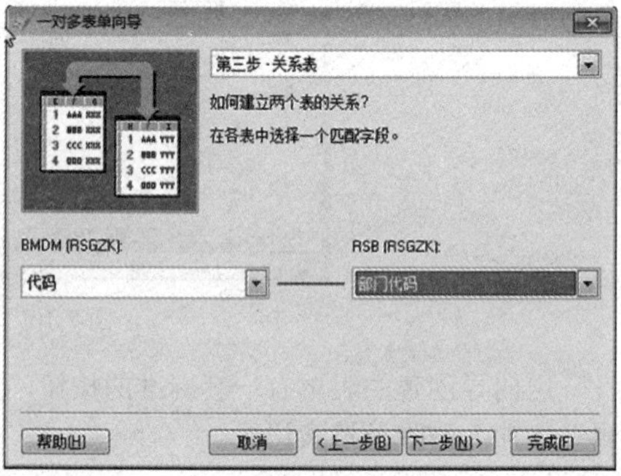

图 7-14 选择关键字段

注意： 在创建一个一对多表单时，两个数据表之间应该可以创建连接关系；否则无法创建一对多表单。

（9） 单击“下一步”按钮，弹出“第四步•选择表单样式”对话框。

（10） 本例选中“石墙式”选项和“图形按钮”单选按钮，如图 7-15 所示。

（11） 单击“下一步”按钮，弹出“第五步•排序记录”对话框。

（12） 本例选择“代码”字段作为父表升序排序的关键字，如图 7-16 所示。

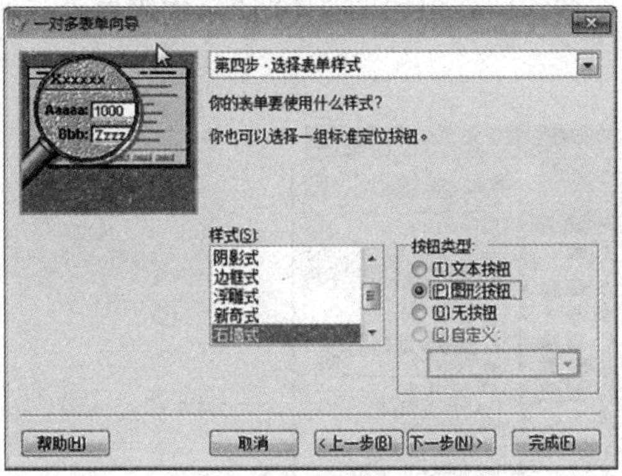

图 7-15 选择表单样式

图 7-16 选择排序的关键字

（13） 单击“下一步”按钮，弹出“第六步•完成”对话框。

（14） 在“为你的表单输入标题”文本框中输入“部门人事维护”，选中“保存并运行表单”单选按钮，如图 7-17 所示。

（15） 单击“完成”按钮，弹出“另存为”对话框。

（16） 输入表单名 RSDMBD。

（17） 单击“保存”按钮，弹出如图 7-18 所示的一对多表单运行效果。

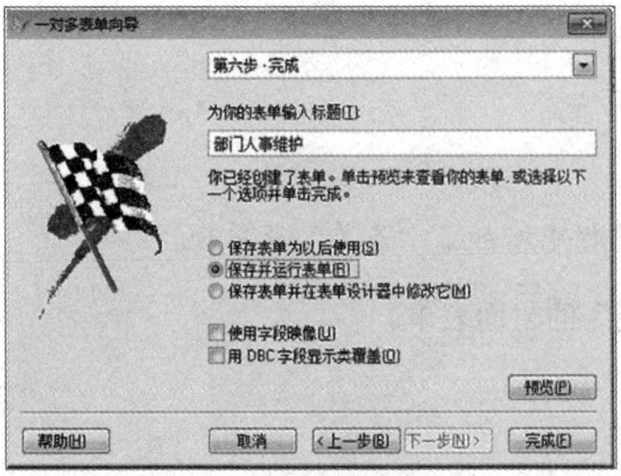

图 7-17 选择“保存并运行表单”单选按钮

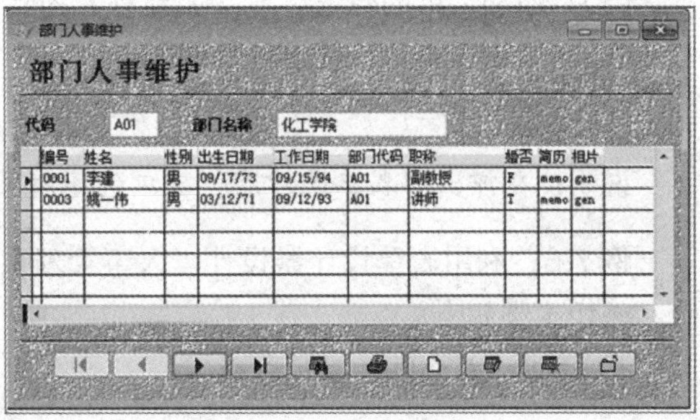

图 7-18 一对多表单运行效果

其中有一套标准的图形按钮，并已赋予其功能，利用这些按钮可以查询、打印、编辑、删除表单中的数据。搜索时仅用于筛选父表中的记录，删除时仅用于父表的当前记录。

说明： 在命令窗口中输入命令“DO FORM <表单名>”也可以运行表单。如果表单没有在当前目录中，并且没有用 SET PATH 命令设置搜索路径，则需要在表单名前添加目录路径。

7.2.2 使用表单设计器创建表单

使用表单向导创建的表单是基本固定的，不能满足复杂的功能要求。在实际应用中使用表单设计器可以完全按用户的意愿创建表单，并且随意发挥用户的设计能力。

用表单设计器设计表单的操作步骤如下。

（1） 选择“文件”|“新建”选项，弹出“新建”对话框。

（2） 选择“表单”选项，单击“新建文件”按钮，弹出如图 7-19 所示的表单设计器及相关工具窗口。

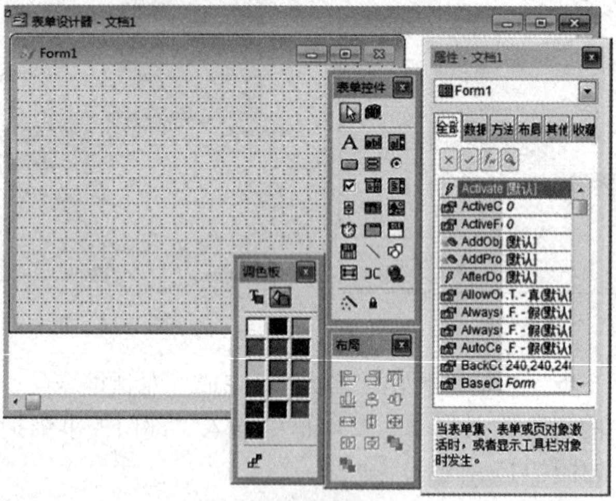

图 7-19 表单设计器及相关工具窗口

（3） 利用“表单控件”工具栏、“布局”工具栏、“属性”对话框等设计表单。

（4） 在表单中添加控件。

（5） 添加表单的数据环境（如果需要的话）。

（6） 添加表单及控件事件的代码。

（7） 保存并运行表单。

说明：在弹出“表单设计器”窗口的同时菜单栏中增加了“表单”菜单项。

例 7-6：利用表单设计器设计“人事管理系统”的封面表单。

操作步骤如下。

1. 打开“表单设计器”窗口

（1） 菜单方式。

- 选择“文件”|”新建”选项，打开“新建”对话框。
- 选择“表单”选项，单击“新建文件”按钮。

（2） 命令方式。

在命令窗口中输入命令“CREATE FORM <表单名>”。

“表单设计器”窗口如图 7-20 所示，其中的工具栏如图 7-21 所示。

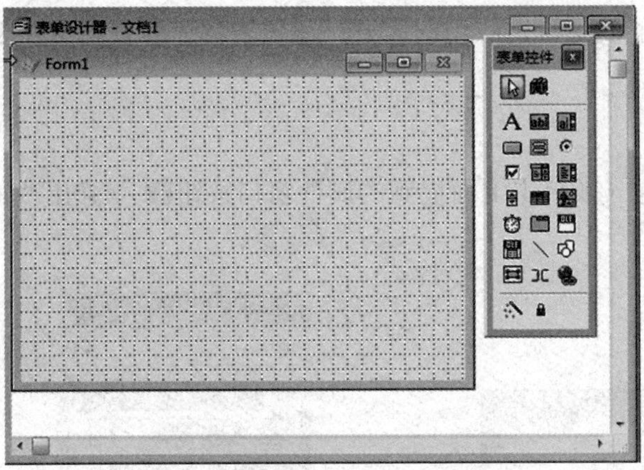

图 7-20　“表单设计器”窗口

图 7-21　“表单设计器”窗口的工具栏

“表单设计器”窗口的工具栏中按钮的名称及功能如表 7-6 所示。

表 7-6　“表单设计器”窗口的工具栏中按钮的名称及功能

按　钮	说　明	功　能
	设置 Tab 键次序按钮	设置“表单设计器”窗口中各控件对象先后顺序的切换，操作时可以按 Tab 键来顺序切换，也可以按 Shift+Tab 组合键来逆序切换
	数据环境按钮	打开或关闭“数据环境设计器”窗口
	属性对话框按钮	打开或关闭“属性”对话框，该对话框用来设置当前对象的各项属性
	代码对话框按钮	打开或关闭“代码”对话框，用户在该对话框中可编辑或查看某一对象的代码
	表单控件工具栏按钮	打开或关闭表单控件工具栏
	调色板工具栏按钮	打开或关闭调色板，以为选中的表单对象着色
	布局工具栏按钮	打开或关闭布局工具栏，以布局选中的表单对象
	表单生成器按钮	打开或关闭“表单生成器”对话框，可为用户提供一种简单交互的方法，把字段作为控件添加到表单上并可以定义表单样式的布局
	自动格式按钮	打开或关闭“自动格式生成器”对话框，该对话框可用来选中表单中的控件采用的样式。在对话框右面的下拉列表框中可为创建的表单选择样式；在左面的预览框中可以预览到所选表单样式的效果；在下方可以将所选的应用样式进行选项设置

采用以上方式创建的表单是空白表单，可以通过调用表单生成器方便快捷地产生表单。调用表单生成器的方法有如下 3 种。

（1）　选择“表单”|“快速表单”选项。

（2）　单击“表单设计器”窗口工具栏中的“表单生成器”按钮。

（3）　单击鼠标右键，在弹出的快捷菜单中选择“生成器”选项，打开”表单生成器”对话框，如图 7-22 所示。

用户可以从某个表或视图中选择若干个字段，这些字段将以控件形式被添加到表单中。

在“样式”选项卡中可以为添加的字段控件选择它们在表单中的显示样式。

通常利用表单生成器产生的表单不能满足特定应用的需要，还需要程序开发人员在表单设计器中做进一步的编辑、修改和设计。

2. 打开“属性”对话框

（1） 选择“窗口”|“属性窗口”选项（或单击上面提到的属性窗口按钮），弹出“属性”对话框，如图 7-23 所示。

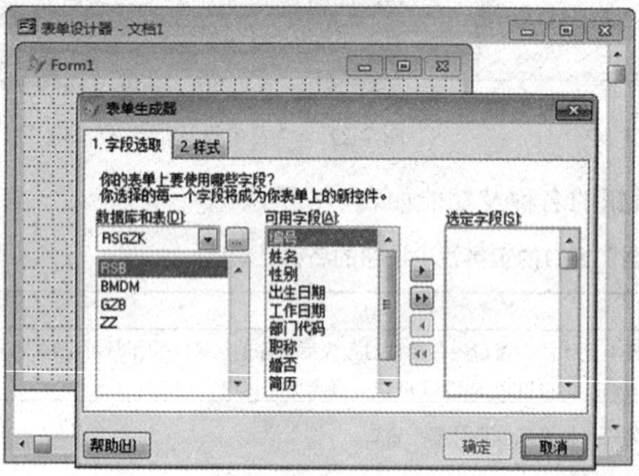

图 7-22 “表单生成器”对话框

图 7-23 “属性”对话框

（2） 在“表单设计器”窗口中单击表单，使其成为当前对象。

（3） 为定义 Form1 的属性，在“属性”对话框选中“Picture”属性。

（4） 单击右侧按钮，弹出“打开”对话框。

（5） 选择准备好的一个图片文件 face.jpg，单击“确定”按钮设置表单的背景图片。

（6） 在“表单设计器”窗口中添加两个标签控件，并调整大小和位置。

如表 7-7 所示设置各个控件的属性。

表 7-7 各个控件的属性

对 象	属 性	属 性 值	说 明
Form1	Caption	系统封面	标题属性
	WindowState	2	表单最大化
	BorderStyle	0	取消表单边框
	Picture	Face.jpg	表单以 face.jpg 文件为背景
Label1	Caption	人事工资管理系统	封面文字
	AutoSize	.T.	Label1 自动适应文字大小
	FontName	隶书	字体
	FontSize	36	文字大小
	FontBold	.T.	粗体
	ForeColor	0 0 255	字的颜色
	BackStyle	0	标签背景透明

（续表）

对　象	属　性	属 性 值	说　明
Label2	Caption	版本号 V2.00	标签内容
	FontName	隶书	字体
	FontSize	24	文字大小
	ForeColor	0　128　64	字的颜色
	BackStyle	0	标签背景透明
	Height	36	标签高度
	Width	180	标签宽度
Shape1	Curvature	99	形状为椭圆
	BorderStyle	0	形状边框
	BackColor	202　218　255	背景颜色
Shape2	Height	40	形状的高度
	SpecialEffect	0	为三维
	BackColor	206　255　255	背景颜色
	Width	180	形状的宽度

（7） 选择两个形状控件，然后单击“布局”工具栏中的“置后”按钮。

（8） 选择“文件”|“保存”选项，弹出“保存”对话框。

（9） 将文件保存为“Face1.scx”，单击按钮运行该表单，效果如图 7-24 所示。

图 7-24　运行效果

7.2.3　保存、修改和运行表单

1. 保存表单

用表单设计器设计表单后一定要保存，常用的方法如下。

（1） 使用菜单：选择“文件”|“保存”选项。

（2） 使用常用工具栏：单击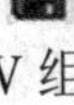按钮。

（3） 使用组合键：按 Ctrl+W 组合键。

无论用上述哪种方法保存文件都会在指定或默认目录下产生两个相同的主文件名，扩展名分别为.scx 和.sct 的表单文件和表单备注文件。

2. 修改表单

通常用以下方法进入表单修改状态。

（1） 在“项目管理器”窗口中打开“文档”选项卡，选择其中需要修改的表单，然后单击“修改”按钮。

（2） 使用菜单：选择“文件”|“打开”命令，然后在弹出的“打开”对话框中选择需要修改的表单文件。

（3） 使用命令：

```
MODIFY FORM <表单文件名>
```

如果指定的表单文件名已存在，则打开已有的表单，进入修改表单状态；如果指定的表单文件名不存在，则新建表单。

3. 运行表单

运行表单的常用方法如下。

（1） 在“项目管理器”窗口中选择要运行的表单，然后单击“运行”按钮。

（2） 选择“程序”|“运行”选项，弹出“运行”对话框。在“文件类型”下拉列表框中选择“表单”选项，选择要执行的表单文件后单击“运行”按钮。

（3） 当某个表单设计器的窗口处于活动状态时，单击常用工具栏中的!按钮，运行当前活动的表单设计器的表单。如果表单修改后尚未保存，系统将弹出对话框询问是否保存，单击“是”按钮运行表单。

（4） 使用命令：

```
DO FORM <表单文件名>
```

例如，在命令窗口中输入以下命令运行表单 Form1.scx：

```
Do form form1.scx
```

7.2.4 表单的数据环境

表单可以创建数据环境，在数据环境中能够包含与表单有联系的表和视图，以及表之间的关系。通常情况下，数据环境中的表或视图会随着表单的打开或运行而打开，并随着表单的关闭或释放而关闭。

例 7-7：利用表单设计器为数据表 Rsb.dbf 创建一个记录浏览表单。

操作步骤如下。

（1）进入表单设计器，添加标签 Label1。设置 Caption 属性为职工信息浏览，Fontsize 为 18，Autosize 为.T.。

（2）设置数据环境，单击“表单设计器”窗口工具栏中的“数据环境”按钮，或选择“显示”|“数据环境”选项，或用鼠标右键单击“表单设计器”窗口的空白处，在弹出的快捷菜单中选择“数据环境”选项，打开“数据环境设计器-文档 1”窗口，如图 7-25 所示。

此时在菜单栏中出现“数据环境”菜单项，用于完成视图和表的添加、移去和浏览功能。

（3） 用鼠标右键单击“数据环境”窗口的空白区域，在弹出的快捷菜单中选择“添加”选项，弹出“添加表或视图”对话框，如图 7-26 所示。

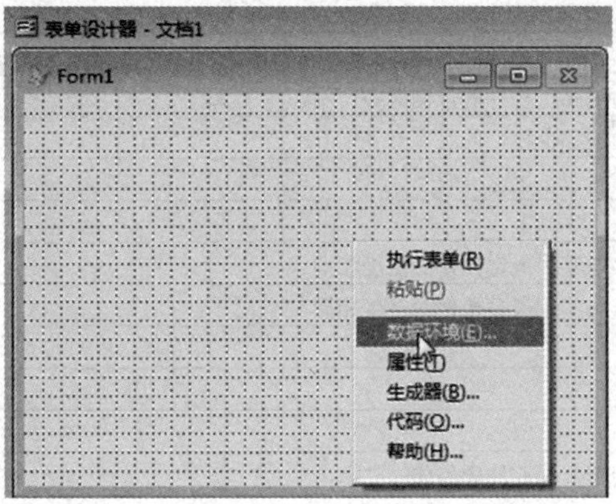

图 7-25　“数据设计器-文档 1”窗口

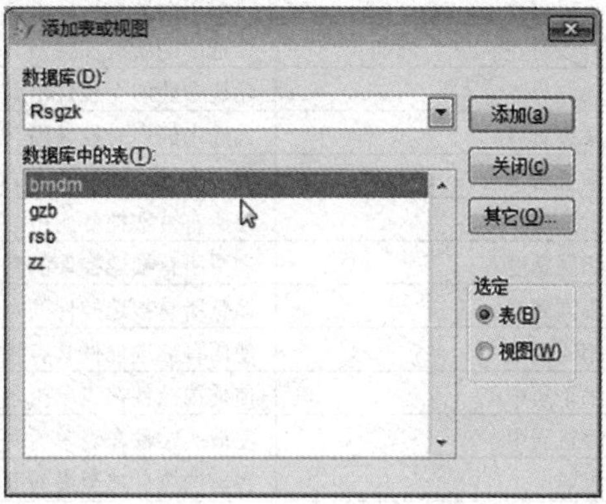

图 7-26　“添加表或视图”对话框

（4） 选择需要的表或视图，这里选择表 Rsb.dbf。

（5） 拖动“数据环境设计器”窗口中表 Rsb 中的字段“编号”到表单中，在表单中自动创建了一个标签对象和一个文本框对象。重复这一操作将姓名、性别、出生日期、工作日期、部门代码和职称字段拖动到表单中，结果如图 7-27 所示。

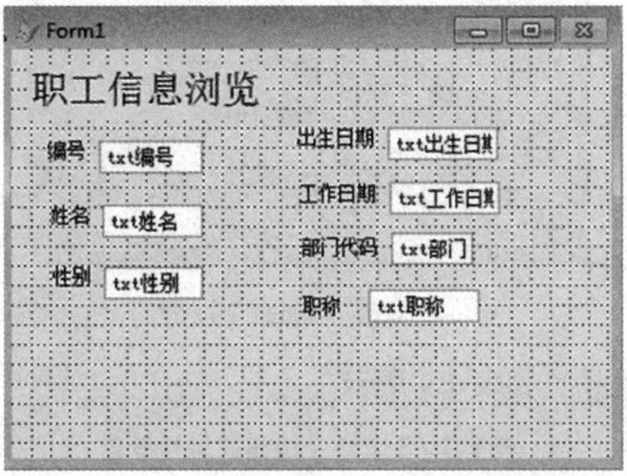

图 7-27　拖动字段到表单中的结果

为调整控件大小和位置，选中控件。要同时选中相邻的多个控件，单击工具栏中的“选中对象”按钮，然后拖动要选择的控件；要同时选中不相邻的多个控件，按住 Shift 键依次单击各控件。为移动控件，拖动所选控件到目标位置。拖动时按住 Ctrl 键可以使移动的步长减小，使用方向键也可以移动控件；为调整控件大小，选中控件后拖动所选控件四周的控点可以改变控件的宽度和高度；为复制控件，选中控件后选择“编辑”|“复制”选项，然后选择“编辑”|“粘贴”选项，再将复制产生的新控件拖动到目标位置；为删除控件，选中需要删除的控件后按下 Delete 键或选择“编辑”|“剪切”选项。

利用控件布局工具栏中的按钮可以方便地调整表单窗口中所选控件的相对大小和位

置，这些按钮及其功能如表 7-8 所示。

表 7-8　布局工具栏中的按钮及其功能

按　钮	说　明
左边对齐	让选中的所有控件沿其中最左边的那个控件的左侧对齐
右边对齐	让选中的所有控件沿其中最左边的那个控件的右侧对齐
顶边对齐	让选中的所有控件沿其中最左边的那个控件的顶侧对齐
底边对齐	让选中的所有控件沿其中最左边的那个控件的底侧对齐
垂直居中对齐	使所有被选控件的中心处在一条垂直轴上
水平居中对齐	使所有被选控件的中心处在一条水平轴上
相同宽度	调整所有被选控件的宽度，使其与其中最宽控件的宽度相同
相同高度	调整所有被选控件的宽度，使其与其中最高控件的高度相同
相同大小	使所有被选控件具有相同大小
水平居中	使被选控件在表单内水平居中
垂直居中	使被选控件在表单内垂直居中
置前	将被选控件移至最前面，可能会把其他控件覆盖住
置后	将被选控件移至最后面，可能会被其他控件覆盖住

添加 3 个命令按钮，并调整大小和位置，如图 7-28 所示。

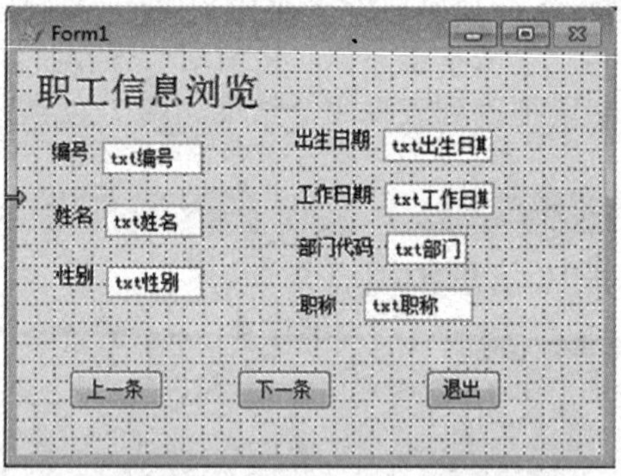

图 7-28　添加命令按钮

3 个命令按钮的属性设置如表 7-9 所示。

表 7-9　3 个命令按钮的属性设置

属性 \ 对象名	Command1	Command2	Command3
Caption	上一条	下一条	退出
Height	25	25	25
width	60	60	60
FontName	宋体	宋体	宋体

选择“显示”|“代码”选项，或用鼠标右键单击 Command1，在弹出的快捷菜单中选择“代码”选项，弹出代码窗口。在“对象”下拉列表框中选择“Command1”选项，在

“过程”下拉列表框中选择“Click”选项。输入代码，如图 7-29 所示。

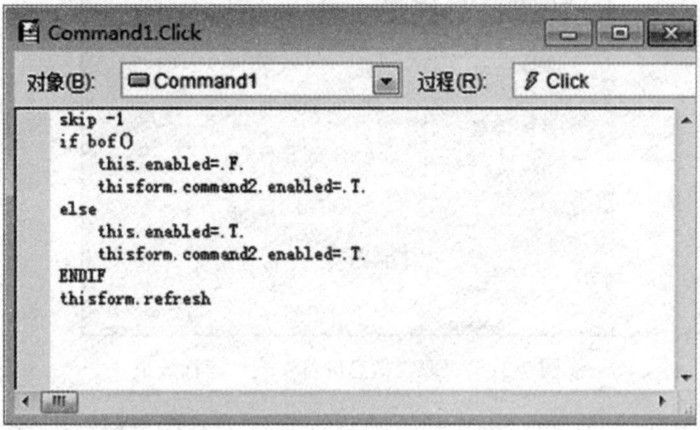

图 7-29　输入代码

说明：如果用鼠标双击对象，也会弹出“Command1.Click”该上述窗口，这时当前选中的对象名会出现在“对象”下拉列表框中。

输入 Command2.Click 事件代码，如图 7-30 所示。

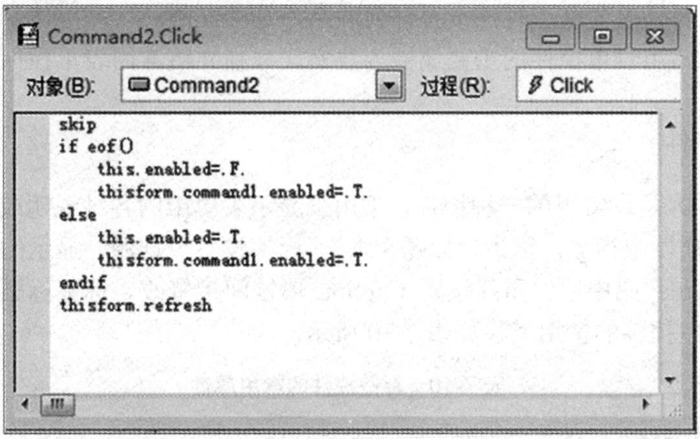

图 7-30　输入 Command2.Click 事件代码

定义 Command3.Click 事件代码如下：

```
thisform.release
```

注意：Release 方法的功能是释放表单，表单被释放后不能再访问其属性和方法。

保存并运行该表单，运行效果如图 7-31 所示。

单击“上一条”或“下一条”按钮，表单中的数据将随之变化；单击“退出”按钮将退出该表单，返回“表单设计器”窗口。

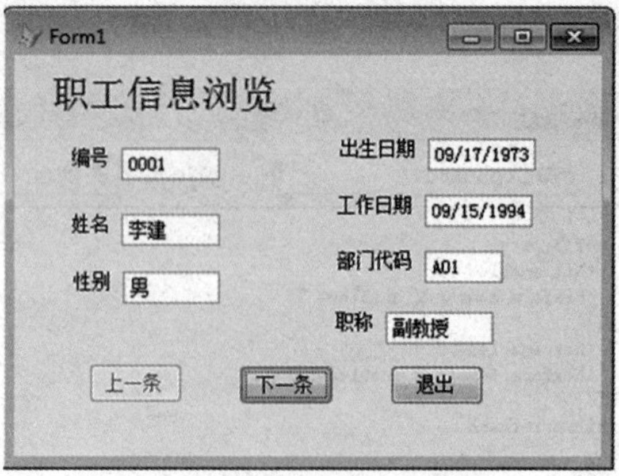

图 7-31 “职工信息浏览”表单运行效果

7.3 常用表单控件

表单设计离不开控件，要灵活使用控件，则需要了解控件的属性、方法和事件。在 VFP 9.0 中可以有两种类型控件，即绑定型和非绑定型控件。前者指控件在设计时与表或视图中的字段相连接，通过它可以在表或视图中的字段输入数据，或者从表或视图中的字段选择数据；后者在设计时与表或视图没有任何联系，是独立的。

本节主要以常用表单控件的主要属性为线索，分别介绍常用表单控件的使用。

7.3.1 标签控件

标签（Label）是最常用的一种控件，常用来显示表单中的各种说明或提示。被显示的文本在 Caption 属性中指定，称为“标题文本”。标签没有数据源，显示的文本不能在屏幕上修改，但可以在代码中通过重新设置 Caption 属性间接修改。标签标题文本最多可包含 256 个字符，标签控件的常用属性如表 7-10 所示。

表 7-10 标签控件的常用属性

属 性 名	说 明
AutoSize	确定是否根据标题的长度来调整标签大小
Caption	标签的标题，用于显示提示信息
BackColor	标签背景的颜色
ForeColor	标签内容的颜色
Left	标签距离表单左边框的长度
Top	标签距离表单上边框的长度
Visible	标签在运行时是否可见
Name	引用该对象时所用的名称
FontName	标签内容字体的名称
FontSize	标签内容字体的大小
BackStyle	确定标签是否透明
WordWrap	确定标签上显示的文本能否换行

7.3.2　命令按钮控件与命令按钮组控件

1. 命令按钮控件

命令按钮（CommandButton）控件通常用来执行某一个操作或某个事件代码完成特定的功能，如关闭一个表单、查询一条记录及打印报表等，它是最常用的控件之一。一般命令按钮控件要完成的动作都会在其 Click 事件中编写代码，该控件的主要属性如表 7-11 所示。

表 7-11　命令按钮控件的主要属性

属　性	说　明
Caption	命令按钮上显示的文字
Name	命令按钮的名字
Picture	指定要在按钮上显示的图形文件
DownPicture	指定当按钮被选中时显示的图形文件
Cancel	该值为.T.的命令按钮称为“取消”按钮，按下 Esc 键可以激活“取消”按钮，执行该按钮的 Click 事件代码
Default	该值为.T.的命令按钮称为“确认”按钮，一个表单内只能有一个“确认”按钮
Enabled	当前命令按钮是否有效
Visible	当前命令按钮是可见还是隐藏

命令按钮控件的常用事件是 Click 事件，当单击命令按钮时触发该事件。命令按钮控件的常用方法是 Setfocus 方法，其功能是使命令按钮得到焦点。

例 7-8：打开例 7-6 所创建的 face1.scx 表单，在适当位置添加两个命令按钮控件，分别实现登录（label1 的标题文字显示“欢迎使用本系统!”）和退出系统功能。

表单设计步骤如下。

（1） 打开 face1.scx 表单，在相应位置添加两个命令按钮控件 Command1 和 Command2，将其 Caption 属性分别设置为“登录”和“退出”。

（2） 添加 Command1.Click 事件代码，如图 7-32 所示。

Command1.Click 事件代码如下：

```
thisform.release
```

（3） 保存并运行表单，运行效果如图 7-33 所示。

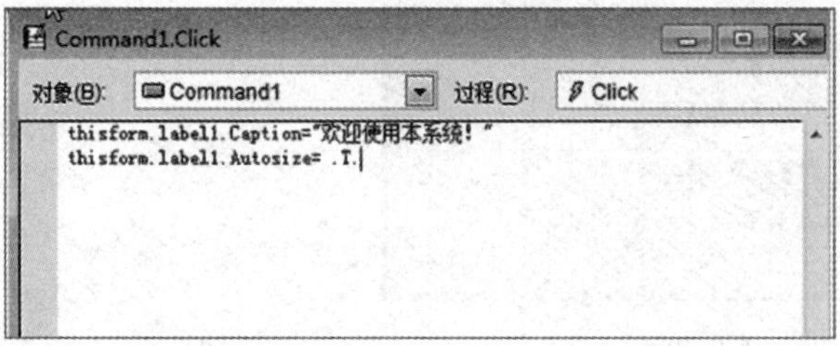

图 7-32　Command1.Click 事件代码

图 7-33　运行效果

2. 命令按钮组

命令按钮组（CommandGroup）控件是包含一组命令按钮的容器控件，用户可以单个或作为一组来操作其中的按钮。

（1） 命令按钮组的常用属性如表 7-12 所示。

表 7-12 命令按钮组的常用属性

属性名	说明
Name	指定命令按钮组的名称
Value	确定已经被选中的按钮是按钮组中的哪一个按钮
Backcolor	指定命令按钮组的背景色
ButtonCount	命令按钮组中命令按钮的个数
BackStyle	命令按钮组背景是否透明
Buttons	确定命令按钮组中的第几个选项按钮
Enabled	指定是否响应用户引起的事件
Visible	指定命令按钮组是否可见

（2） 命令按钮组的常用事件。

命令按钮组最常用的事件是 Click 事件，当用户单击命令按钮组时触发该事件。

（3） 选择命令按钮组中的命令按钮。

在表单设计器中选择命令按钮组中的某个按钮，可以从“属性”对话框中的“对象”下拉列表框中选择所需的命令按钮。也可以用鼠标右键单击命令按钮组，在弹出的快捷菜单中选择“编辑”选项，命令按钮组进入编辑状态，可以通过单击来选择某个命令按钮。

命令按钮组中的按钮既可以单独操作，也可以作为一个组来统一操作。当单独操作时，和单个的命令按钮的使用方法一样；当作为一个组统一操作时，可以通过命令按钮组的 Value 属性指定该事件发生在哪个按钮上。

例 7-9：在表单上有一个标签、一个命令按钮和命令按钮组，该命令按钮组包括 3 个命令按钮。要求当单击命令按钮组中的某个按钮时，标签文字的颜色变成相应按钮指定的颜色；单击“恢复颜色”按钮，标签文字颜色还原成默认的颜色，其界面如图 7-34 所示。

图 7-34 表单界面

步骤如下。

（1）选择控件。

选择一个标签、一个命令按钮组和一个命令按钮控件。

（2）设置属性。

命令按钮组默认的命令按钮个数为两个，如果要添加更多命令按钮，则用鼠标右键单击命令按钮组，在弹出的快捷菜单中选择“生成器”选项，打开“命令按钮组生成器”对话框后添加命令按钮组。也可以在“属性”对话框中设置 Buttoncount 属性，本例中设置为 3。设置 Commandgroupl 中的 3 个命令按钮和 Commandl 的标题属性，如图 7-35 所示。

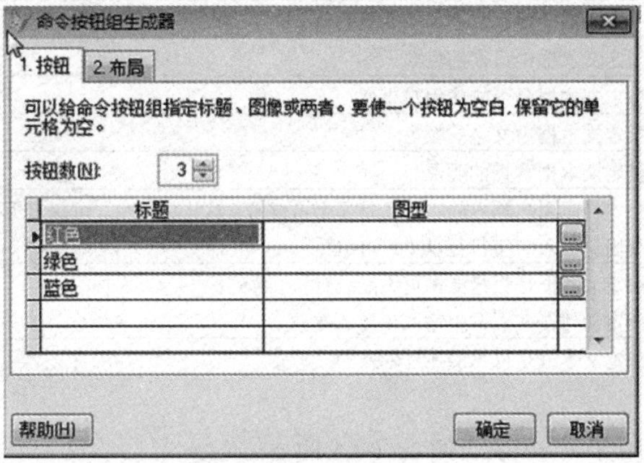

图 7-35　设置标题属性

（3）编写代码。

选择命令按钮组的 Click 事件完成相应的功能，代码如下：

```
  DO case
   Case This.Value=1
      Thisform.label1.forecolor=Rgb(255,0,0)
    Case This.Value=2
      Thisform.label1.forecolor=Rgb(0,255,0)
    Case This.Value=3
      Thisform.label1.forecolor=Rgb(0,0,255)
endcase
thisform.refresh
```

恢复颜色命令按钮的 Click 事件代码如下：

```
thisform.label1.ForeColor=RGB(0,0,0)
    Thisform.Refresh
```

7.3.3　文本框与编辑框控件

1. 文本框控件

与标签控件不同，文本框控件有自己的数据源并可以输入和修改，主要用于编辑或显示文本变量或字段的值。相对于标签固定的文本信息，文本框控件通常以表的一个字段或一个内存变量作为数据源。其中一般只包含单行数据，但可以编辑任何类型的数据，如数值型、字符型、逻辑型和日期型等。

文本框控件的常用属性如表 7-13 所示。

表 7-13 文本框控件的常用属性

属　性	说　明
Name	指定文本框的名称
Value	文本框的当前值，默认值为空。如果定义了 Controlsource 属性，则 Value 属性与 Controlsource 属性具有相同的数据和类型
Alignment	指定文本框中内容的对齐方式，如右对齐和左对齐等
Controlsource	在文本框中显示表字段或变量的值
Dateformat	指定文本框中日期的格式
Enabled	指定文本框是否响应用户事件
Forecolor	指定文本框中文字的颜色
Backcolor	指定文本框背景的颜色
Passwordchar	指定显示用户输入的字符还是显示占位符，默认值为空。可指定用做占位符的字符，如“*”，则用户输入的字符都以“*”代替
Readonly	指定文本框是否只能浏览不能编辑
Inputmask	指定如何在文本框中输入和显示数据
Visible	指定文本框是可见的还是隐藏的

文本框控件的常用事件和方法如表 7-14 所示。

表 7-14 文本框控件的常用事件和方法

事件或方法	说　明
Gotfocus 事件	当文本框获取焦点时触发该事件
Lostfocus 事件	当文本框失去焦点时触发该事件
Keypress 事件	当用户在控件上按下某个键并释放时触发该事件
Refresh 方法	重画文本框，刷新其值
Setfocus 方法	使文本框得到焦点，方便输入

Alignment 属性指定了文本在控件中的对齐方式，该属性的取值如表 7-15 所示。

表 7-15 Alignment 属性的取值

取　值	说　明
0	默认值，左对齐，文本显示在标签区域的左部
1	右对齐，文本显示在标签区域的右部
2	中间对齐，文本在标签区域中间显示

例 7-10：设计一个如图 7-36 所示的密码输入窗口，要求当用户输入密码并单击“确定”按钮后可判断输入的密码是否正确，假设密码是“ABCDEF”。

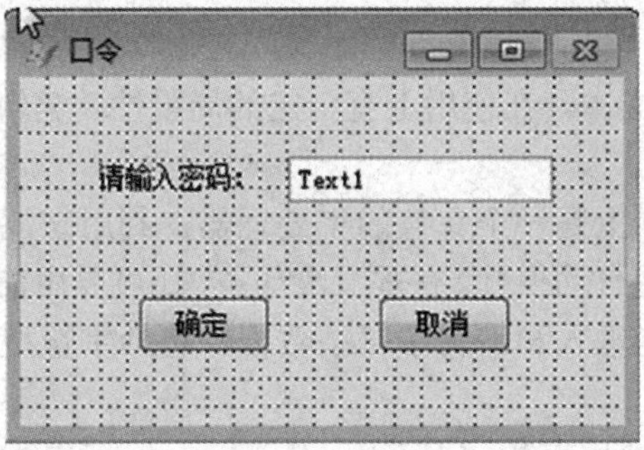

图 7-36　密码输入窗口

步骤如下。

（1）　新建一个表单，添加一个标签控件、一个文本框控件和两个命令按钮。

（2）　设置的各控件的属性值如表 7-16 所示。

表 7-16　设置的各控件的属性值

对　象	属　性	属 性 值	说　明
Form1	Caption	口令	设置表单标题
Label1	Caption	请输入密码:	设置标签的内容
Text1	PasswordChar	*	设置占位符为*
Command1	Caption	确定	设置命令按钮上的文字
Command2	Caption	取消	设置命令按钮上的文字

（3）　在 Command1.Click 事件中输入下列代码：

```
IF This.Parent.Text1.Value="ABCDEF"
   =MessageBox("口令正确！可以进入系统！",48,"信息")
   *DO 系统程序
   Thisform.Release
ELSE
   =MessageBox("口令错误！无权进入系统！",48,"错误信息")
   Thisform.Release
ENDIF
```

（4）　在 Command2.Click 事件中输入下列代码：

```
Thisform.Release
```

（5）　保存并运行表单，运行效果如图 7-37 所示。

图 7-37　运行效果

2. 编辑框

文本框只能编辑一行文本，在使用上有一定的局限性。编辑框控件的主要功能也是显示文本，但有以下特点。

（1） 编辑框控件实际上是一个完整的字处理器，利用它能够选择、剪切、粘贴，以及复制文本。并且可以实现自动换行，有垂直滚动条，还可以用箭头键在正文中移动光标。

（2） 编辑框控件只能输入和编辑字符型数据，包括字符型内存变量、数组元素、字段及备注型字段中的内容。

编辑框控件的主要属性如表 7-17 所示。

表 7-17　编辑框控件的主要属性

属　性	说　明
AllowTabs	在编辑框中能否使用 Tab 键，而不是移到下一个控件
Controlsource	在编辑框中显示表字段或变量值
HideSelection	确定在编辑框没有获得焦点时编辑框中选中的文本是否仍然显示为选中状态
Enabled	指定编辑框是否响应用户事件
ScrollBars	确定编辑框是否具有垂直滚动条，为 0，无滚动条；为 2，包含垂直滚动条
Readonly	指定编辑框是否是只能浏览不能编辑
SelLength	返回用户在编辑框的文本区域中所选文本的字符数
SelStart	返回用户在编辑框的文本区域中所选文本的起始点

编辑框控件的常用事件和方法如表 7-18 所示。

表 7-18　编辑框控件的常用事件和方法

事件和方法	说　明
Gotfocus 事件	当编辑框获取焦点时触发该事件
Lostfocus 事件	当编辑框失去焦点时触发该事件
InteractiveChange 事件	当更改编辑框对象的文本值时触发该事件

7.3.4　复选框与选项按钮组控件

1. 复选框控件

复选框控件是只有两个逻辑值选项的控件，复选框被选中时在方框中显示一个“ √ ”；否则方框中为空。但有时问题不能简单地分为“真”或“假”，如不确定，可以用 NULL 来表示，此时复选框变为灰色。复选框控件的常用属性如表 7-19 所示。

表 7-19　复选框控件的常用属性

属　性	说　明
Caption	指定在复选框右边的显示文字
Name	复选框的名称
Value	指定复选框的当前状态
Controlsource	指定与复选框创建连接的数据源

复选框控件的 Value 属性取值如表 7-20 所示。

表 7-20　复选框控件的 Value 属性取值

属性值	说　明
0 或.F.	复选框未选中，默认值
1 或.T.	复选框被选中
2 或.Null.	不确定，只在代码中有效

由于复选框控件 Value 属性取值范围的特点，所以用 Controlsource 属性和复选框控件创建连接的数据源类型只能是逻辑型或数字型。在表单运行中如果改变了复选框的状态，系统会自动把和复选框创建连接的数据源的值进行更新。

例 7-11：在表单中有 1 个文本框和 3 个复选框，选择某个复选框时文本框中的文字会随之变化，效果如图 7-38 所示。

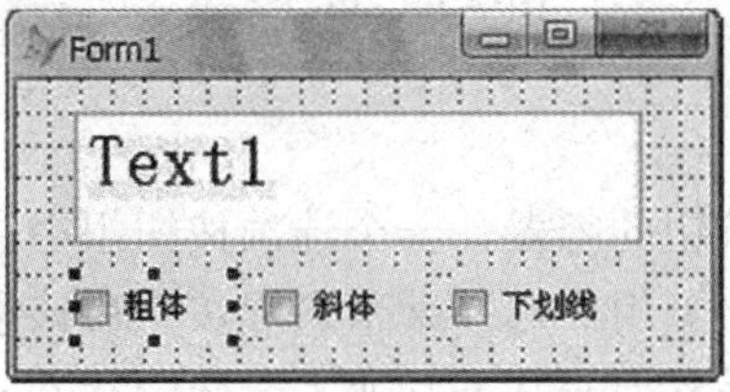

图 7-38　文本框中的文字效果

步骤如下。

（1） 分别选择文本框控件和复选框控件。

（2） 设置文本框的 Value 属性为“复选框的使用”，复选框 1 的 Caption 属性设为“粗体”，复选框 2 的 Caption 属性设为“斜体”，复选框 3 的 Caption 属性设为“下画线”。

（3） 双击复选框 1，打开代码窗口，在 Click 事件中输入如下代码：

```
IF this.value=1
  thisform.Text1.fontBold=.T.
ELSE
  thisform.Text1.fontBold=.F.
Endif
```

双击复选框 2，打开代码窗口，在 Click 事件中输入如下代码：

```
IF this.value=1
  thisform.Text1.fontItalic=.T.
ELSE
  thisform.Text1.fontItalic=.F.
Endif
```

双击复选框 3，打开代码窗口，在 Click 事件中输入如下代码：

```
IF this.value=1
  thisform.Text1.fontUnderline=.T.
ELSE
  thisform.Text1.fontUnderline=.F.
Endif
```

运行效果如图 7-39 所示。

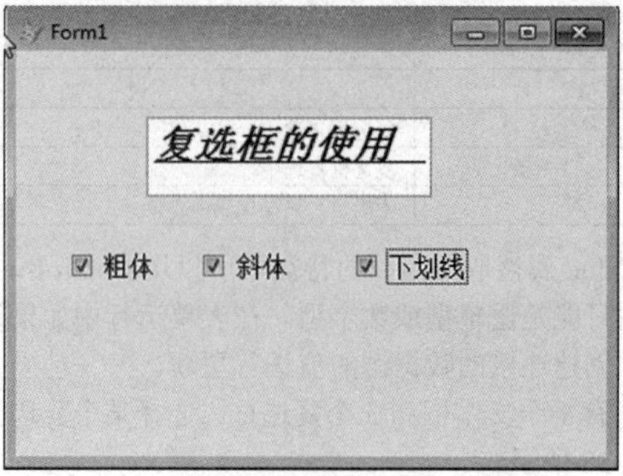

图 7-39　运行效果

2. 选项按钮组

选项按钮组是包含单选按钮的容器，一个选项按钮组中往往包含若干个选项按钮，但用户只能从中选择一个按钮。当用户选择某个选项按钮后该按钮成为被选中状态并显示一个圆点，而其他选项按钮忽略其原来状态都变为未选中状态。

（1） 选项按钮组的常用属性。

选项按钮组的常用属性如表 7-21 所示。

表 7-21　选项按钮组的常用属性

常用属性	说　明
Buttoncount	设置选项按钮组中的选项按钮个数
Buttons	确定选项按钮组中的第几个选项按钮
Caption	选项按钮的提示文字
Name	选项按钮的名字
Controlsource	根据是否选中按钮来确定值，并将值写入字段中
Value	确定已经被选中的按钮是按钮组中的哪一个按钮

（2） 选项按钮及选项按钮组的常用事件。

选项按钮及选项按钮组的常用事件是 Click 事件，当用户单击选项按钮及选项按钮组时触发该事件。

在选项按钮组中选择单个选项按钮的方法同命令按钮组，也是在快捷菜单中选择“编辑”选项进入其编辑状态。

例 7-12：设计一个表单，该表单上有一个标签和一个选项按钮组 Optiongroupl，共有 3 个选项按钮分别用来设置标签中文字的 3 种不同字体，其界面如图 7-40 所示。

步骤如下：

（1） 分别选择一个选项按钮组控件和一个标签控件，设置选项按钮组的 Buttoncount 属性，包括选项按钮的个数为 3 且横向排列。当选中选项按钮组中的某个按钮时，标签中文字的字体发生相应的变化。设置标签的 Caption 属性为“选项按钮组的使用”，Optiongroupl 的 Buttoncount 属性设为 3。

（2） 编写选项按钮组 Click 事件的代码为：

```
IF This.Value=1
   Thisform.label1.Fontname="宋体"
 ELSE
   IF This.Value=2
    Thisform.label1.Fontname="隶书"
   ELSE
    Thisform.label1.Fontname="幼圆"
   ENDIF
  ENDIF
  Thisform.Refresh
```

（3） 保存表单并运行，运行效果如图 7-41 所示。

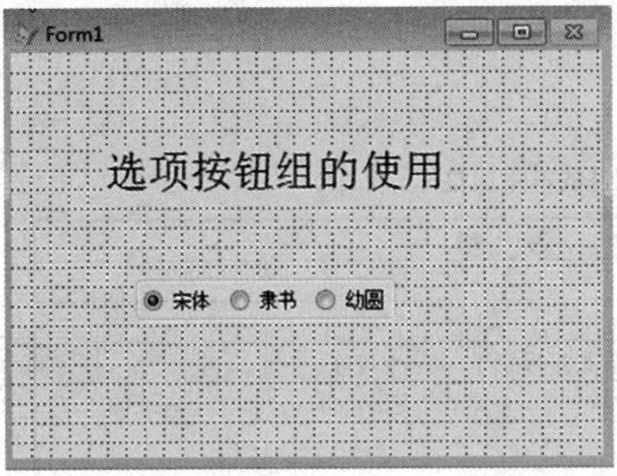

图 7-40　表单界面

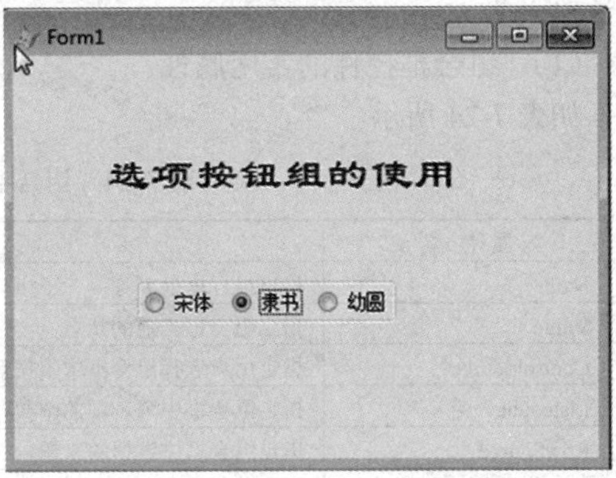

图 7-41　运行效果

7.3.5　列表框与组合框控件

1. 列表框控件

列表框控件用于显示一系列供用户选择的数据项，用户从中可选择一项或多项。当列表项很多，不能同时显示时会出现滚动条。列表框控件不允许用户输入数据。

列表框控件的常用属性如表 7-22 所示。

表 7-22　列表框控件的常用属性

属 性 名	说　明
Name	指定列表框的名称
Value	指定列表框当前的状态
ControlSource	指定用户选择列表框中数据后存储的数据去向，如表字段等
ColumnCount	指定列表框数据显示的列数
RowSource	指定列表框数据的来源
RowSourceType	指定列表框属性 Rowsource 的类型

列表框控件的常用事件和方法如表 7-23 所示。

表 7-23　列表框控件的事件和方法

事件和方法	说　明
Clear 方法	删除列表框中所有数据
Click 事件	单击列表框触发该事件
Additem 方法	在列表框中添加一项数据
Removeitem 方法	在列表框中删除一项数据
Interactivechange 事件	当更改列表框的值时触发该事件

2. 组合框控件

组合框控件兼有列表框和文本框控件的功能，可以利用组合框通过选择数据项的方式快捷准确地输入数据。组合框的两种形式是下拉列表框和下拉组合框，通过设置属性 Style 值来实现。利用下拉组合框可以通过键盘输入内容，而在下拉列表框中只能选择表中的值，无法输入。

（1） 组合框控件的常用属性。

如表 7-24 所示。

表 7-24　组合框控件的常用属性

属 性 名	说　明
Name	指定组合框的名称
Value	指定组合框当前的状态
ControlSource	指定用户选择组合框中数据后保存数据的去向，如表字段等
Listcount	指定组合框中列表项的个数
RowSource	指定组合框中数据的来源
RowSourceType	指定组合框属性 Rowsource 的类型
Style	指定组合框的类型，0 为下拉组合框；2 为下拉列表框
Visible	指定组合框可见还是隐藏

通过设置 Rowsource 和 Rowsourcetype 属性可以用不同的数据源中的项来填充列表框。Rowsourcetype 属性决定列表框或组合框的数据源类型，如数组或表，其取值如表 7-25 所示。

表 7-25　Rowsourcetype 属性的取值

Rowsourcetype	列表项的数据源
0	无，由程序在列表项中添加项
1	值，通过 Rowsource 属性手工指定多个要在列表项中显示的值
2	表的别名，可以在列表中添加打开表的一个或多个字段的值
3	SQL 语句，将 SQL SELECT 查询语句的执行结果填充列表框
4	查询，用查询的结果填充列表框（查询是在“查询设计器”窗口中设计的）
5	数组，用数组中的项填充列表框
6	字段，指定一个字段或用逗号分隔的一系列字段值填充列表框
7	文件，用当前目录下的文件来填充列表框
8	结构，用 Rowsource 属性中指定的表结构中的字段名来填充列表框
9	弹出菜单，用先前定义的弹出菜单来填充列表框

设置 Rowsourcetype 属性后设置 Rowsource 属性可指定列表项的数据源。

（2） 组合框控件的常用事件和方法。

组合框控件的事件和方法如表 7-26 所示。

表 7-26　组合框控件的事件和方法

事件名和方法名	说　明
Interactivechange 事件	当更改组合框的值时触发该事件
Click 事件	单击组合框触发该事件
Additem 方法	在组合框中添加一项数据
Removeitem 方法	在组合框中删除一项数据
Clear 方法	删除组合框中的所有数据

例 7-13：设计一个表单，要求在组合框中输入或选择职工姓名以供查询，其界面如图 7-42 所示。另外要求一是表单背景为淡蓝色，在数据环境中添加 Rsb.dbf；二是在组合框中输入或选择姓名，单击“查询”命令按钮，表单中显示该职工的相关信息。

步骤如下。

（1） 新建一个表单，表单背景设为淡蓝色 BackColor（217,255,255），在数据环境中添加 Rsb.dbf。

（2） 选择要显示的字段，并排列好各控件的位置。

（3） 在表单中添加一个标签控件，并修改其 Caption 值为“请选择姓名：”，FontSize 值为 12，BackStyle 设为 0-透明。

（4） 在表单中添加一个组合框控件 Combo1，单击鼠标右键，在弹出的快捷菜单中选择“生成器”选项。在打开的对话框中选择“列表项”选项卡中的“填充”下拉列表中选择“表或视图中的字段”选项，选中 Rsb 表中的“姓名”字段。

（5） 在表单中添加一个命令按钮控件 Command1，将其 Caption 值设为“查询”。

（6） 编写 Command1 的 Click 事件代码为：

```
select Rsb
thisform.refresh
```

（7） 保存表单并运行，运行结果如图 7-43 所示。

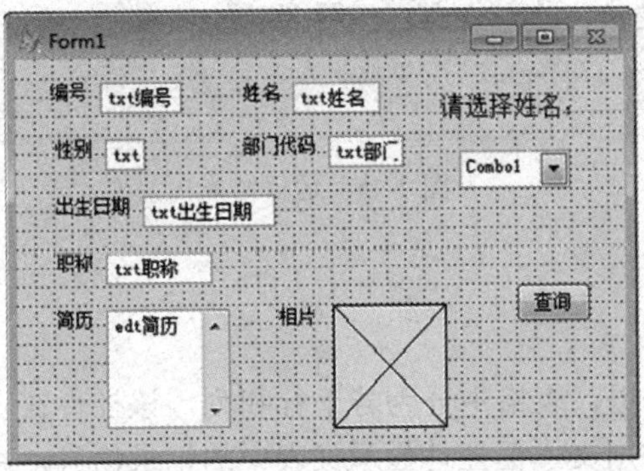

图 7-42　组合框控件的使用界面

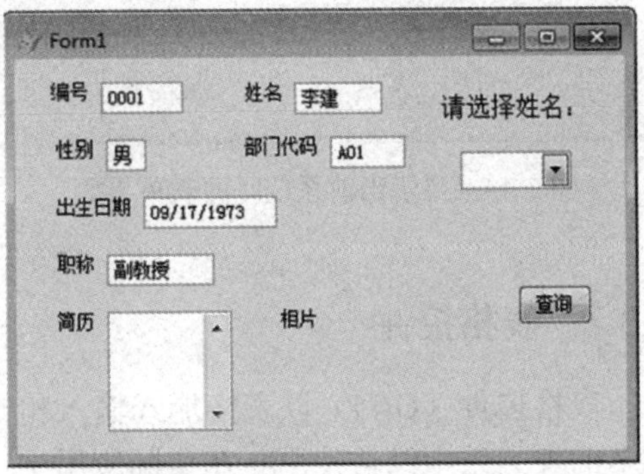

图 7-43　运行结果

7.3.6 计时器控件

计时器控件利用系统时钟来控制某些具有规律性和周期性储备的定时操作，与用户的操作独立。计时器控件不能单独使用，必须与表单、容器类或者控件类一同使用。它在运行时不可见，并且在表单中的位置和大小无关紧要。

计时器控件的两个主要属性如表 7-27 所示。

表 7-27 计时器控件的两个主要属性

属 性 名	说 明
Intervel	指定计时器控件的 Timer 事件之间的时间间隔毫秒数
Enabled	为.T.时表示启动计时器，为.F.时表示终止计时器。可以通过触发命令按钮控件中的 Click 事件启动计时器

计时器控件的常用事件是 Timer，当一个计时器的时间间隔（由 Interval 属性值确定）确定后，VFP 9.0 将产生一个 Timer 事件。

例 7-14：设计一个显示当前系统时间的表单，其界面如图 7-44 所示。

步骤如下。

（1） 选择一个标签、一个文本框和一个计时器控件，标签控件显示文本框的提示内容；文本框显示当前系统时间；计时器实现系统时间的设置。

（2） 设置 Forml 的 Caption 属性为“计时器的应用”，Label1 的 Caption 属性为“现在的时间是：”，Timerl 的 Interval 属性为“1000”。

（3） 编写计时器的 Timer 事件的代码为：

```
Thisform.Text1.Value=Time()
Thisform.Refresh
```

（4） 保存并运行表单，运行结果如图 7-45 所示。

图 7-44 显示当前系统时间表单界面

图 7-45 运行结果

7.3.7 表格控件

表格控件（Grid）以表格形式输入和输出数据，表格中分为若干行和列，该控件在一对多的表关系中经常使用。在实际应用中，通常用文本框控件显示父表中的记录信息，用表格控件显示子表中对应的多个记录信息。

表格控件中的表格、列、表头和控件都拥有自己的一组属性、事件和方法程序，从而使其非常灵活，通常使用表格生成器可以很方便地设置表格属性。

（1） 表格控件的常用属性如表 7-28 所示。

表 7-28　表格控件的常用属性

属　　性	说　　明
Allowaddnew	指定是否可以将表格中的新记录添加到表中
Caption	指定表格控件中列的标题名称
Columncount	设置表格控件的列数
Columns	指定表格控件中的第几列
Deletemark	设置表格控件中是否要显示删除标志栏，用来指定记录是否已被删除
Enabled	设置表格是否可用
Name	设置表格的名称
Recordsource	设置表格控件的数据来源
Recordsouretype	设置表格控件中显示数据的类型
Readonly	指定表格控件所连接的数据表是否允许被更改

其中 Recorcdsourcetype 的取值如表 7-29 所示。

表 7-29　Recordsourcetype 属性的取值

属 性 值	说　　明
0	表，把 Recordsource 指定的表作为数据源
1	别名，数据源为已打开的表
2	提示，在运行中由用户根据提示选择表格数据源
3	查询，数据源是查询文件（.qpr）的执行结果
4	SQL 语句，数据源为 SQL 语句的执行结果

（2） 列的常用属性如表 7-30 所示。

表 7-30　列的常用属性

属 性 值	说　　明
Controlsource	在列中要连接的数据来源，通常为表中的一个字段

例 7-15：创建一个表单，其中有一个表格控件（数据源为 Rsb 表中的部分字段）、一个标签、一个组合框和一个命令按钮，表单界面如图 7-46 所示。

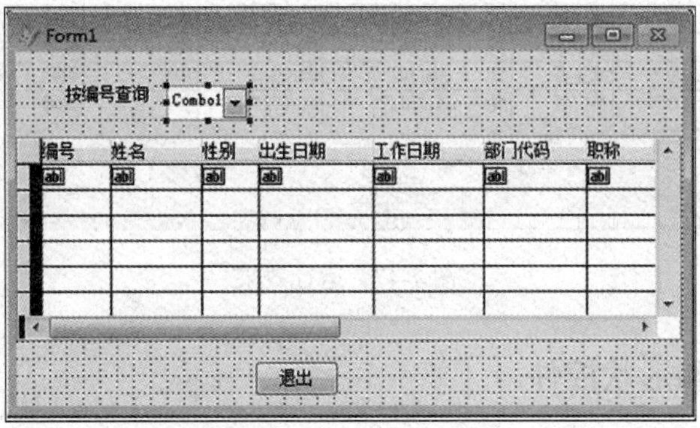

图 7-46　表单界面

步骤如下。

（1） 选择一个表格（Grid1）、一个标签（Label1）、一个组合框（Combo1）和一个命令按钮 Command1 控件。

（2） 设置 Commandl 的 Caption 属性为“退出”，Label1 的 Caption 属性为“按编号查询:”。

（3） 用鼠标右键单击 Grid1 控件，在弹出的快捷菜单中选择“生成器”选项，打开“表格生成器”窗口。

（4） 将 Rsb 表中的编号、姓名、性别、出生日期、工作日期、部门代码和职称字段添加到选中字段列表中，在“布局”选项卡中可以设置表格的列标题及列宽。

（5） 选中 Combo1 控件，用同样方法选择 Rsb 中的“编号”字段作为返回值。

（6） 编写 Form1 的 Active 事件代码如下：

```
this.combo1.Value=" "
```

编写 Form1 中 Combo1 的 InteractiveChange 事件代码如下：

```
SELECT Rsb
IF ALLTRIM(thisform.combo1.Value)=" "
   SET FILTER TO
ELSE
   SET FILTER TO  编号=ALLTRIM(thisform.combo1.Value)
ENDIF
thisform.grid1.refresh
```

编写 Command1.Click 事件代码如下：

```
thisform.Release
```

（8） 保存并运行表单。运行效果如图 7-47 所示。

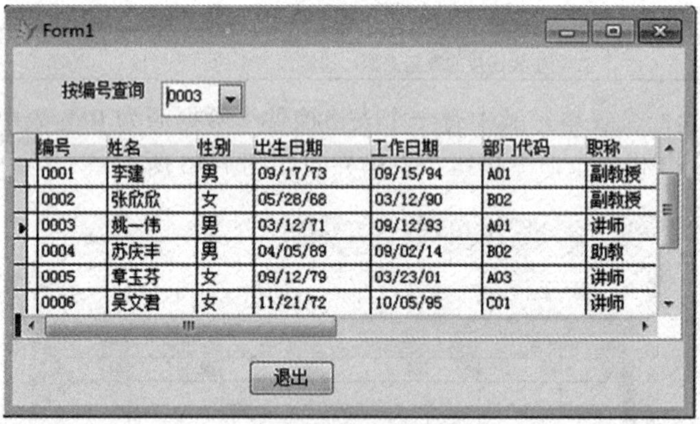

图 7-47　运行效果

7.3.8　图像控件和形状控件

1. 图像控件（Image）

图像控件主要用于输出图形文件，由于图像控件可以在程序运行的动态过程中加以控制，因此可以实现系统窗口的动态界面功能。

图像控件的常用属性如表 7-31 所示。

表 7-31　图像控件的常用属性

属 性 名	说　明
Picture	指定待显示的图片文件名
BorderStyle	指定图像控件的边框样式
BackStyle	指定图像的背景是否透明
Stretch	指定如何调整图片的尺寸

图像控件的 Stretch 属性定义了图像的 3 种显示方式，为 0 时，将裁剪掉图像的超出部分；为 1 时，等比例填充；为 2 时，变比例填充。

2. 形状控件（Shape）

形状控件用来在表单上画矩形、圆角矩形、正方形、圆角正方形、椭圆形或圆形等，通常用于美化应用程序的界面。

形状控件的常用属性如表 7-32 所示。

表 7-32　形状控件的常用属性

属 性 名	说　明
Curvature	指定形状控件角的曲率，取值有 0（无曲率，图形为矩形或正方形）、1～98（指定圆角）和 99（最大曲率，图形为圆或椭圆）
BorderStyle	指定线条的线型
FillStyle	指定用来填充形状的图案
SpecialEffect	指定形状的外观

7.4　综 合 应 用

本节通过几个实例说明表单的应用，读者在学习过程中应重点领会表单的设计方法、步骤，以及一些常用控件的用法，从而实现表单程序的综合应用。

例 7-16：设计并制作工资管理系统的登录表单，其运行实例如图 7-48 所示。

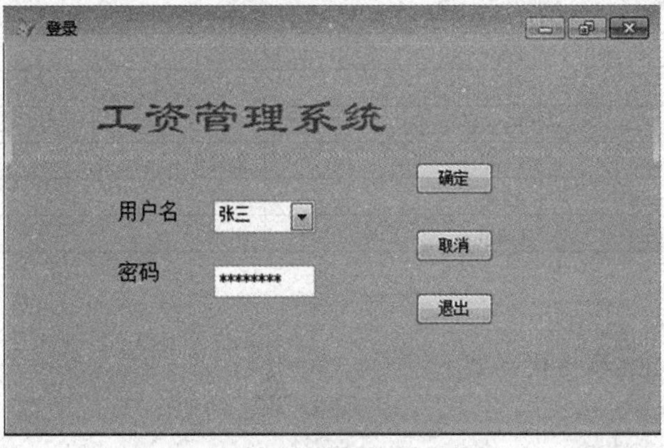

图 7-48　登录表单运行实例

要求在正确登录操作后能够进入顶层表单.scx，在输入有误的情况下显示错误提示，密码输错 3 次自动退出登录。

步骤如下。

（1） 设计用户表 User.dbf。

表结构如表 7-33 所示，并输入记录。

表 7-33　User.dbf 数据表的结构

字 段 名	字段类型	字段宽度	小 数 点	索 引 否
Username	字符型	10	—	—
Userpsw	字符型	16	—	—

（2） 新建表单。

打开表单设计器，用鼠标右键单击表单空白处，在弹出的快捷菜单中选择“数据环境”选项，打开“数据环境设计器”窗口。在其中添加表 User.dbf，定义表单的 Caption 属性值为“登录”，backcolor 属性值为“164，219，214”。

（3） 添加控件并设置属性。

在表单中添加 3 个标签控件 Label1、Label2 和 Label3，3 个命令按钮 Command1、Command2 和 Command3，一个组合框控件 Combo1 和一个文本框控件 Text1。组合框控件的属性由表单生成器设定显示 User 表中的 Username 字段，其他控件的属性如表 7-34。

表 7-34　其他控件的属性

对　象	属 性 名	属 性 值
Label1	Caption	工资管理系统
	AutoSize	.T.
	BackStyle	0-透明
	FontName	隶书
	FontSize	28
	ForeColor	0　128　255
Label2	Caption	用户名
	AutoSize	.T.
	BackStyle	0 为透明
	FontName	宋体
	FontSize	12
Label3	Caption	密码
	其他同 Label2	
Text1	PassWordChar	*
Command1	Caption	确定
Command2	Caption	取消
Command3	Caption	退出

（4） 编写代码。

编写 Form1 的 Init 事件代码如下：

```
public i
i=0
```

编写 Command1 的 Click 事件代码如下：

```
i=i+1
select User
locate for Username=alltrim(thisform.combo1.value)
if found() and Userpsw=alltrim(thisform.text1.value)
   do form 顶层表单.scx   &&顶层表单.scx 为登录后显示的系统主页面
   thisform.release
else
   if i<3
     messagebox("操作员密码错误！"+chr(13)+"请再试一次",48,"警告")
     thisform.text1setfocus
   else
     messagebox("你已输入 3 次！"+chr(13)+"非法用户",48,"严重警告")
     thisform.release
   endif
endif
```

编写 Command2.Click 事件代码如下：

```
Thisform.release
```

编写 Command3.Click 事件代码如下：

```
Thisform.release
close all
quit
```

例 7-17：设计一个表 Rsb.dbf 的浏览表单，当记录指针移到表头时，“首记录”和“上一条”两个命令按钮变为灰色；当记录指针移到表尾时，“末记录”和“下一条”两个命令按钮变为灰色，其他按钮则为正常状态。通过“添加”和“删除”按钮还可以实现表中记录的添加和删除操作，运行结果如图 7-49 所示。

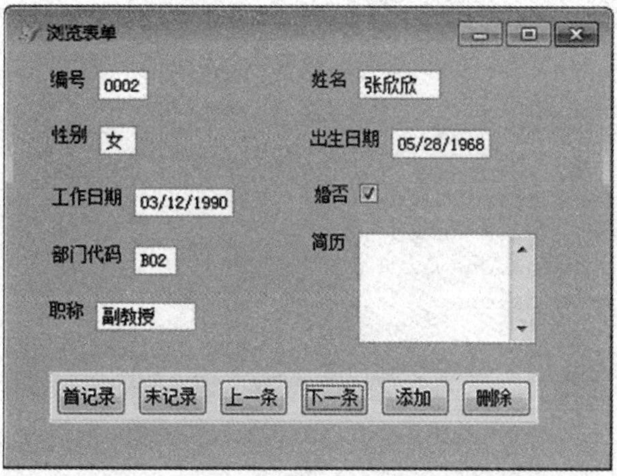

图 7-49　运行结果

设计步骤如下。

（1）　新建一个表单，在数据环境中添加表 Rsb.dbf。表单的 Caption 属性值为“浏览表单”，Backcolor 属性值为“164，219，214”。

（2） 按图中所示选择字段并排列好各控件的位置。

（3） 在表单中添加一个命令按钮组，放置在表单的最下方，通过命令按钮组的生成器设置其属性。

（4） 编写代码，命令按钮组 Commandgroup1 的 Click 事件代码如下：

```
do case
  case this.value=1
    go top
    this.command1.enabled=.f.
    this.command2.enabled=.t.
    this.command3.enabled=.f.
    this.command4.enabled=.t.
  case this.value=2
    go bottom
    this.command1.enabled=.t.
    this.command2.enabled=.f.
    this.command3.enabled=.t.
    this.command4.enabled=.f.
  case this.value=3
    skip -1
    if bof()
        this.command1.enabled=.f.
        this.command2.enabled=.t.
        this.command3.enabled=.f.
        this.command4.enabled=.t.
    else
        this.command1.enabled=.t.
        this.command2.enabled=.t.
        this.command3.enabled=.t.
        this.command4.enabled=.t.
    endif
  case this.value=4
    skip
    if eof()
        go bottom
        this.command1.enabled=.t.
        this.command2.enabled=.f.
        this.command3.enabled=.t.
        this.command4.enabled=.f.
    else
        this.command1.enabled=.t.
        this.command2.enabled=.t.
        this.command3.enabled=.t.
        this.command4.enabled=.t.
    endif
  case this.value=5
    append blank
  case this.value=6
```

```
    delete
    pack
endcase
thisform.refresh
```

注意：与表有关的表单设计可以通过数据环境来绑定数据源，而不必在“属性”对话框中逐个设置每个控件的数据源属性。

例 7-18：创建一个表单，其外观如图 7-50 所示，并完成下列功能。

（1） 运行表单时按图 7-50 所示的格式显示日期和时间，运行效果如图 7-51 所示。

图 7-50　表单设计的外观

图 7-51　运行效果

（2） 当用户改变格式设置时可以按用户设置的格式显示日期和时间。

步骤如下。

（1） 新建一个表单，添加 5 个标签控件、两个文本框控件、两个选项按钮组、两个复选框控件、两个形状控件和一个计时器控件。设置相应属性，使其外观满足要求。两个形状控件设置为“置后”，两个选项按钮组控件用生成器设置比较方便。

（2）设置计时器控件的 Interval 属性值为 1000；设置两个文本框的 TabStop 属性值为.F.-假；上面文本框的 Width 属性值为 240；下面文本框的 Width 属性值为 210；其他属性值可参照已确定的属性值及图示的相对位置自定义。

（3） 编写计时器控件 timer1 的 timer 事件代码如下：

```
IF This.Parent.check1.Value=1                          &&如果用户选择了星期复选框
  DO CASE
    CASE This.Parent.Optiongroup1.Value=1              &&如果用户选择的是年月日
        SET DATE TO YMD                                &&设置显示格式为年月日
    CASE This.Parent.Optiongroup1.Value=2              &&如果用户选择的是月日年
        SET DATE TO MDY                                &&设置显示格式为月日年
    CASE This.Parent.Optiongroup1.Value=3              &&如果用户选择的是日月年
        SET DATE TO DMY                                &&设置显示格式为日月年
  ENDCASE
  x=DOW(DATE())                                &&用 DOW()函数获取当前日期的星期数
  DO CASE
    CASE x=1                                   &&如果是星期日
        y="日"
    CASE x=2                                   &&如果是星期一
```

```
        y="一"
    CASE x=3                        &&如果是星期二
        y="二"
    CASE x=4                        &&如果是星期三
        y="三"
    CASE x=5                        &&如果是星期四
        y="四"
    CASE x=6                        &&如果是星期五
        y="五"
    CASE x=7                        &&如果是星期六
        y="六"
  ENDCASE
This.Parent.Text1.Value=DTOC(DATE())+" 星期"+y  &&设置文本框显示日期及星期
ELSE                                      &&如果用户没选择星期
  DO CASE
    CASE This.Parent.Optiongroup1.Value=1       &&如果用户选择的是年月日
        This.Parent.Text1.DateFormat=12         &&设置显示格式为年月日
    CASE This.Parent.Optiongroup1.Value=2       &&如果用户选择的是月日年
        This.Parent.Text1.DateFormat=10         &&设置显示格式为月日年
    CASE This.Parent.Optiongroup1.Value=3       &&如果用户选择的是日月年
        This.Parent.Text1.DateFormat=11         &&设置显示格式为日月年
  ENDCASE
  This.Parent.text1.Value=DATE()                &&设置文本框只显示日期
ENDIF
IF This.Parent.Optiongroup2.Value=1             &&如果用户选择 12 小时制
  SET HOURS TO 12                               &&设置时间按 12 小时制显示
  This.Parent.text2.Width=210  &&缩短第 2 个文本框的宽度，使 Label5 显示出来
  *根据当前时间确定是上午，还是下午
  IF hour(DATETIME())>12
    This.Parent.label5.Caption="下午"
  ELSE
    This.Parent.label5.Caption="上午"
  ENDIF
ELSE                            &&如果用户选择 24 小时制
  SET HOURS TO 24               &&设置时间按 24 小时制显示
  This.Parent.text2.Width=241  &&加宽第 2 个文本框的宽度，使 Label5 隐藏
ENDIF
IF This.Parent.check2.Value=1   &&如果用户选择显示秒
  This.Parent.text2.Value=SUBSTR(TTOC(DATETIME()),10,8)
ELSE                            &&如果用户选择不显示秒
  This.Parent.text2.Value=SUBSTR(TTOC(DATETIME()),10,5)
ENDIF
```

（4） 以 fxkbd 为文件名保存并运行表单，设置不同的格式观察运行的变化情况。

例 7-19：创建一个表单，其界面如图 7-52 所示。表单运行时标签在表单中自动移动，并且到表单的左右边界之后向相反方向继续运行，直到表单结束运行。

步骤如下。

（1） 创建表单，添加一个标签控件和一个计时器控件。

（2） 设置标签控件的 AutoSize 属性为 .T.，Caption 为人事工资管理系统，FontSize

为 30，FontName 为隶书；计时器控件 timer1 的 interval 属性值为 100。

（3） 为表单 Form1 的 Init 事件编写如下代码：

```
PUBLIC s
s=5
```

为计时器控件 Timer1 的 Timer 事件编写如下代码：

```
thisform.label1.Left=thisform.label1.Left+s
IF thisform.label1.Left+thisform.label1.Width >=thisform.Width
s=-s
ENDIF
IF thisform.label1.Left<=0
s=-s
endif
```

（4） 保存并运行表单，运行效果如图 7-53 所示。

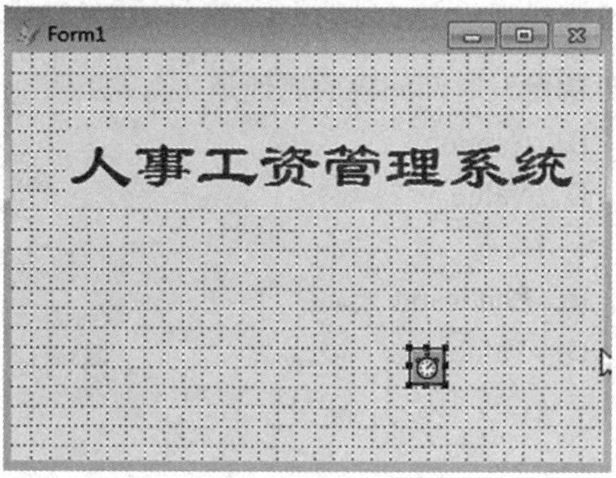

图 7-52　表单界面

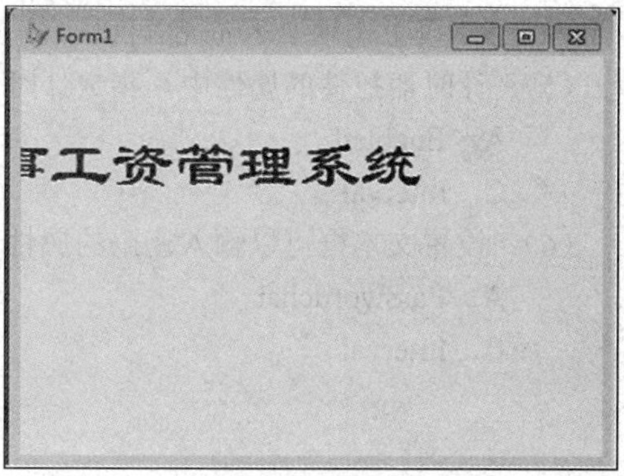

图 7-53　运行效果

习　　题

1. 思考题

（1） 类的封装性、继承性和多态性指的是什么？

（2） 面向对象程序设计中的事件和方法的区别是什么？

（3） 什么是数据环境？数据环境有哪些操作？

（4） 简述复选框与选项按钮组的区别。

（5） 简述编辑框与文本框的区别。

（6） 计时器控件与其他控件的主要不同之处是什么？

2. 选择题

（1） 在 VFP 9.0 中，数据环境（　　）。

A．可以包含与表单有联系的表和视图，以及表之间的关系

B．不可以包含与表单有联系的表和视图以及表之间的关系

C．可以包含与表有联系的视图，以及表之间的关系

D．可以包含与视图有联系的表，以及表单之间的关系

（2） 新创建的表单默认标题 Form1，为了修改表单的标题，应设置表单的（　　）。

A．Name 属性　　B．Caption 属性

C．Value 属性　　D．Visible 属性

（3） 在 VFP 9.0 中，为了将表单从内存中释放，可将表单中“退出”命令按钮的 Click 事件代码设置为（　　）。

A．ThisForm.Refresh　　B．Thisform.Delete

C．Thisform.Hide　　D．ThisForm.Release

（4） 在表单设计器中要选中表单中某选项组中的某个选项按钮，可以（　　）。

A．单击选项按钮　　B．双击选项按钮

C．右击选项组，弹出快捷菜单，选择“编辑”选项，然后单击“选项”按钮

D．以上选项 B 和 C 都可以

（5） 计时器控件的属性中，指定计时器事件的触发时间间隔的属性是（　　）。

A．Enabled　　B．Caption

C．Interval　　D．Value

（6） 设置文本框可以输入密码的属性是（　　）。

A．Passwordchar　　B．Fondname

C．Interval　　D．Value

上 机 练 习

（1） 设计一个系统封面表单。

（2） 设计一个表单，其中包含一个命令按钮和一个文本框。文本框的初始值设置为 0，当单击一次命令按钮时，文本框中的数值加 1。

（3） 设计一个查询表单，要求通过输入职工的编号能查询并显示该编号在表 Rsb.dbf 中对应的记录。

（4） 任意输入两个 1～100 之间的整数数字，求两个数之间所有数字的累加和，设计界面如图 7-54 所示（文本框中输入的数字为字符串，使用文本框中的数字运算时，一定要利用 VAL()函数将字符转换为数字后计算）。

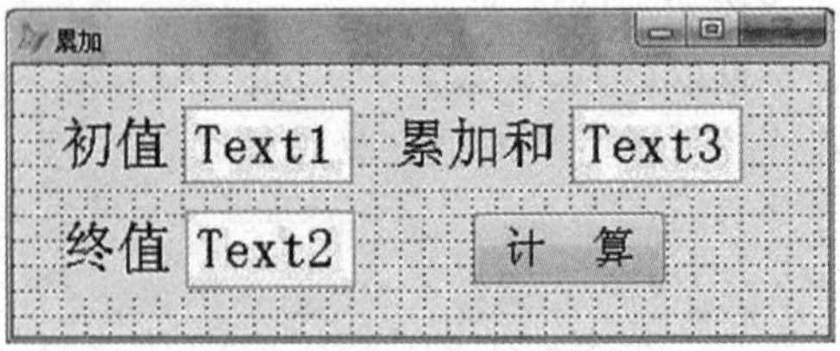

图 7-54　设计界面

（5） 设计一个计时器表单，界面如图 7-55 所示。

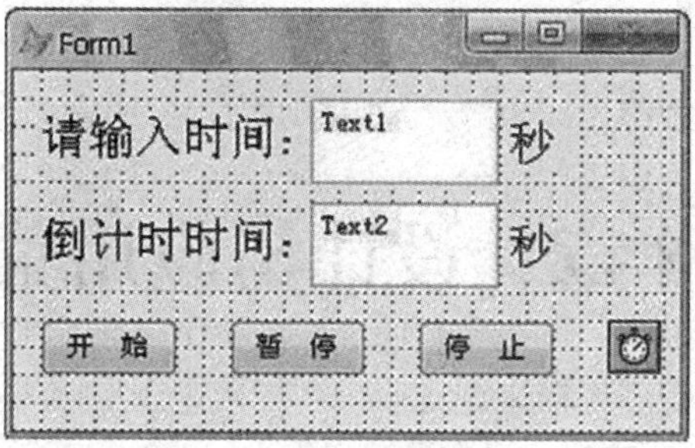

图 7-55　计时器表单界面

要求在表单运行时在 Text1 中输入需倒计时的秒数，单击“开始”按钮，在 Text2 中开始倒计时；单击“暂停”或“停止”按钮可分别实现倒计时的暂停和停止功能。

（6） 设计一个表单，其中有一个标签控件 Label1 和一个列表框控件（List1），其界面如图 7-56 所示。要求 List1 用来设置 Label1 的字号大小，可供选择的字号为 10～30。每种字号相差 2，运行结果如图 7-57 所示。

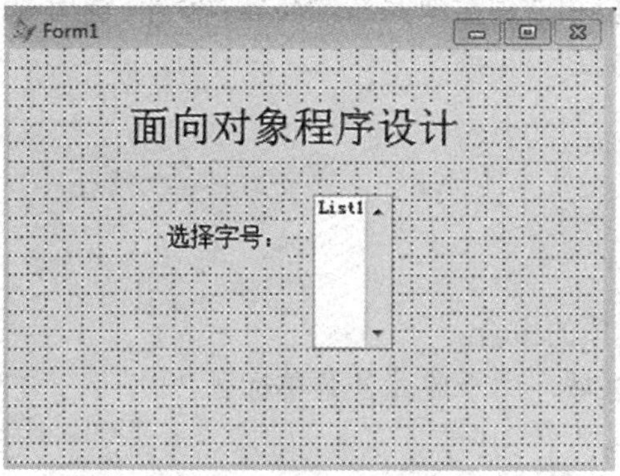

图 7-56　表单设计界面

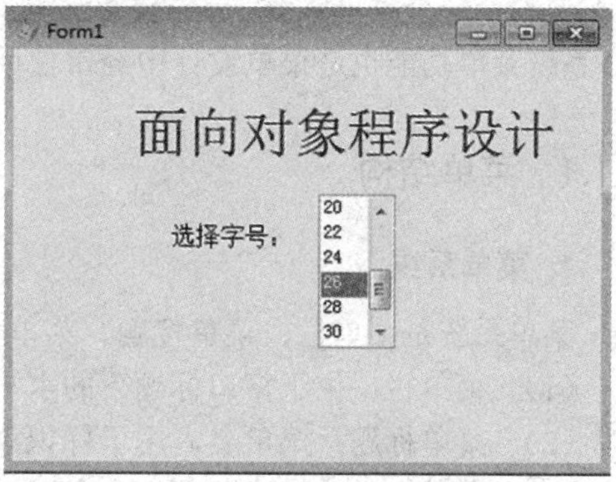

图 7-57　运行结果

第 8 章　设计与应用菜单

应用程序中经常使用菜单帮助用户了解程序的功能模块，改善应用程序的界面友好性。

8.1　VFP 9.0 系统菜单

要设计一个菜单系统，首先要了解菜单的结构和创建菜单系统的步骤；另外，调用 VFP 9.0 系统菜单功能也是菜单设计中经常使用的方法。

8.1.1　菜单结构

1. 菜单系统

菜单系统是菜单栏、菜单标题、菜单和菜单项的组合。

（1）　菜单栏：位于窗口标题下的水平条形区域，用于放置各菜单标题。

（2）　菜单标题：菜单名，用于标识菜单。

（3）　菜单：单击菜单标题可以打开相应的菜单，菜单由一系列菜单项组成，包括命令、过程和子菜单等。

（4）　菜单项：位于菜单中的菜单命令，用于实现某项具体的任务。

典型的菜单系统一般是一个下拉菜单，由一个条形菜单和一组弹出菜单组成。其中条形菜单作为主菜单，弹出菜单作为子菜单。子菜单中又可以包含一组相关的菜单项，从而形成一种级联的菜单结构，如图 8-1 所示。

用户选择其中的某个菜单选项时都会有一定的动作，这个动作可以是执行一个命令、执行一个过程或激活另一个菜单。

在子菜单中功能上密切相关的菜单项可以放置分隔线划分菜单选项的组别。

菜单项一般都有一个热键，用括号中带下画线的字母表示，按 Alt 键的同时按带下画线的字母键即可显示所代表的菜单。

快捷键通常是 Ctrl 键和另一个字母键组成的组合键，不论菜单是否激活都可以通过快捷键选择相应的菜单项。

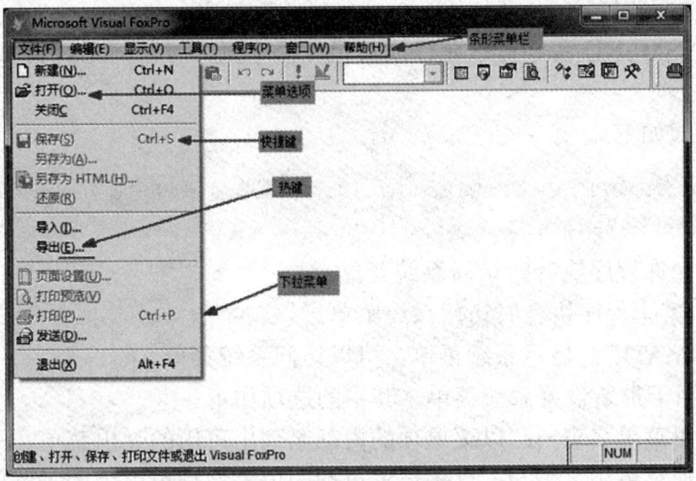

图 8-1　典型的菜单系统

2. 规划菜单系统

在设计应用程序菜单前，首先应该做好菜单内容的组织和规划，规划合理的菜单能使用户易于接受和使用应用程序。

设计菜单的主要准则如下。

（1）　按照用户执行的任务组织菜单系统。

（2）　赋予每个菜单一个有意义的菜单标题。

（3）　按照估计的菜单项使用频率、逻辑顺序或字母顺序组织菜单项。

（4）　在菜单项的逻辑组之间放置分隔线。

（5）　将菜单中菜单项的数目限制在一个屏幕之内，当菜单项的数目超过一屏时，则应为其中的一些菜单项创建子菜单。

（6）　为菜单和菜单项设置访问键或键盘快捷键。

（7）　使用能够准确描述菜单项的文字。

（8）　在菜单项中混合使用大小写字母。

8.1.2　系统菜单

VFP 9.0 系统菜单是一个典型的菜单系统，其主菜单是一个条形菜单，选择条形菜单中的每一个菜单项都会弹出一个下拉菜单。

在 VFP 9.0 中每一个条形菜单都有一个内部名和一组菜单选项，每个菜单选项都有一个名称（标题）和内部名。例如，VFP 9.0 主菜单的内部名为“_MSYSMENU”；条形菜单项“文件”“编辑”和“窗口”的内部名分别为“_MSM_FILE”“_MSM_EDIT”和“_MSM_WINDOW”。

每一个弹出菜单也有一个内部名和一组菜单选项，每个菜单选项则有一个名称（标题）和选项序号。例如，_MFILE、_MEDIT 和 _MWINDOW 分别为弹出菜单项“文件”“编辑”和“窗口”的内部名。菜单项的名称用于在屏幕上显示菜单系统，而内部名或选项序号则用于在程序代码中引用。

通过 SET SYSMENU 命令可以允许或禁止在程序执行时访问系统菜单，也可以重新设置系统菜单。

该命令的格式如下：

```
SET SYSMENU ON|OFF|AUTOMATIC |TO [<弹出菜单名表>]|TO [<条形菜单项名表>]|TO [DEFAULT]|SAVE|NOSAVE
```

（1） ON：允许程序执行时访问系统菜单。

（2） OFF：禁止程序执行时访问系统菜单。

（3） AUTOMATIC：显示系统菜单，可以访问系统菜单。

（4） TO：用于重新设置系统菜单，其中的选项如下。

- TO [<弹出菜单名表>]：以菜单项的内部名列出可用的弹出菜单。
- TO [<条形菜单项名表>]：以条形菜单项的内部名列出可用的子菜单。
- TO [DEFAULT]：将系统菜单恢复为默认配置。

（5） SAVE：将当前系统菜单配置指定为默认配置。

（6） NOSAVE：将默认设置恢复为 VFP 9.0 系统的标准配置。

例 8-1：要求仅保留 VFP 9.0 系统菜单的“文件”“工具”“窗口”“格式”菜单，其他从系统菜单中移去。

在命令窗口中输入以下命令：

```
SET SYSMENU TO _MFILE, _MTOOLS,_MWINDOW,_MSM_TEXT
```

执行命令，运行效果如图 8-2 所示。

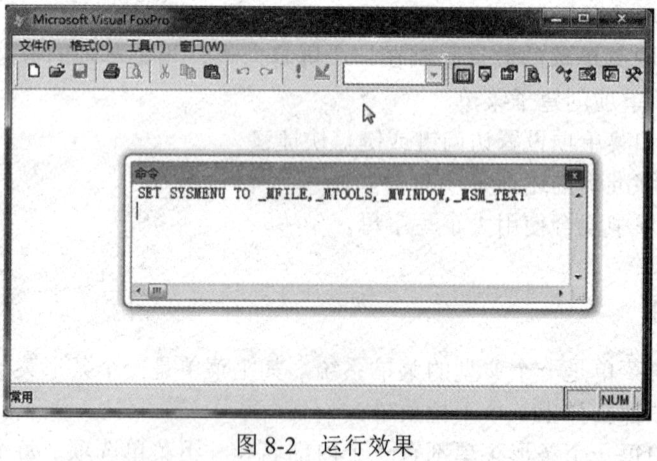

图 8-2 运行效果

例 8-2：将系统菜单恢复为标准菜单。

命令序列如下：

```
SET SYSMENU NOSAVE
SET SYSMENU TO DEFAULT
```

逐条执行上述命令后系统菜单将恢复成标准设置。

例 8-3：从“文件”菜单项的下拉菜单中移去“新建”和“打开”菜单项。

通过 RELEASE BAR 命令可以从指定的菜单中移去指定的菜单项。

```
格式：RELEASE BAR <下拉菜单项名> OF <菜单项名>
```

命令序列如下：

```
RELEASE BAR _MFI_NEW OF _MFILE
RELEASE BAR _MFI_OPEN OF _MFILE
```

逐条执行上述命令后，“文件”菜单项的下拉菜单中移去了“新建”和“打开”两个菜单项，如图 8-3 所示。

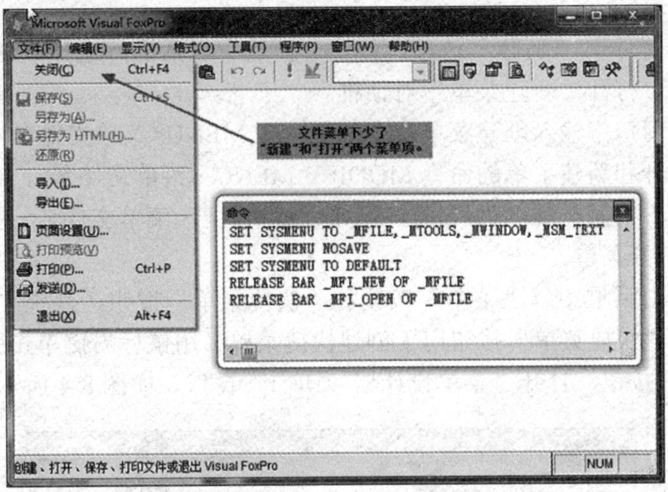

图 8-3　移去“新建”和“打开”两个菜单项

注意： 不带参数的 SET SYSMENU TO 命令将屏蔽系统菜单，使系统菜单不可用；命令 SET SYSMENU TO DEFAULT 用于恢复系统菜单。

8.2　菜单设计

开发一个应用程序通常都需要创建自己的菜单系统，创建的步骤如下。

（1）规划与设计系统：确定需要哪些菜单、出现在界面的何处，以及哪几个菜单要有子菜单等。

（2）创建菜单和子菜单：使用菜单设计器可以定义菜单标题、菜单项和子菜单。

（3）按实际要求为菜单系统指定任务：指定菜单所要执行的任务，如显示表单或对话框等。如果需要，还可以包含初始化代码和清理代码。初始化代码在定义菜单系统之前执行，其中可以打开文件、声明变量或将菜单系统保存到堆栈中，以在后面的程序执行中恢复；清理代码在菜单的定义代码之后执行，使菜单和菜单项可用或不可用。

（4）生成菜单程序。

（5）运行生成的程序测试菜单系统。

8.2.1 菜单设计器

菜单设计器可以高效、快捷地帮助程序开发人员创建菜单，规划菜单系统后就可以进入“菜单设计器”窗口创建菜单和子菜单。

1. 打开“菜单设计器”窗口

打开“菜单设计器”窗口，要先用以下方法打开“新建菜单”对话框选择菜单类型。

（1） 在“项目管理器”窗口中选择“其他”选项卡中的“菜单”选项，然后单击“新建”按钮。

（2） 选择“文件”|“新建”选项，弹出“新建”对话框，选择“菜单”选项，单击“新建文件”按钮，打开“新建菜单”对话框。

（3） 在命令窗口中输入创建菜单命令 CREATE MENU<菜单文件名>。

（4） 使用打开和新建菜单的命令 MODIFY MENU <菜单文件名>，该命令中的<菜单文件名>指菜单文件，其扩展名为. mnx，但允许默认。若<菜单文件名>是新名字，则为创建菜单；否则为打开菜单。

“新建菜单”对话框中有“菜单”按钮和“快捷菜单”按钮，其中“菜单”按钮用于创建系统主菜单；“快捷菜单”按钮用于创建快捷菜单（用鼠标右键单击弹出的菜单）。

单击“菜单”按钮，打开“菜单设计器-菜单 1”窗口，如图 8-4 所示。

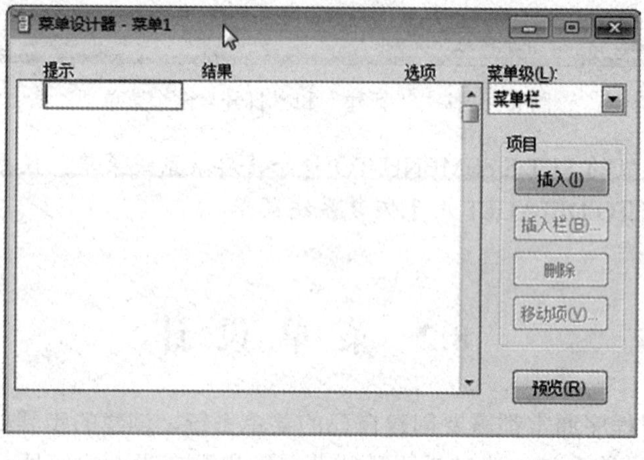

图 8-4 “菜单设计器-菜单 1”窗口

2. “菜单设计器”窗口组成

（1） 提示。

该列用于指定各菜单项的标题名称及菜单项的访问键，如定义一个标题名为“文件”的菜单项，并设置其访问键为 F 键，可在提示栏中输入“文件（\<F）”。要用分隔线将相关的菜单项归类分组，在“提示”栏中键入“\-”即可创建一条分隔线。

在每个菜单项的前面有一个小方块按钮，当鼠标移动到它的上面时会变成上下双箭头样式，上下拖动按钮可以改变当前菜单项在菜单列表中的位置。

（2）结果。

该列用于指定激活菜单项时的动作，有以下4个选项。

- 子菜单：选择此选项后，列表框右边会出现“创建”或“编辑”命令按钮；单击相应按钮，“菜单设计器”窗口就切换到子菜单窗口，供用户创建或修改子菜单。
- 命令：选择此选项后列表框右边会出现一个文本框，可以在其中输入一条命令，菜单项的动作就是执行这条命令。
- 填充名称（或菜单项#）：选择此选项后，其右侧出现一文本框，用户可在其中输入菜单项的内部名或序号。如果没有指定填充名称（或菜单项#），系统生成菜单程序时会自动设定菜单项的内部名或序号。该名字比较难记，不利于菜单程序的阅读和引用。
- 过程：选择此选项后，列表框右边会出现“创建”按钮，单击该按钮将打开一个文本编辑窗口，可以在其中输入和编辑过程代码。编辑时右边出现“编辑”按钮，而不是“创建”按钮。

说明：在输入过程代码时，不需要写PROCEDURE语句。

（3）选项。

每个菜单项的“选项”栏都有一个“选项”按钮，单击该按钮将弹出“提示选项”对话框，如图8-5所示。

图8-5　“提示选项”对话框

在该对话框中用户可以设置菜单中各菜单项的属性，如定义菜单项的快捷键、控制如何禁止或允许使用菜单项、选中的菜单项在系统状态栏上是否显示其说明信息、指定菜单项的名字，以及在编辑OLE对象期间控制菜单项的位置等。一旦定义属性，按钮上就会显示符号✓。该对话框中的主要选项如下。

- “快捷方式”选项组：用于指定菜单或菜单项的快捷键，其中“键标签”文本框用于显示键组合。设置快捷键的方法是将光标置于“键标签”文本框中，然后在键盘上按下快捷键，文本框中便会自动显示该快捷键名称。例如，按下Ctrl+R组合键，文本框中就出现Ctrl+R组合键；“键说明”文本框显示需要出现在菜单项旁边的文本，用于快捷键的说明，文本框中的内容通常与用户设置的快捷键名称相同。
- “位置”选项组：在其中可指定用户在应用程序中编辑一个OLE对象时菜单项的位置，有“无”“左”“中”“右”多个选项。
- “跳过”文本框：设置一个表达式作为允许或禁止菜单项的条件，当菜单激活时若表达式为真，则菜单项以灰色显示表示当前不可用。
- “信息”文本框：定义菜单项的说明信息，选中该菜单项后，这些信息将出现在VFP

9.0 的系统状态栏中。

- “图像”选项组：设置出现在命令名称旁的图片。
- “/菜单项#”文本框：指定主菜单项的内部名称或子菜单项的序号。默认情况下，各菜单项无固定的名称，系统在生成菜单时将给出一个随机的名称或序号。
- “备注”文本框：输入菜单项的注释，注释不会影响到生成的菜单程序代码，在运行菜单程序时 VFP 9.0 将忽略所有的注释。

（4） “菜单级”下拉列表框。

其中显示当前所处的菜单级别，当菜单的层次较多时利用这个选项可以知道当前的位置。从子菜单返回任意上一级菜单也要使用这一选项。

（5） “预览”按钮。

单击该按钮可以预览当前定义的菜单，该菜单出现在原来系统菜单处。可以在显示的菜单中选择，检查菜单的层次关系及提示等是否正确，这种选择不会执行各菜单的相应操作。

（6） “插入”按钮。

单击该按钮可以在当前菜单的前面插入一个新的菜单项。

（7） “插入栏”按钮。

该按钮用于插入一个 VFP 9.0 系统菜单项，单击此按钮打开“插入系统菜单栏”对话框，如图 8-6 所示，其中列出了各种 VFP 9.0 系统菜单命令。

（8） “删除”按钮。

删除当前的菜单项。

（9） “移出项”按钮。

移出当前的菜单项。

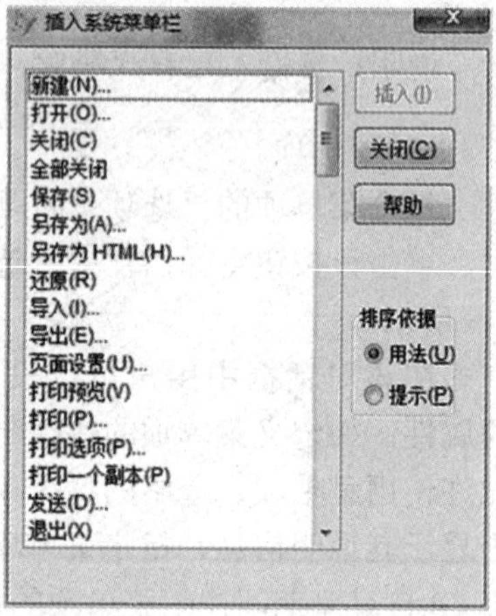

图 8-6 “插入系统菜单栏”对话框

说明：菜单的级别可从设计窗口右侧的“菜单级”列表中查看。

3. “菜单”下拉菜单

打开“菜单设计器”窗口之后，在系统条形菜单中会自动增加一个“菜单”下拉菜单，主要的选项有“快速菜单”“插入菜单项”“删除菜单项”“生成”。

（1） “插入菜单项”和“删除菜单项”的功能和菜单设计器中的相同。

（2） “快速菜单”选项的功能是用于快速设计菜单的，打开“菜单设计器”窗口后在尚未输入任何内容时执行该菜单的命令将把系统菜单内容提取到当前“菜单设计器”窗口中，修改后可以形成一个新的菜单系统。

（3） “生成”选项的功能是运行菜单生成程序的，将当前定义的菜单文件（.mnx）生成对应的可执行的菜单程序文件（.mpr）。菜单程序与菜单定义文件具有相同的主文件名，默认情况下存放在同一文件夹中。

4. “显示”菜单

在“菜单设计器”窗口中系统的“显示”下拉菜单中增加了与菜单有关的两个选项。

（1）　“常规”选项。

选择该菜单项将打开“常规选项”对话框，如图 8-7 所示。该对话框用于为整个菜单系统指定代码，它主要由“过程”“编辑”“位置”“菜单代码”“顶层表单”组成。

（2）　“菜单”选项。

选择“显示”|“菜单选项”选项，弹出如图 8-8 所示的“菜单选项”对话框。

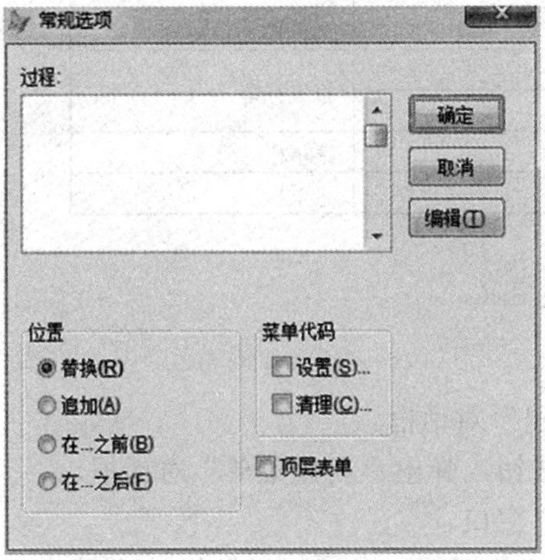

图 8-7　“常规选项”对话框

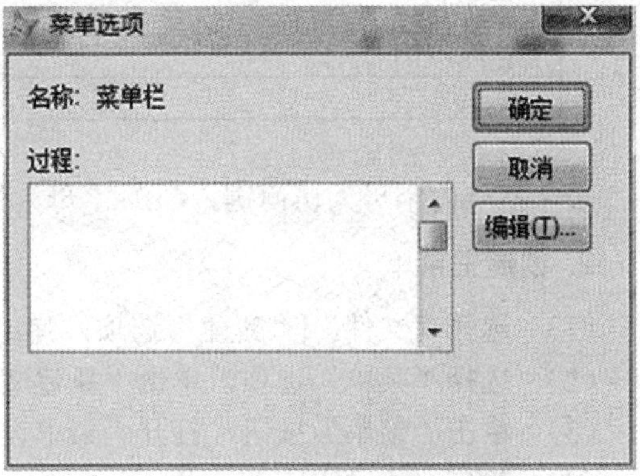

图 8-8　“菜单选项”对话框

该对话框用于为菜单栏或各子菜单输入代码，其中包括“名称”标签、“过程”下拉列表框和“编辑”按钮。

提示：在设置访问键时，一定要在访问字符前添加“\<”两个符号。

8.2.2　创建应用程序菜单

应用程序菜单设计包括主菜单和子菜单的设计，本节将通过一个具体的实例说明创建的方法和过程。

例 8-4：以“工资管理系统”菜单为例设计一个菜单系统，主菜单中包含“数据维护”“查询统计”“报表打印”“系统帮助”“退出”5 个菜单项。

操作步骤如下。

1. 规划菜单系统

菜单项的设置如表 8-1 所示。

表 8-1　“工资管理系统”菜单项的设置

菜单名称	结　果	菜 单 级
数据维护（D）	子菜单	菜单栏
录入（I）	命令	
\-	菜单项#	
修改（C）Ctrl+C	命令	数据维护
\-	菜单项#	
删除（E）	命令	

（续表）

菜单名称	结　果	菜 单 级
查询统计（S）	子菜单	菜单栏
按编号（N）	命令	查询统计
按部门查询（B）	命令	
\-	菜单项#	
按部门汇总（S）	命令	
报表打印（P）	子菜单	菜单栏
月报表（T）	命令	报表打印
工资条（C）	命令	
系统帮助（H）	命令	菜单栏
退出（Q）	过程	菜单栏

表中括号内字母为访问键，Ctrl+字母为快捷键定义。

2. 创建主菜单

（1） 选择“文件”|“新建”选项，弹出“新建”对话框。

（2） 选择“菜单”选项，单击“新建文件”按钮，弹出“新建菜单”对话框。

（3） 单击“菜单”按钮，打开“菜单设计器”窗口。

（4） 为定义主菜单，在“提示”栏中输入主菜单标题；在“结果”栏中选择“子菜单”选项；在“选项”栏中设置各菜单项的快捷键，如设置“Alt+D”作为“数据维护（\<D）”菜单项的访问键，如图 8-9 所示。

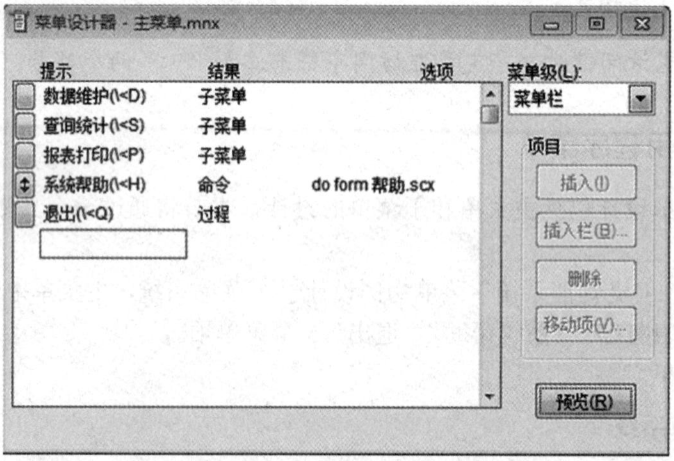

图 8-9　定义主菜单

在“菜单级”下拉列表框中显示为“菜单栏”，表示正在创建的是主菜单。

3. 创建子菜单

可以为每个主菜单项创建包含其他菜单项的子菜单，以创建“数据维护”菜单项的子菜单为例说明创建过程。

（1） 在“菜单设计器”窗口中，选中“数据维护”菜单项，在“结果”栏中选择“子菜单”选项。

（2） 单击“结果”栏右侧的“创建”按钮，在“提示”栏中输入“录入”“修改”“删除”3 个子菜单项标题。每项中间用水平分组线隔开，如图 8-10 所示。

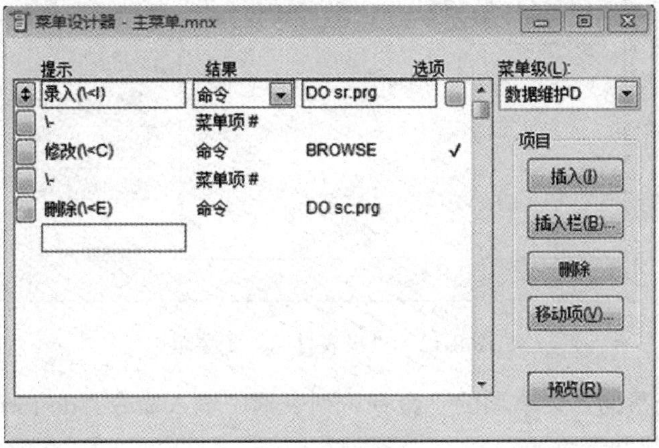

图 8-10　设置“数据维护”子菜单

（3） 为菜单项指定任务，在 3 个项的“结果”下拉列表框中均选择“命令”选项，输入相应的命令，参见图 8-10。

（4） 为“修改”菜单项指定 Ctrl+C 快捷键，单击“修改”选项的“选项”栏右侧的“选项”按钮，弹出“提示选项”对话框。在“键标签”文本框中键入组合键 Ctrl+C，在“键说明”文本框中自动显示为 Ctrl+C。

使用快捷键可以在不显示菜单项的情况下选择某一个菜单项，而访问键需要在菜单项显示情况下使用。

4. 完成其他菜单项

（1） 从“菜单级”下拉列表框中选择“菜单栏”选项，返回主菜单定义界面。按同样的方法分别定义“查询统计”“报表打印”“系统帮助”“退出”4 个子菜单，如图 8-11 和图 8-12 所示。

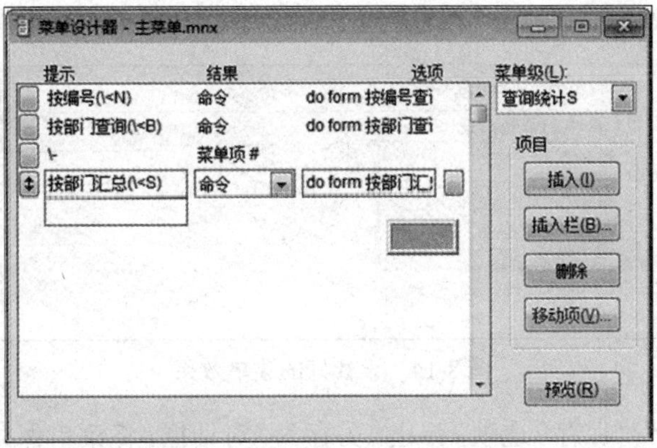

图 8-11　“查询统计”子菜单

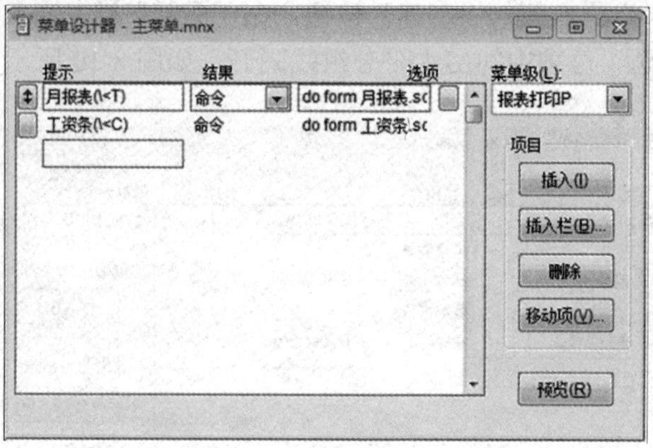

图 8-12　“报表打印”子菜单

（2） 在“系统帮助”菜单项的“命令”列表框中输入命令“do form 帮助.scx”，当执行该菜单项时打开帮助表单。

（3） 在“退出”菜单项中选择“退出”过程中的“编辑”选项，然后输入代码，如图 8-13 所示。

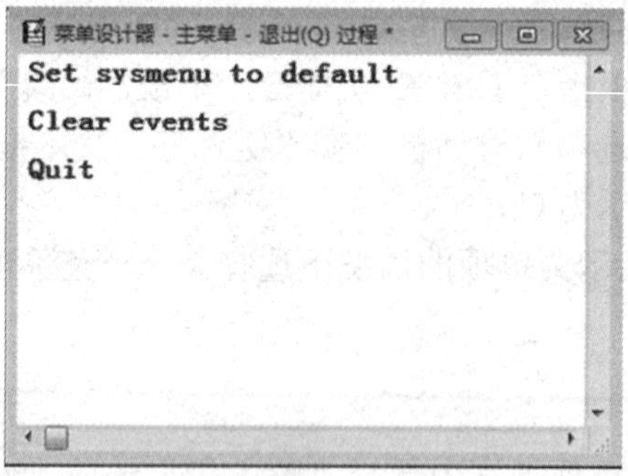

图 8-13　输入代码

5. 保存和生成菜单文件

（1） 创建所有菜单项后单击“预览”按钮可预览设计好的菜单效果，如图 8-14 所示。

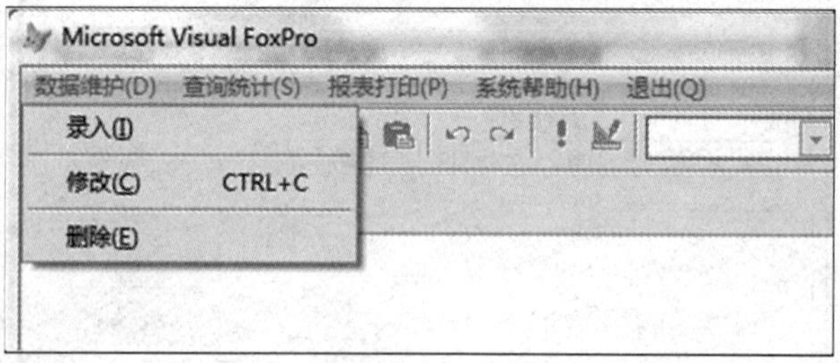

图 8-14　设计好的菜单效果

（2） 选择“文件”|“保存”选项，弹出“另存为”对话框。将菜单保存为“主菜单.mnx”，便于以后修改。系统除创建一个扩展名为“mnx”的菜单定义文件外，还自动创建一个同名的菜单备注文件（.mnt）。

注意：. mnx 文件保存的是定义的菜单格式，不能运行。

（3） 选择“菜单” | “生成”选项，弹出“生成菜单”对话框，如图 8-15 所示。

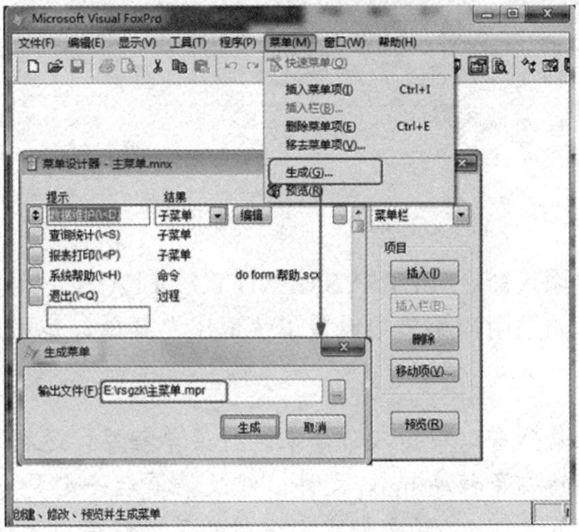

图 8-15　“生成菜单”对话框

（4） 在“输出文件”文本框中显示系统设定的路径、文件夹和文件名，文件名默认与菜单格式文件名相同。如果要保存在其他文件夹中或重新命名，可以在文本框中修改。也可以单击文本框右端按钮，打开“另存为”对话框，指定新的路径。单击“生成”按钮，系统自动生成菜单程序，其扩展名为“.mpr”。

注意：每次修改菜单格式后必须重新生成菜单程序，重新生成时系统会提示用户确认是否覆盖原来的文件。

6. 运行菜单文件

（1） 选择“程序” | “运行”选项，弹出“运行”对话框，如图 8-16 所示。

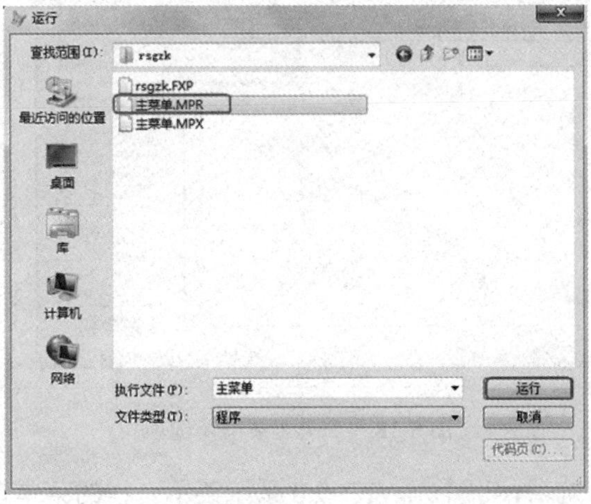

图 8-16　“运行”对话框

（2） 选中要运行的菜单程序“主菜单.mpr”，单击“运行”按钮或在命令窗口中输入命令“DO 主菜单.mpr”，运行结果如图 8-17 所示。

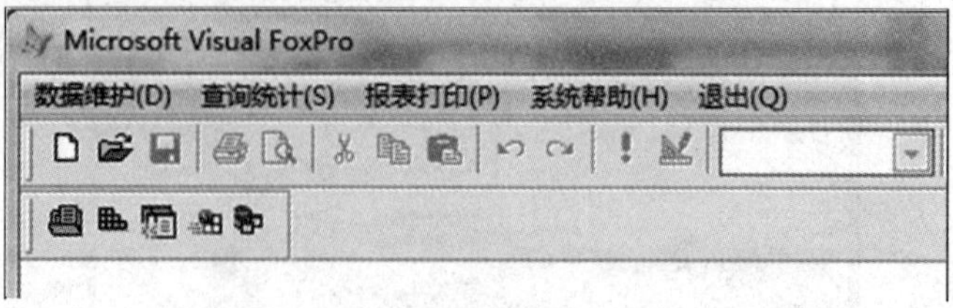

图 8-17　运行结果

（3）在命令窗口中输入命令“SET SYSMENU TO DEFAULT”可以结束用户菜单运行，重新显示系统主菜单。如果用户菜单中设置了“退出”菜单，也可以单击它结束用户菜单的运行。

注意：可以直接在命令窗口中输入命令来运行菜单程序，运行后系统将自动编译该菜单程序，生成一个同名的编译程序.mpx 文件。修改菜单后一定要再次“生成”；否则修改的菜单结构只保存在扩展名 .mnx 的文件中，运行的菜单程序（扩展名为“.mpr”的文件）还是原样。

8.2.3　快速菜单

如果要用 VFP 9.0 的菜单模块来创建自己的菜单系统，则可以使用“快速菜单”选项。

启动菜单设计器后，系统菜单中会有一个名为“菜单”的菜单项。其下拉菜单中包括一个“快速菜单”选项，如图 8-18 所示。

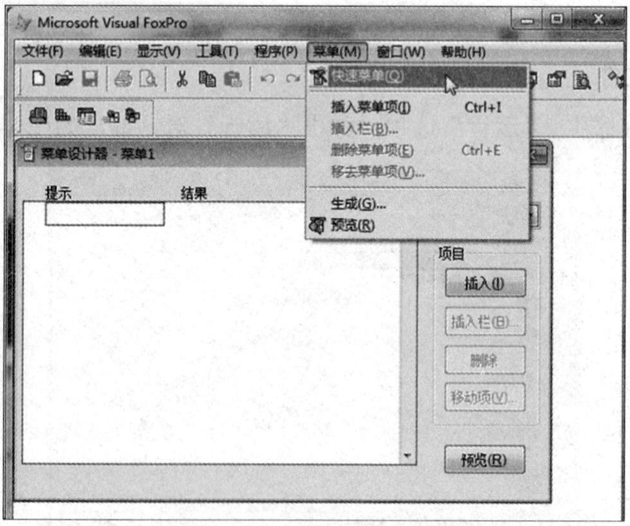

图 8-18　“快速菜单”选项

选择“快速菜单”选项，一个与 VFP 9.0 系统菜单一样的菜单自动复制到“菜单设计器-菜单 1”窗口中，如图 8-19 所示。

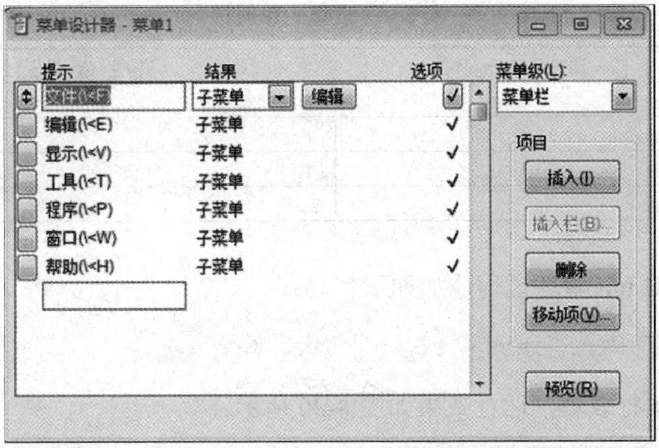

图 8-19　选择“快速菜单”选项后的“菜单设计器-菜单 1”窗口

用户可以增加、删除和修改其中的功能项，以满足需求。

说明：只有在“菜单设计器”窗口为空时才允许选择“快速菜单”选项；否则为灰色，即不可选。该选项仅可用于产生下拉菜单。

8.2.4　为顶层表单添加菜单

一般情况下，使用菜单设计器设计的菜单运行在 VFP 9.0 的图文框中。即用户菜单不是在窗口的顶层，而是在第 2 层，因为一直显示 VFP 9.0 标题。为更换成用户指定的标题，可以通过顶层菜单设计来实现，操作步骤如下。

（1） 在菜单设计器中设计好菜单，然后选择“显示”|“常规选项”选项，弹出“常规选项”对话框。

（2） 选中“顶层表单”复选框，生成菜单程序文件。

（3） 创建一个表单，并且设置标题为用户指定的标题，然后在 Init 方法中添加如下代码：

```
DO <菜单程序名> WITH THIS，.T.
```

（4） 将表单的 ShowWindow 属性设置为 2，使其成为“顶层表单”。

例 8-5：将例 8-4 设计的自定义菜单添加到顶层表单中。

操作步骤如下。

（1） 打开主菜单.mnx 文件，弹出“菜单打开设计器”窗口。

（2） 选择“显示”|“常规选项”选项，在“常规选项”对话框中选中“顶层表单”复选框。

（3） 保存修改后的自定义菜单，选择“菜单”|“生成”选项，生成新的菜单程序文件“主菜单.mpr”。

（4） 选择“文件”|”新建”选项，弹出“新建”对话框。

（5） 选择“表单”文件类型，单击“新建文件”按钮，打开“表单设计器”窗口。

（6） 设置表单属性，如表 8-2 所示。

表 8-2 设置表单属性

属性名称	属 性 值
Caption	工资管理系统
AlwaysOntop	.T.
AutoCenter	.T.
ShowWindow	2

（7） 为表单的 Init 事件过程添加如下代码：

```
Do 主菜单.MPR WITH THIS, .T.
```

（8） 保存并运行表单，运行效果如图 8-20 所示。

图 8-20 运行效果

从图中可以看出该表单已经不在 VFP 9.0 窗口中，而是一个单独的表单。使用该表单作为应用系统的启动表单，就可以使用户菜单显示在自己的窗口中。

8.3 设计快捷菜单

快捷菜单是用户单击鼠标右键时弹出的菜单，创建过程与创建一般菜单完全相同，快捷菜单通常列出与相应对象有关的功能命令。与下拉菜单相比较，它没有条形菜单栏，只有一个弹出菜单，因此创建时仅需设计菜单项及其子菜单。

实际上菜单设计器仅能生成快捷菜单的菜单本身，实现单击鼠标右键来弹出一个菜单的动作还需要编程。

创建快捷菜单的步骤如下。

（1） 在“新建菜单”对话框中单击“快捷菜单”按钮，打开“快捷菜单设计器”窗口。

（2） 添加菜单项，即在“提示”下拉列表框中指定相应的菜单标题，在“结果”下拉列表框中选择菜单激活后的动作并编写相应的命令或过程代码。

（3） 单击“选项”栏中的按钮，弹出“提示选项”对话框。

（4） 设置快捷键等。

（5） 选择“文件”|“另存为”命令，保存快捷菜单的定义文件（.mnx）。

（6） 选择“菜单”|“生成”命令，生成相应的菜单程序文件（.mpr）。

要使用创建的快捷菜单，可以在“表单设计器”窗口中选中需要调用快捷菜单的对象，在该对象的 RightClick 事件过程中添加调用快捷菜单程序的代码：

```
Do <快捷菜单程序文件名>
```

例 8-6：创建一个包含“剪切”“复制”“粘贴”“清除”“全选”功能的快捷菜单，在浏览 Rsb.dbf 时使用。

操作步骤如下。

（1） 选择“文件”|“新建”选项，打开“新建”对话框。

（2） 选择“菜单”单选按钮，然后单击“新建文件”按钮，弹出“新建菜单”对话框，如图 8-21 所示。

（3） 单击“快捷菜单”按钮，弹出“快捷菜单设计器”窗口。

（4） 单击“插入栏”按钮，弹出“插入系统菜单栏”对话框。

（5） 选中“全部选定”复选框，单击“插入”按钮。

（6） 用同样方法插入“清除”“粘贴”“复制”“剪切”等选项，最后单击“关闭”按钮，返回“快捷菜单设计器-kjcd.mnx”窗口，如图 8-22 所示。

图 8-21 “新建菜单”对话框

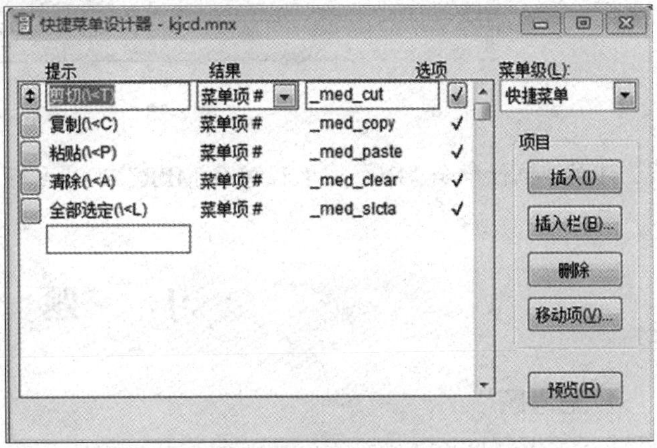

图 8-22 “快捷菜单设计器-kjcd.mnx”窗口

（7） 选择“菜单”|“生成”选项，弹出“生成菜单”对话框。

（8） 命名菜单文件名为“kjcd”，菜单保存在菜单文件 kjcd.mnx 和菜单备注文件 kjcd.mnt 中。

（9） 单击“生成”按钮，生成菜单程序文件 kjcd.mpr。

（10） 在命令窗口中输入“modify command e8-6”命令，在程序编辑窗口中输入如下代码：

```
*e8-6.prg
CLEAR ALL
PUSH KEY CLEAR              &&清除以前设置过的功能键
ON KEY LABEL RIGHTMOUSE DO kjcd.mpr  &&设置鼠标右键运行快捷菜单
USE  Rsb
BROWSE
USE
PUSH KEY CLEAR
```

（11） 在命令窗口中执行命令“DO e8-6”，弹出浏览窗口。用鼠标右键单击任何数据，弹出快捷菜单，其中包括“清除”“粘贴”“复制”“剪切”“全部选定”选项，如图 8-23 所示。

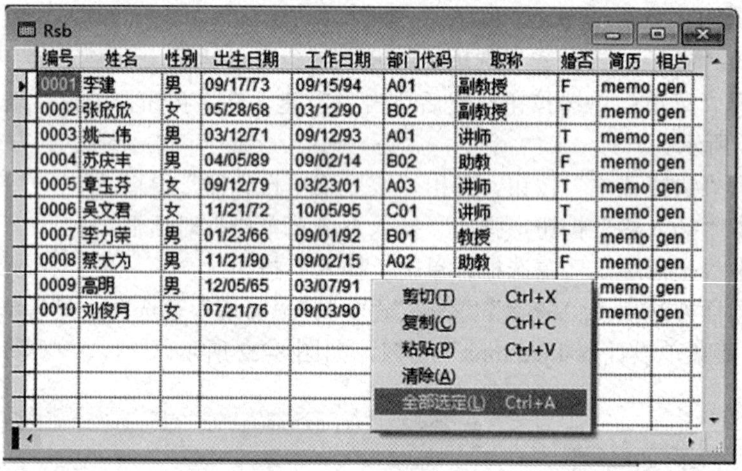

图 8-23　快捷菜单

注意：执行命令“DO 菜单程序名.MPR”可以运行菜单程序，扩展名 MPR 不可默认。

习　　题

1. 思考题

（1） 使用菜单设计器可以创建哪几种类型的菜单？

（2） 菜单由哪几部分组成？

（3） 什么是快速菜单和快捷菜单？两者有何区别？

（4） 设计一个菜单程序通常应包含哪些步骤？

2. 选择题

（1） 菜单程序文件的扩展名为（　　）。

A．.QPR　　　　B．.PRG

C．.FRX　　　　D．.MPR

（2） 用户可以在“菜单设计器”窗口右侧的（　　）下拉列表框中查看菜单项所属的级别。

A．菜单级　　B．预览
C．菜单项　　D．插入

（3） 创建一个菜单，可以在命令窗口中键入（　　）命令。

A．CREATE MENU　　B．OPEN MENU
C．LIST MENU　　D．CLOSE MENU

（4） 在菜单设计器中输入菜单名称的列中输入（　　），可使得该菜单项产生一条分隔线，用于分隔菜单项增强可读性。

A．\-　　B．/-
C．./　　D．\

（5） 在“菜单设计器”窗口中选中菜单项后，如果要设计它的下一级菜单，应在“结果”栏中选择（　　）。

A．命令　　B．子菜单
C．填充名称　　D．过程

（6） 执行 SET SYSMENU TO 命令后，（　　）。

A．将当前菜单设置为默认菜单
B．将屏蔽系统菜单，使菜单不可用
C．将系统菜单恢复为默认的配置
D．将默认配置恢复成 VFP 9.0 系统菜单的标准配置

3. 填空题

（1） 菜单分两种类型，即菜单和__________。

（2） 要为表单设计下拉菜单，首先需要在菜单设计时，在__________对话框中选择“顶层表单”复选框。

（3） 快捷菜单实质上是一个弹出菜单，要将某个弹出菜单作为对象的快捷菜单通常是在对象的__________事件代码中添加调用该弹出菜单程序的命令。

（4） 菜单程序生成后，其他应用程序就可以通过__________命令来调用它。

（5） 启动菜单设计器的命令是__________。

（6） 保存菜单文件时，系统除创建一个扩展名为.mnx 的菜单文件外，还自动创建一个扩展名为__________的同名文件。

上 机 练 习

（1） 创建一个快速菜单 kscd.mpr。

（2） 创建如图 8-24 所示的表单，并创建一个快捷菜单。要求用鼠标右键单击表单中的标签时可弹出该菜单，菜单由“撤销”“剪切”“复制”“粘贴”“清除”等菜单项组成。

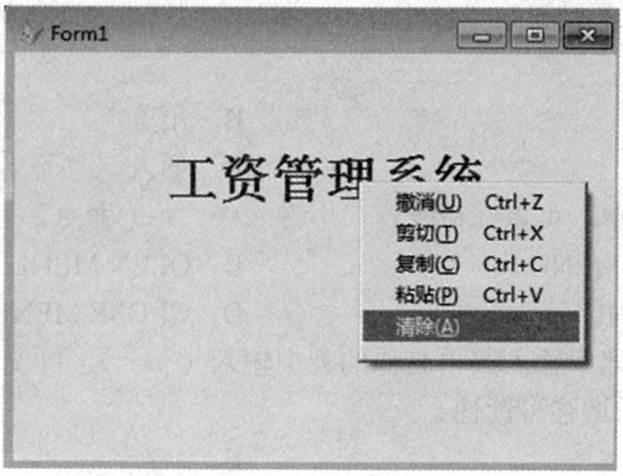

图 8-24　表单

（3）　创建一个如图 8-25 所示的主菜单。

图 8-25　创建主菜单

其中各菜单项的下拉菜单如图 8-26 所示。

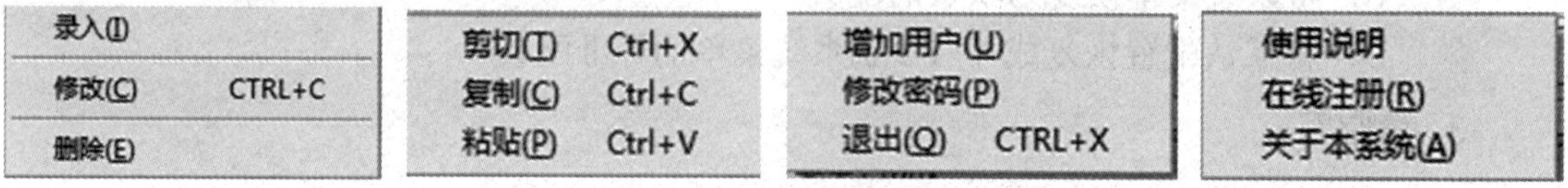

（a）数据维护　　（b）编辑　　（c）系统管理　　（d）帮助

图 8-26　各菜单项的下拉菜单

第9章 报表设计

在操作数据库时，通常需要在屏幕上显示数据处理的结果或者打印出来，报表就是用户使用打印机输出数据库数据和文档的一种实用方式。VFP 9.0 提供了报表设计器，能够可视化地设计报表，并可通过报表预览打印的效果。

9.1 报表概述

9.1.1 报表组成

报表主要包括两个要素，即报表的数据源及布局。数据源是报表的数据来源，范围很广。可以是数据库中的表、自由表，也可以是视图、查询或者临时表；报表布局则定义了报表的打印格式。

用户设计报表后将会产生.frx 报表布局文件，保存报表的表名，也会自动产生.frt 的相关文件。在报表布局文件中不保存数据源的数据字段值，只保存数据字段的位置和格式信息。当运行报表时，报表中的数据字段的域控件从数据源中取出数据。因此当数据源中的数据发生变化时，报表的打印结果也会随之发生改变。

设计报表就是根据报表的数据源和应用需要来设计报表的布局。

9.1.2 报表布局

报表的常规布局主要有以下几种形式。

（1） 列报表：每行一条记录，每列一个字段。字段名在页面上方，相当于数据表的浏览显示方式。例如，财务报表、存货清单和销售总结等，人事报表（列报表）如图 9-1 所示。

RSB

11/09/18

编号	姓名	性别	出生日期	工作日期	部门代码	职称
0001	李建	男	09/17/73	09/15/94	A01	副教授
0002	张欣欣	女	05/28/68	03/12/90	B02	副教授
0003	姚一伟	男	03/12/71	09/12/93	A01	讲师
0004	苏庆丰	男	04/05/89	09/02/14	B02	助教
0005	章玉芬	女	09/12/79	03/23/01	A03	讲师

图 9-1 人事报表（列报表）

（2） 行报表：每行一个字段，记录的字段数决定占用行数。字段名在页面左侧，相当于数据表的编辑显示方式。例如，收银台单据等，人事报表（行报表）如图 9-2 所示。

（3） 一对多报表：父表中每选出一条记录，对应地从子表中选出多条记录生成打印文档。例如，发票和货运清单等，人事奖金报表（一对多报表）如图 9-3 所示。

RSB
11/09/18

编号: 0001
姓名: 李建
性别: 男
出生日期: 09/17/73
工作日期: 09/15/94
部门代码: A01
职称: 副教授

编号: 0002
姓名: 张欣欣
性别: 女
出生日期: 05/28/68
工作日期: 03/12/90
部门代码: B02
职称: 副教授

图 9-2 人事报表（行报表）

人事奖金报表
09/08/18

编号: 0001
姓名: 李建
奖金
712.20

编号: 0002
姓名: 张欣欣
奖金
670.00

编号: 0003
姓名: 姚一伟
奖金
432.00

图 9-3 人事奖金报表（一对多报表）

（4） 多栏报表：多栏形式显示，每条记录的字段沿分栏的左边竖直放置。例如，电话号码簿和名片等，人事报表（多栏报表）如图 9-4 所示。

RSB
11/09/18

编号:	0001	编号:	0006
姓名:	李建	姓名:	吴文君
性别:	男	性别:	女
出生日期:	09/17/73	出生日期:	11/21/72
工作日期:	09/15/94	工作日期:	10/05/95
部门代码:	A01	部门代码:	C01
职称:	副教授	职称:	讲师
编号:	0002	编号:	0007
姓名:	张欣欣	姓名:	李力莱
性别:	女	性别:	男
出生日期:	05/28/68	出生日期:	01/23/66
工作日期:	03/12/90	工作日期:	09/01/92
部门代码:	B02	部门代码:	B01
职称:	副教授	职称:	教授
编号:	0003	编号:	0008
姓名:	姚一伟	姓名:	蔡大为
性别:	男	性别:	男
出生日期:	03/12/71	出生日期:	11/21/90
工作日期:	09/12/93	工作日期:	09/02/15
部门代码:	A01	部门代码:	A02
职称:	讲师	职称:	助教

图 9-4 人事报表（多栏报表）

9.1.3 创建报表的方法

VFP 9.0 为用户提供了如下 3 种创建报表的方法。

（1） 用报表向导创建简单的单表或多表报表。

（2） 用快速报表从单表中创建一个简单报表。

（3） 用报表设计器创建或修改单表或多表报表。

以上每种方法创建的报表布局文件都可以用报表设计器修改。报表向导是创建报表的最简单途径，它自动提供很多报表设计器的定制功能；快速报表是创建简单布局的最迅速途径。为了直接在报表设计器中创建报表，报表设计器提供一个空白布局。

9.2 创建报表

9.2.1 使用报表向导设计报表

VFP 9.0 为用户提供了两种类型的报表向导，即报表向导和一对多报表向导。

启动报表向导有以下 3 种常用方法。

（1） 打开“项目管理器”窗口，选择“文档”选项卡中的“报表”选项。单击“新建”按钮，在弹出的“新建报表”对话框中单击“报表向导”按钮。

（2） 选择“文件”|“新建”选项，弹出“新建”对话框。在“文件类型”下拉列表框中选择“报表”选项，然后单击“向导”按钮。

（3） 选择“工具”|“向导”选项，选择“报表”选项。

无论用上述哪种方法启动报表向导，都会弹出“向导选取”对话框。如果数据源是一个表，应选择“报表向导”选项；如果数据源包括父表和子表，则应选择“一对多报表向导”选项。

1. 利用报表向导创建单表报表

例 9-1：使用报表向导设计单表报表。

要求以 RSGZK 数据库中的 Rsb 表为数据源，设计一个报表用于打印员工基本信息。

操作步骤如下。

（1） 选择“文件”|“新建”选项，弹出“新建”对话框。

（2） 选择“报表”选项，单击“向导”按钮，弹出“向导选取”对话框，如图 9-5 所示。

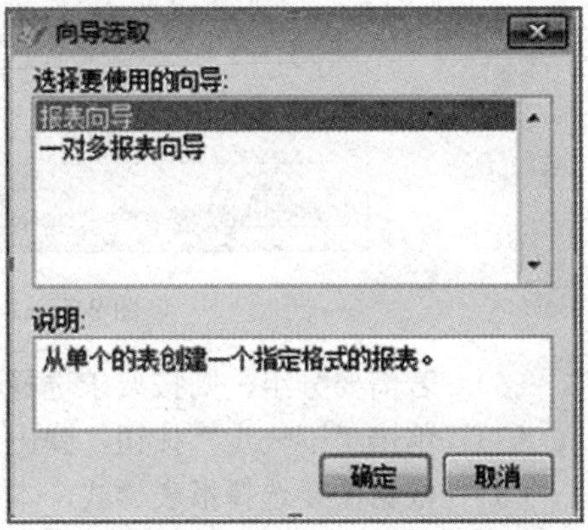

图 9-5　“向导选取”对话框

（3） 选择“报表向导”选项，单击“确定”按钮，弹出“第一步-字段选取”对话框。

（4） 选择 Rsb 表作为数据源，选择需要在报表中出现的字段名，如图 9-6 所示。

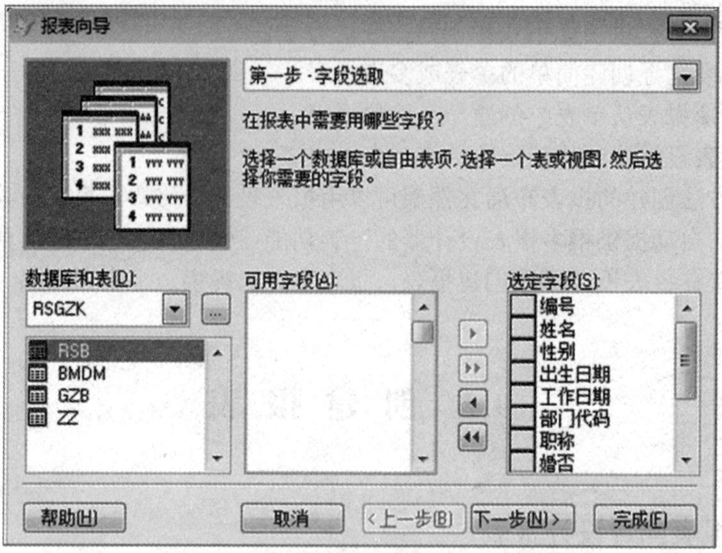

图 9-6　选择表和字段

（5） 单击“下一步”按钮，弹出“第二步·分组记录”对话框，如图 9-7 所示。

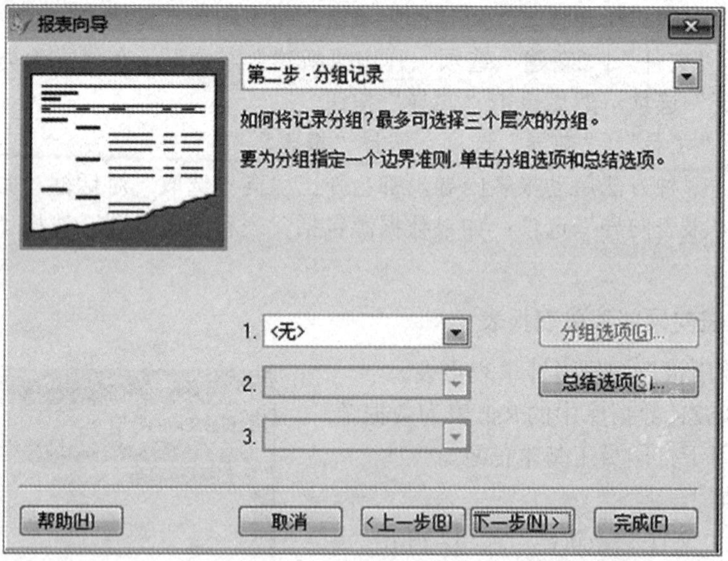

图 9-7　“第二步·分组记录”对话框

（6） 若需要分组，则按要求选择分组字段。
（7） 单击“下一步”按钮，弹出“第三步·选择报表样式”对话框。
（8） 根据需要选择报表样式，本例选择“经营式”。
（9） 单击“下一步”按钮，弹出“第四步·定义报表布局”对话框。
（10） 设置报表布局，本例设置“列数”为 1，选中“列”和“纵向”单选按钮，如

图 9-8 所示。

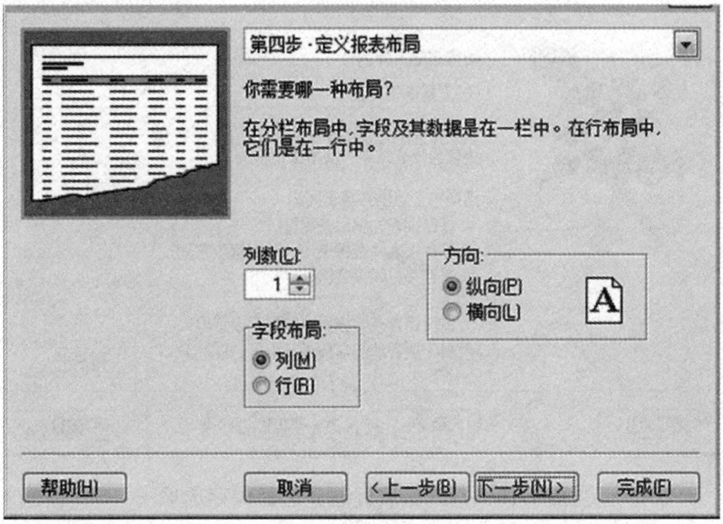

图 9-8　设置报表布局

（11）单击“下一步”按钮，弹出“第五步·排序记录”对话框。

（12）确定报表中记录出现的顺序，选择索引字段，本例选择“编号”作为索引字段，如图 9-9 所示。

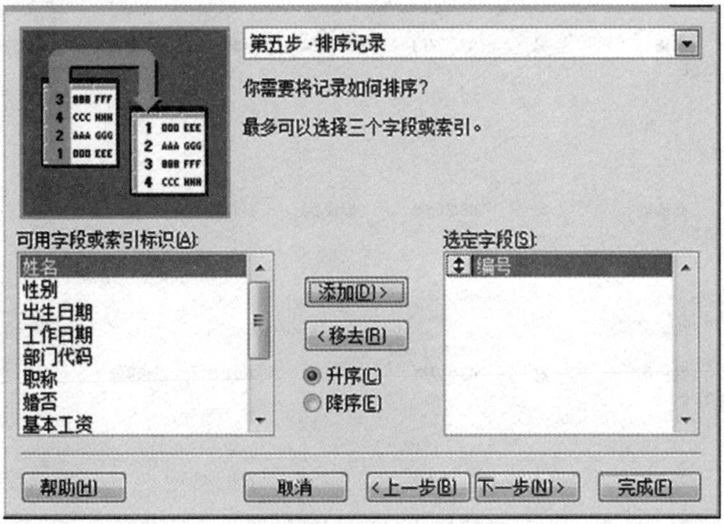

图 9-9　选择索引字段

（13）单击“下一步”按钮，弹出“第六步·完成”对话框。

（14）输入报表标题并选择保存选项，如图 9-10 所示。单击“完成”按钮，本例中把报表保存为 Rsb.frx（.frx 为报表文件扩展名）。

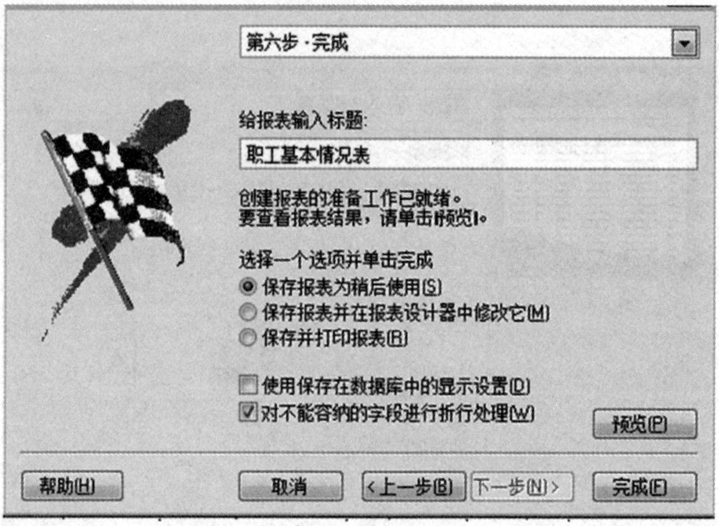

图 9-10　输入报表标题并选择保存选项

报表预览效果如图 9-11 所示。

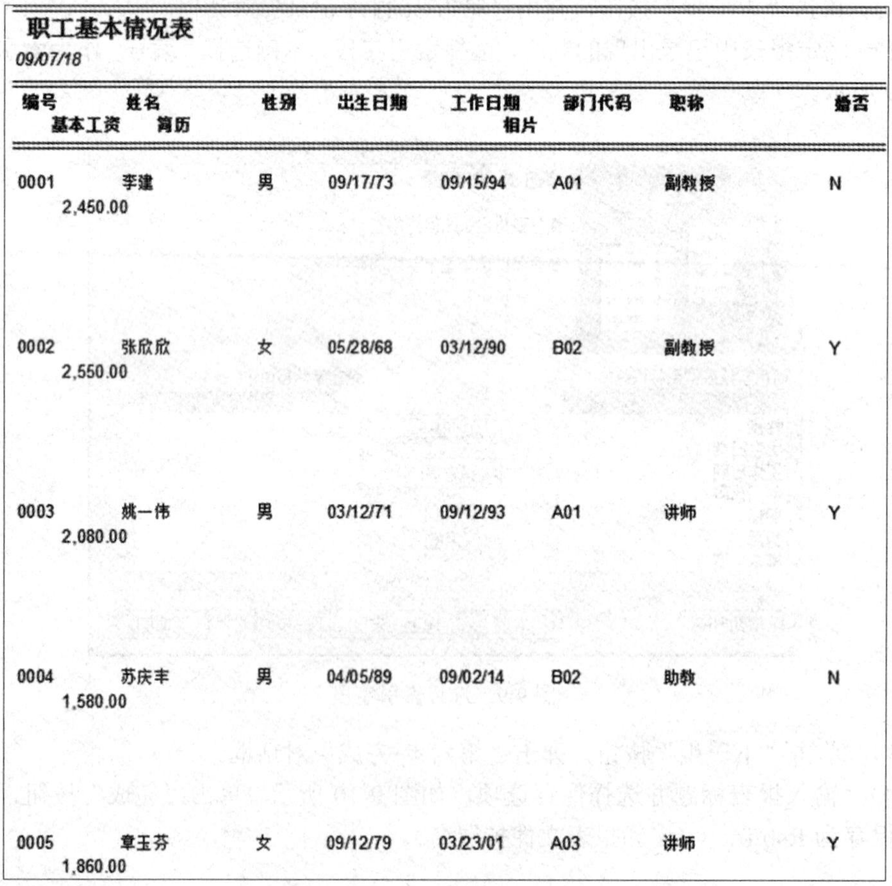

职工基本情况表

09/07/18

编号	姓名	性别	出生日期	工作日期	部门代码	职称	婚否
基本工资	简历			相片			
0001	李建	男	09/17/73	09/15/94	A01	副教授	N
2,450.00							
0002	张欣欣	女	05/28/68	03/12/90	B02	副教授	Y
2,550.00							
0003	姚一伟	男	03/12/71	09/12/93	A01	讲师	Y
2,080.00							
0004	苏庆丰	男	04/05/89	09/02/14	B02	助教	N
1,580.00							
0005	章玉芬	女	09/12/79	03/23/01	A03	讲师	Y
1,860.00							

图 9-11　报表预览效果

2. 利用报表向导创建一对多报表

一对多报表向导和单表报表向导不同的是在开始选择表时需要选择相互关联的两个表（父表及其字段，子表及其字段），并且确定连接字段为父表和子表创建关联。连接字段在父表中的值不能重复，在子表中的值可以重复。

例 9-2：创建一个报表，要求最终打印的效果是页面上既有职工的编号和姓名，也有每个职工的奖金数。

操作步骤如下。

（1）依照上述步骤打开“向导选取”对话框，如图 9-12 所示。

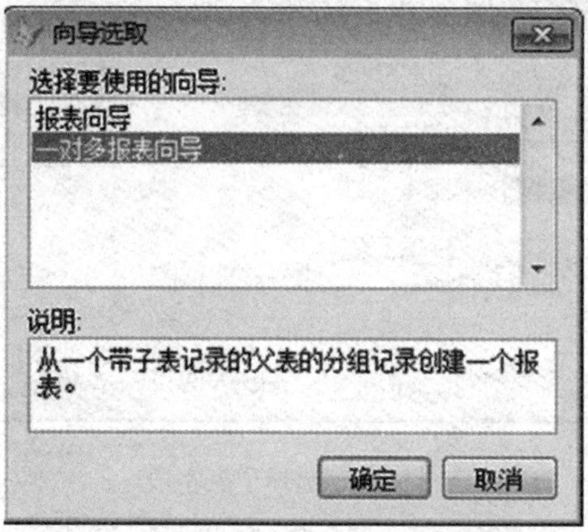

图 9-12　“向导选取“对话框

（2）选择“一对多报表向导”选项，单击“确定”按钮，弹出“一对多报表向导”对话框。

（3）选择 RSB 表作为父表，即“一对多”关系中的“一方”。从 RSB 表中选择“编号”和“姓名”两个字段，这些字段将会显示在报表的上半部分，如图 9-13 所示。

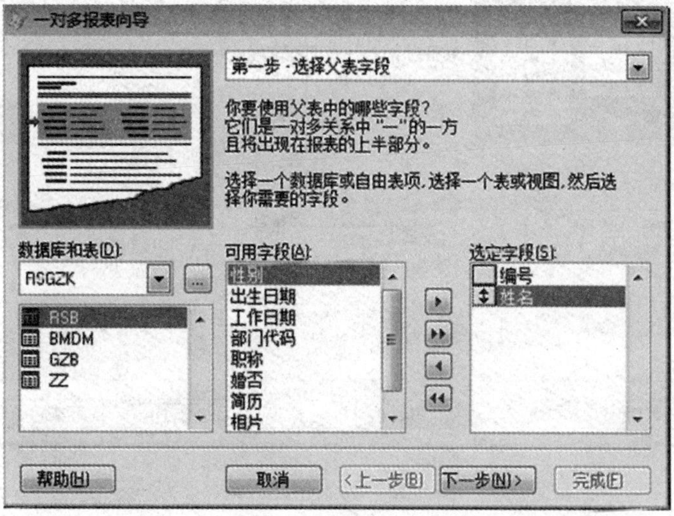

图 9-13　选择父表字段

（4） 单击“下一步”按钮，弹出“第二步·选择子表字段”对话框。

（5） 选择 GZB 表作为子表，即“一对多”关系中的“多”方，选择“编号”和“奖金”两个字段，这些字段将会显示在父表字段的下方，如图 9-14 所示。

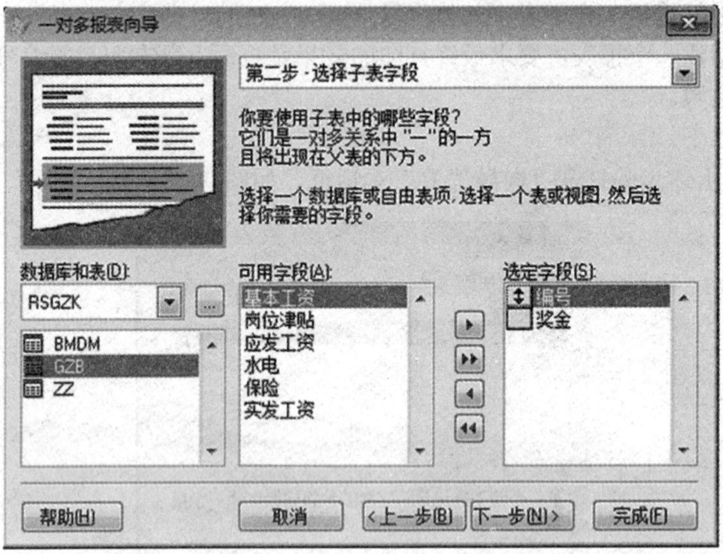

图 9-14 选择子表字段

（6） 单击“下一步”按钮，弹出“第三步·关联表”对话框。

（7） 为表创建关系，可以从字段列表中接受或选择决定表之间关系的字段。这里取默认值，即通过编号连接，如图 9-15 所示。

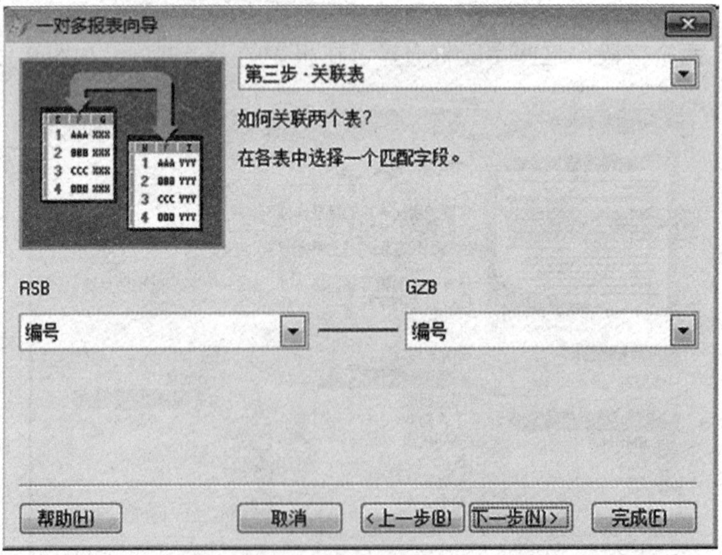

图 9-15 为表创建关系

（8）　单击“下一步”按钮，弹出“第四步·排序记录”对话框。

（9）　按照结果排序的顺序选择字段或索引标识，这里选择“编号”作为排序字段，并按升序排序，如图 9-16 所示。

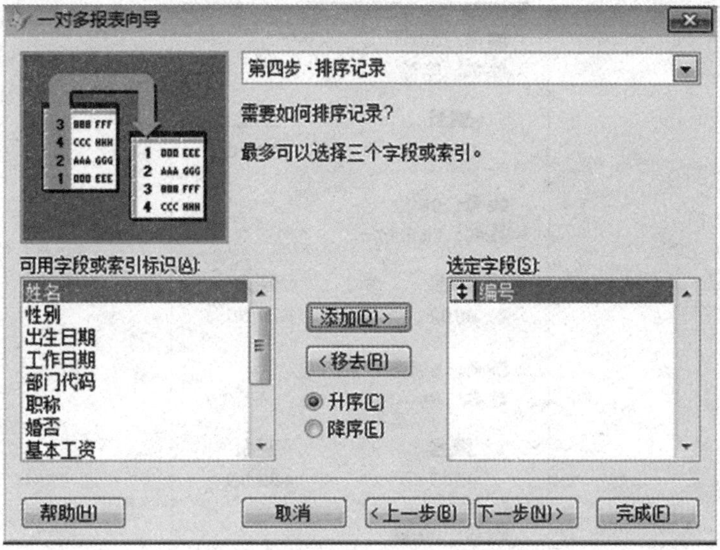

图 9-16　选择字段排序字段

（10）　单击“下一步”按钮，弹出“第五步·报表样式”对话框。

（11）　选择报表样式。

（12）　单击“下一步”按钮，弹出“第六步·完成”对话框。

（13）　输入报表标题并选择保存选项，如图 9-17 所示。

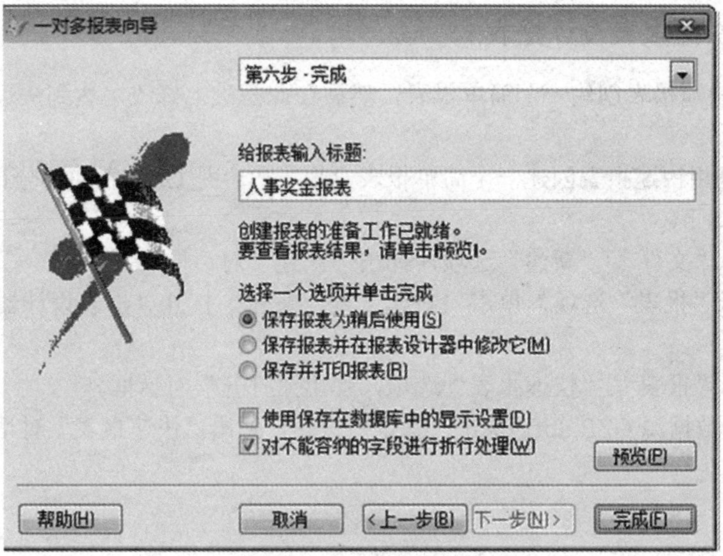

图 9-17　输入报表标题并选择保存选项

（14） 单击“预览”按钮，预览效果如图 9-18 所示。

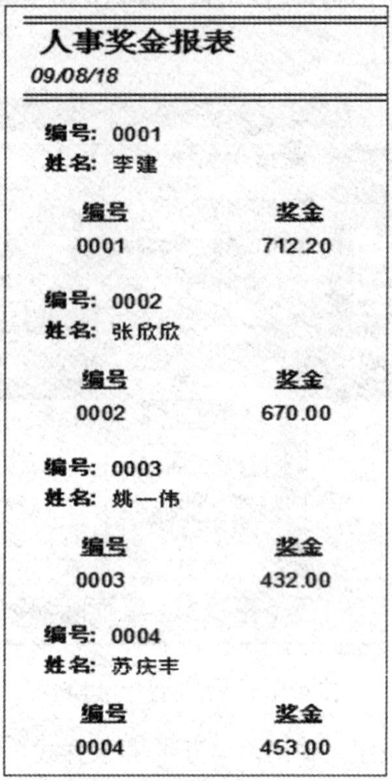

图 9-18　预览效果

（15） 单击“完成”按钮。

9.2.2　使用快速报表设计报表

通常使用快速报表创建一个简单报表，然后在此基础上修改，达到快速构造报表的目的。

例 9-3：利用快速报表创建一个简单报表，报表内容是 GZB 表的部分记录。

操作步骤如下。

（1） 选择“文件”|“新建”选项，弹出“新建”对话框。

（2） 选择“报表”选项，单击“新建文件”按钮，打开“报表设计器”窗口并出现一个空白报表。

（3） 选择“报表”|“快速报表”选项，弹出“打开”对话框。

（4） 选择数据源 GZB.dbf，单击“确定”按钮，弹出“快速报表”对话框，如图 9-19 所示。

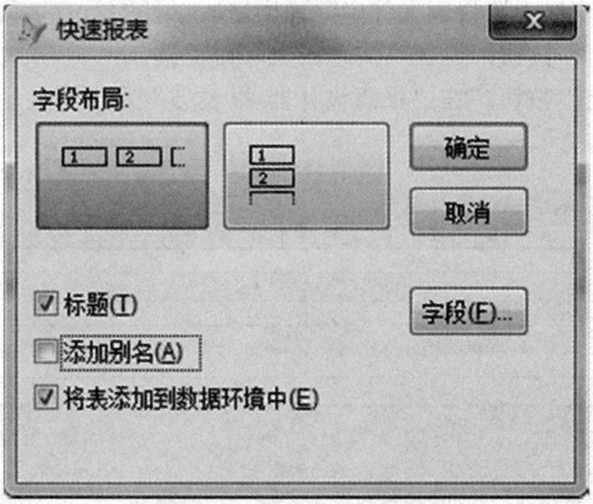

图 9-19　“快速报表”对话框

其中的主要选项如下。

- “字段布局”选项组：单击左侧按钮产生字段横向排列的报表，单击右侧的按钮则产生字段竖向排列的报表。
- “标题”复选框：选中该复选框，在报表中为每一个字段添加一个字段名标题；否则没有标题。
- “添加别名”复选框：选中该复选框，在字段前面添加表的别名。由于数据源是一个表，所以别名无实际意义，可考虑不选。
- “将表添加到数据环境中”复选框：选中该复选框，把打开的表文件添加到报表的数据环境中作为报表的数据源。
- “字段”按钮：单击此按钮，打开如图 9-20 所示的“字段选择器”对话框，为报表选择可用的字段。

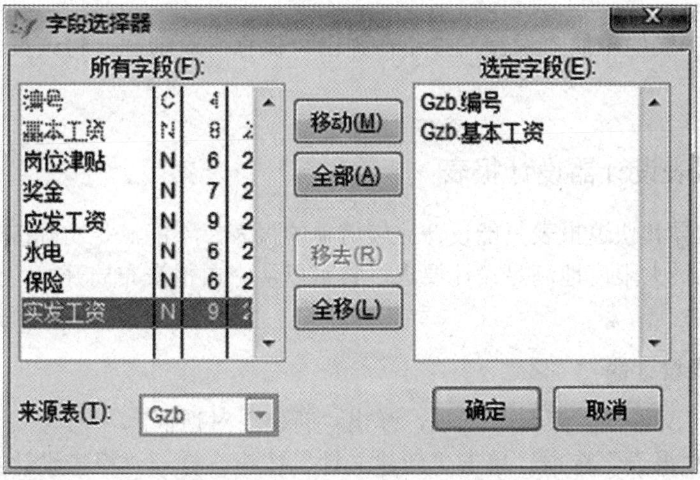

图 9-20　“字段选择器”对话框

默认情况下，快速报表选择表文件中除通用字段以外的所有字段。

（5） 单击“确定”按钮，返回“快速报表”对话框。

（6） 单击“确定”按钮，在“报表设计器-报表 5”窗口中显示一个快速报表，如图 9-21 所示。

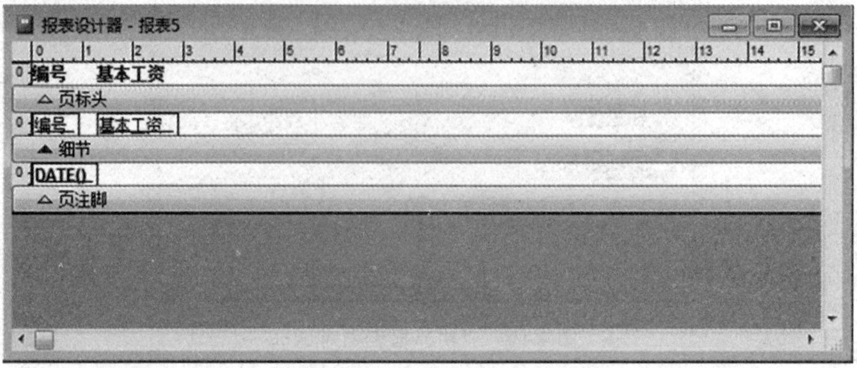

图 9-21　一个快速报表

（7） 单击工具栏中的“打印预览”按钮或者选择“显示”|“预览”选项，打开快速报表预览窗口预览报表，如图 9-22 所示。

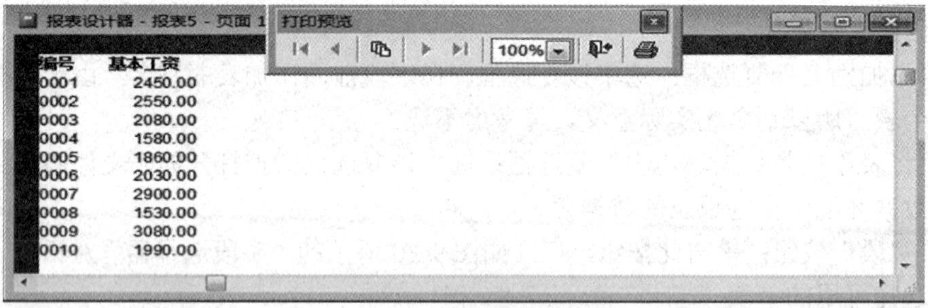

图 9-22　预览报表

（8） 单击工具栏中的“保存”按钮，弹出“保存”对话框，将该报表保存为默认的报表文件 1.frx。

9.2.3 使用报表设计器设计报表

使用报表向导和快速报表只能设计比较简单的报表，不能满足实际应用需求。而使用报表设计器可以最大限度地满足设计要求，它可以从空白报表布局开始，然后添加控件来设计报表。

1. 启动报表设计器

（1） 选择“文件”|“新建”选项，弹出“新建”对话框。

（2） 选择“报表”选项，单击“新建文件”按钮，打开“报表设计器”窗口，如图 9-23 所示。

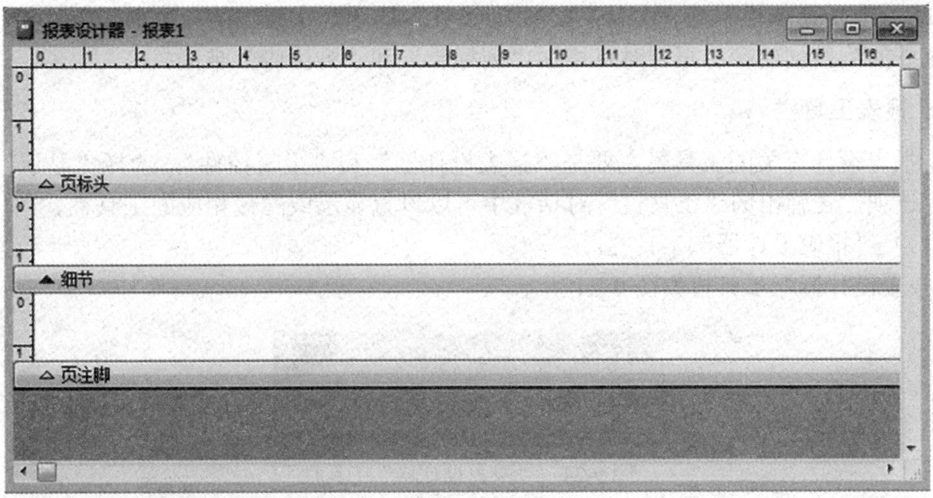

图9-23　“报表设计器”窗口

2. 报表设计器中的带区

带区是报表的一个区域，在报表设计器中包含“页标头”“细节”“页注脚”3个带区。如果需要，还可以在窗口内增加“标题”带区和“总结”带区等。带区的主要作用是控制数据在页面上的打印位置，在打印或预览报表时系统会以不同方式处理各个带区中的数据。例如，在每一页上打印一次“页标头”带区的内容；仅在报表开头打印一次“标题”带区的内容；对于数据源中的每个记录都将打印一次“细节”带区的内容。各个带区及其作用如表9-1所示。

表9-1　带区及其作用

带　区	打　印	使用方法
标题	每报表一次	选择菜单栏中的“报表”|“标题”|“总结”选项
页标头	每页一次	默认可用
列标头	每列一次	选择菜单栏中的“文件”|“页面设置”选项，设置“列数”>1
组标头	每组一次	选择菜单栏中的“报表”|“数据分组”选项
细节带区	每记录一次	默认可用
组注脚	每组一次	选择菜单栏中的“报表”|“数据分组”选项
列注脚	每列一次	选择菜单栏中的“文件”|“页面设置”选项，设置“列数”>1
页注脚	每页一次	默认可用
总结	每报表一次	选择菜单栏中的“报表”|“标题”|“总结”选项

“页标头”“细节”“页注脚”3个带区是报表设计器中的基本带区，若要增加其他带区，可采用以下方法。

（1）　选择菜单栏中的“报表”|“标题”|“总结”选项，在弹出的“标题总结”对话框中可增加“标题”和（或）“总结”带区。

（2）　选择菜单栏中的“报表”|“数据分组”选项，或者单击“报表设计器”工具栏中的“数据分组”按钮，在弹出的“数据分组”对话框中指定分组表达式创建分组报表；同时增加“组标头”和“组注脚”带区。

（3） 选择菜单栏中的“文件”|“页面设置”选项，在弹出的“页面设置”对话框中指定报表的列数创建多栏报表时可增加“列标头”和“列注脚”带区。

3. 报表工具栏

与报表设计有关的工具栏主要是“报表设计器”和“报表控件”，选择“显示”|“工具栏”选项，在弹出的“工具栏”对话框中可以设置显示或隐藏相应的工具栏。

（1） “报表设计器”工具栏。

“报表设计器”工具栏如图 9-24 所示。

图 9-24 “报表设计器”工具栏

其中 6 个按钮的图标、名称及功能说明如表 9-2 所示。

表 9-2 “报表设计器”工具栏按钮的图标、名称及功能说明

图 标	名 称	功能说明
	数据分组	在报表设计过程中单击此按钮，显示“数据分组”对话框，用于创建数据分组并指定其属性
	数据环境	在报表设计过程中单击此按钮，显示“数据环境设计器”窗口，可以结合用户界面同时设计一个依附的数据环境
	页面设置	在报表设计过程中单击此按钮，显示“页面布局”对话框，可设置列数、字体、打印区域和打印顺序等
	“报表控件”工具栏	在报表设计过程中单击此按钮，可以启动或关闭“报表控件”工具栏，以便于利用各控件进行用户界面的设计
	“调色板”工具栏	在报表设计过程中单击此按钮，可以启动或关闭“调色板”工具栏。利用“调色板”工具栏可以设置对象前景与背景的颜色
	“布局”工具栏	在报表设计过程中单击此按钮，可以启动或关闭“布局”工具栏，利用“布局”工具栏可以设置对象及其位置

（2） “报表控件”工具栏。

“报表控件”工具栏如图 9-25 所示。

图 9-25 “报表控件”工具栏

其中 8 个按钮的功能说明如表 9-3 所示。

表9-3　“报表控件”工具栏按钮的图标、名称及功能说明

图　标	名　称	功能说明
	选中对象	移动或更改控件大小，在创建一个控件后系统将自动选中该按钮；除非选中“按钮锁定”按钮
	标签	在报表上创建一个标签控件，用于显示与记录无关的字符文本，如标题
	域控件	在报表上创建一个域控件，用于显示字段、内存变量或其他表达式的内容
	线条	用于在报表上绘制垂直或水平直线
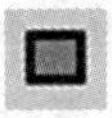	矩形	用于在报表上绘制矩形
	圆角矩形	用于在报表上绘制圆角矩形
	图片/ActiveX 绑定控件	用于在报表上添加图片或包含 OLE 对象的通用型字段
	按钮锁定	用于添加多个同类型控件而不需要多次选中该按钮

4. 报表的数据源

在设计报表时，首要任务是确定数据源，报表输出的数据来自相关的表或视图。如果一个报表固定使用一个数据源，就可以把数据源添加到报表的数据环境中。当数据源中的数据更新之后，使用同一报表文件打印的报表将反映新的数据内容，而报表格式不变。

（1）　在数据环境中添加表或视图。

操作步骤如下。

- 选择“显示”|“数据环境”选项，打开“数据环境设计器-报表设计器-报表8”窗口。
- 用鼠标右键单击窗口空白处，弹出快捷菜单，如图9-26所示。

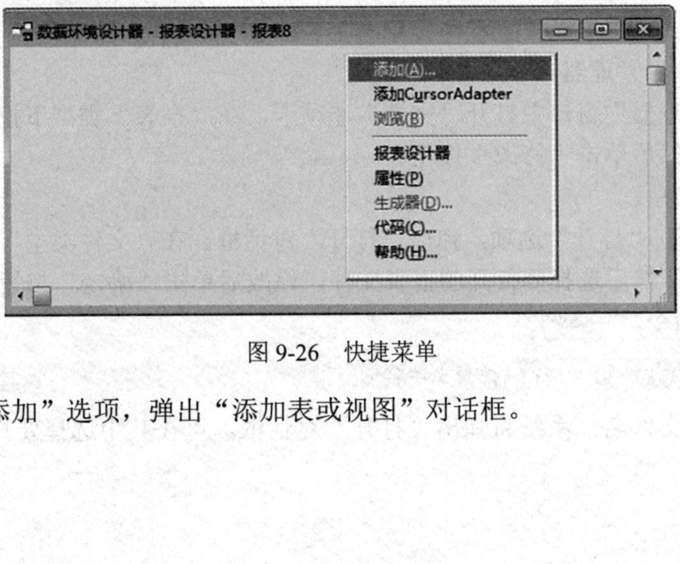

图9-26　快捷菜单

- 选择“添加”选项，弹出“添加表或视图”对话框。

- 依次选中表或视图，然后单击“添加”按钮。
- 单击“确定”按钮，返回“数据环境设计器-报表设计器...”窗口。其中显示运行结果，如图 9-27 所示。

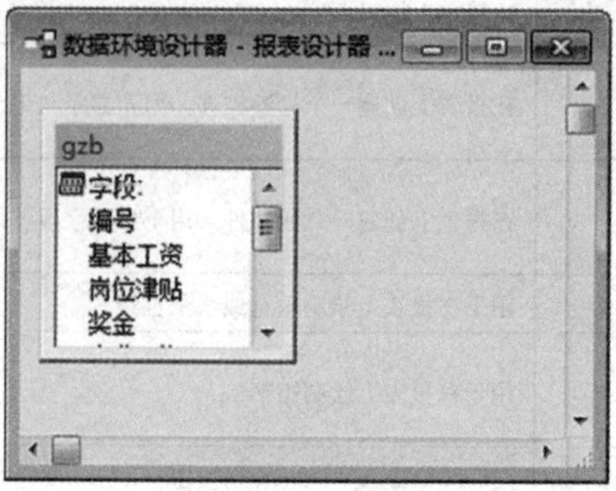

图 9-27　运行结果

（2） 为数据环境设置索引。

为数据环境设置索引即设置出现在报表中的记录顺序，步骤如下。

- 选择“显示”|“数据环境”选项，弹出“数据环境设计器”窗口。
- 用鼠标右键单击空白处，弹出快捷菜单。
- 选择“属性”选项，弹出“属性-报表设计器-报表 8”对话框。
- 选择“对象”下拉列表框中的“Cursor1”选项。
- 打开“数据”选项卡，选择“Order”属性。
- 输入索引名，或者从可用索引列表中选中一个索引，如图 9-28 所示。

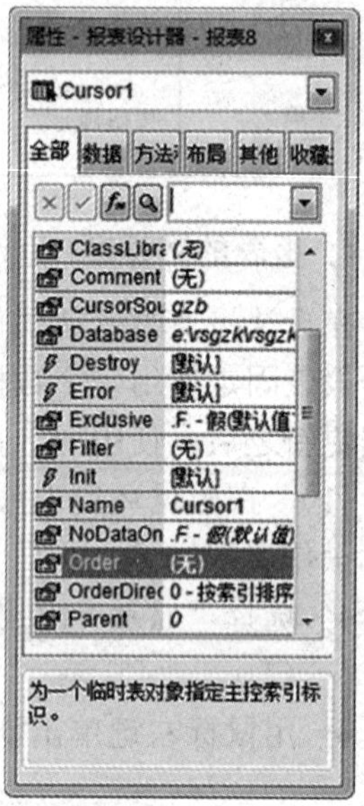

图 9-28　设置索引

9.2.4 修改报表

通过下列方式可以启动报表设计器修改报表。

（1） 通过项目管理器。

在“项目管理器”窗口中打开“文档”选项卡，在“报表”类型下拉列表框中选择需要打开的报表，然后单击“修改”按钮。

（2） 通过菜单。

选择“文件”|“打开”选项，弹出“打开”对话框。在“文件类型”下拉列表框中选择“报表”选项，然后选择要打开的报表文件，修改后单击“确定”按钮。

（3） 使用命令。

命令格式：MODIFY REPORT[<报表文件名>]。

若默认报表文件名，系统将弹出“打开”对话框，可在其中选择要打开的报表文件。

9.3 输出报表

报表文件只是一个输出报表的格式框架，其中不保存每个数据字段的值，而只保存数据源的位置和格式信息。设计报表的最终目的是要按照一定格式输出符合要求的数据，用户可以在定制报表布局的任何时候均可预览或者打印报表。

9.3.1 预览报表

通过预览报表在打印前可以检查报表的页面外观，如检查数据列的对齐和间隔，以及是否返回希望的数据。有两种方式都可以显示整个页面或者缩小到一部分页面。

1. 菜单方式

如果报表已经在“报表设计器”窗口中打开，那么任何时候都可以使用“预览”功能查看报表的打印效果。操作方式有如下多种。

（1） 选择“显示”|“预览”选项。

（2） 选择“文件”|“打印预览”选项。

（3） 用鼠标右键单击“报表设计器”窗口的空白处，在弹出的快捷菜单中选择“预览”选项。

（4） 单击“常用”工具栏中的“打印预览”按钮。

2. 命令方式

命令格式为：

```
REPORT FORM <报表文件名> [范围][FOR <表达式> ]  PREVIEW
```

“预览”窗口中通常包含一个“打印预览”工具栏，如图9-29所示。

图9-29　“打印预览”工具栏

单击“前一页”或“下一页”按钮可以切换页面。若要更改报表图像的大小，在“缩放”下拉列表框中选择百分比选项；若要打印报表，单击打印报表按钮；若要返回，则单击关闭预览按钮。

例9-4：预览报表Rsb.frx。

命令代码如下：

```
REPORT FORM Rsb.frx ALL PREVIEW
```

预览结果如图9-30所示。

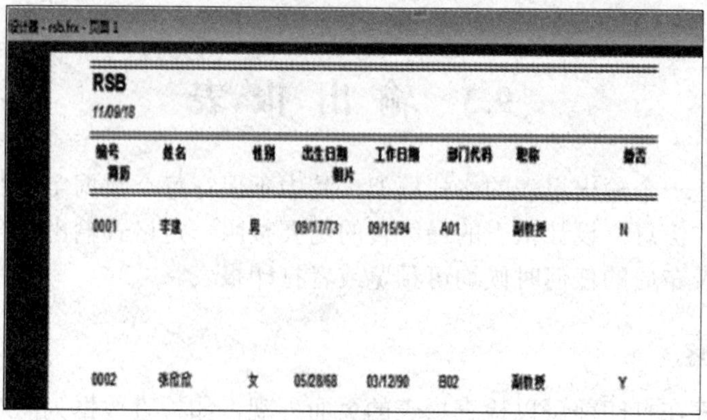

图 9-30　预览结果

9.3.2　打印报表

在实际应用中，最为重要的是通过打印机输出报表。

1. 菜单方式

如果报表已经在“报表设计器”窗口中打开，那么打印报表有如下多种方式。

（1）选择“文件”|“打印”选项或者单击“常用”工具栏中的“打印”按钮。

（2）选择“报表”|“运行”选项或者单击“常用”工具栏中的“运行”按钮。

（3）用鼠标右键单击“报表设计器”窗口的空白处，然后选择弹出快捷菜单中的“打印”选项。

（4）单击“打印预览”工具栏中的“打印”按钮。

2. 命令方式

命令格式为：

```
REPORT FORM <报表文件名> [范围][FOR <表达式> ]  TO PRINTER
```

例 9-5：打印报表“Rsb.frx”。

命令格式为：

```
REPORT FORM Rsb.frx ALL TO PRINTER
```

注意：如果未设置数据环境，则弹出“打开”对话框。选中要打印的表，把报表通过命令发送到打印机上。

习　题

（1）报表的数据源可以是（　　）。

A. 表或视图　　B. 表或查询

C. 表、查询或视图　　D. 表或其他报表

（2） VFP 9.0 的报表文件.frx 中保存的是（　　）。

A. 打印报表的预览格式　　　　B. 打印报表本身

C. 报表的格式和数据　　　　B. 报表设计格式的定义

（3） 在创建快速报表时，基本带区包括（　　）。

A. 标题、细节和总结　　　　B. 页标头、细节和页注脚

C. 组标头、细节和组注脚　　　　D. 报表标题、细节和页注脚

（4） 使用报表向导定义报表时，定义报表布局的选项是（　　）。

A. 列数、方向、字段布局　　　　B. 列数、行数、字段布局

C. 行数、方向、字段布局　　　　D. 列数、行数、方向

（5） 报表文件的扩展名是（　　）。

A. .mnx　　B. .fxp　　C. .prg　　D. .frx

（6） 报表的数据源不可以是（　　）。

A. 自由表或其他报表　　　　B. 数据库表、自由表或视图

C. 数据库表、自由表或查询　　　　D. 表、查询或视图

上 机 练 习

（1） 利用报表向导创建一对多报表文件。

要求根据 Gzb.dbf 和 Rsb.dbf 两个数据表，利用报表向导创建一对多报表文件。父表 Gzb.dbf 选中的字段为“编号”和“基本工资”；子表 Rsb.dbf 选中的字段为“编号”“姓名”“工作日期”“职称”，按照编号顺序排序。

（2） 利用快速报表创建报表文件。

要求根据 Gzb.dbf 数据表，利用快速报表创建报表文件。竖向排列报表，所选字段为“编号”“基本工资”“奖金”。

第 10 章　数据库应用系统开发

一个典型的数据库应用系统由数据库、用户界面、查询和报表等组成，在设计应用系统时应仔细考虑每个组件将提供的功能，以及与其他组件之间的关系。本章将介绍如何开发可供最终用户安装使用的数据库应用系统。

10.1　开发步骤

一个完整的系统，在开发过程中主要经历以下阶段。

（1） 需求分析。

设计数据库系统首先必须准确了解和分析用户需求（包括数据与处理），需求分析阶段就是定义并确定客户的需求，主要是确定所开发系统必须具有的功能。一般情况下，用户并不熟悉计算机的专业知识。而系统开发人员不甚了解相关的业务领域，用户与开发人员之间对同一问题的理解也会存在差异，这些都会给需求分析带来很大困难。因此在需求分析阶段开发人员必须和用户密切配合且充分交流，才能得到用户肯定的系统逻辑模型。需求分析就是回答“系统必须做什么”的问题，主要分析用户的需求，包括数据、功能和性能需求等。

（2） 概念结构设计。

概念结构设计阶段是整个数据库设计的关键，它通过综合、归纳与抽象用户需求形成一个独立于具体数据库管理系统的概念模型。它主要采用 E-R 模型设计，包括画 E-R 图。

（3） 逻辑结构设计。

逻辑结构设计阶段是根据概念模型，以及所采用的某个数据库管理系统软件的数据模型特性，并按照一定的转换规则把概念模型转换为这个数据库管理系统所能够接受的逻辑数据模型，并将其优化。不同的数据库管理系统提供了不同的逻辑数据模型，如层次模型、网状模型和关系模型等。

（4） 物理结构设计。

物理结构设计阶段是为逻辑结构模型选择一个最适合应用环境的物理结构，主要是为所设计的数据库选择合适的存储结构和存取路径。

（5） 数据库实现。

在数据库实现阶段开发人员运用数据库管理系统提供的数据库语言，并根据逻辑结构设计和物理结构设计的结果创建数据库、编写代码、调试应用程序、组织数据入库，以及进行试运行。

（6） 数据库运行和维护。

数据库应用系统经过试运行后即可投入正式运行，在数据库系统运行过程中必须不断地维护。该阶段主要完成系统的运行与数据库的日常维护，它是在系统交付给用户之后，为了改正软件测试阶段未发现的缺陷、改进软件的性能，以及补充软件新功能等维护软件的过程。

由此可见数据库系统开发过程中的每个阶段都相互衔接，层层递进。要确保系统开发的顺利进行，每个阶段都是关键。

10.2 实例——采购管理系统

本节以采购管理系统为例介绍小型系统开发的主要过程。

10.2.1 系统分析

在市场竞争越来越激烈、规模越来越大和消费者要求越来越高的今天，如何提高工作效率和管理水平显得越来越重要。由于手工操作繁琐且容易出错，也不易及时统计更新商品的销售和库存情况，常常造成管理漏洞，给经营者、管理人员和客户带来不便，因此迫切需要一套计算机信息管理系统来实现可靠且便捷的管理。

采购管理系统能有效提高工作效率，减少工作人员，从而减少人力资本的投入。该系统投入运行一段时间后就能基本收回开发系统的投资，从经济角度来说本系统的开发完全必要。

本系统旨在协助一般小型超市实现日常的采购销售管理流程，系统设置了管理端、销售端和采购端 3 种模式，针对不同员工设置相应方便、快捷且高效的操作界面，简单易行。

管理端适用于超市的高层管理人员，包括浏览、添加、修改及删除等多种针对员工和商品信息的应用功能，方便及时更新数据；销售端适用于注重销售效率的销售人员，创建购物车和购物结算功能使得客户结账更快捷且销售数据管理更轻松，员工能随时查看自己的销售业绩；采购端则综合了采购和商品入库等功能，让商品库存及时跟上销售，更便于数据管理。

10.2.2 系统功能模块设计

本系统主要设计如下 3 大管理模块。

（1） 销售端管理模块。

销售端管理模块主要处理与销售相关的事宜，包括购物车管理和个人销售业绩管理，其中购物车管理又包括创建购物车和购物结算两个功能。

（2） 管理端模块。

管理端模块主要涉及如下两个管理功能。

- 商品管理：包括商品库存管理、商品信息管理和销售记录浏览。
- 员工管理：包括工作人员管理和系统用户管理。

（3） 采购端模块。

采购端模块主要处理采购事项，包括商品入库管理、商品采购计划与浏览个人采购业绩等功能。

此外，系统还设计了密码修改与登录等其他模块。

系统功能模块如图 10-1 所示。

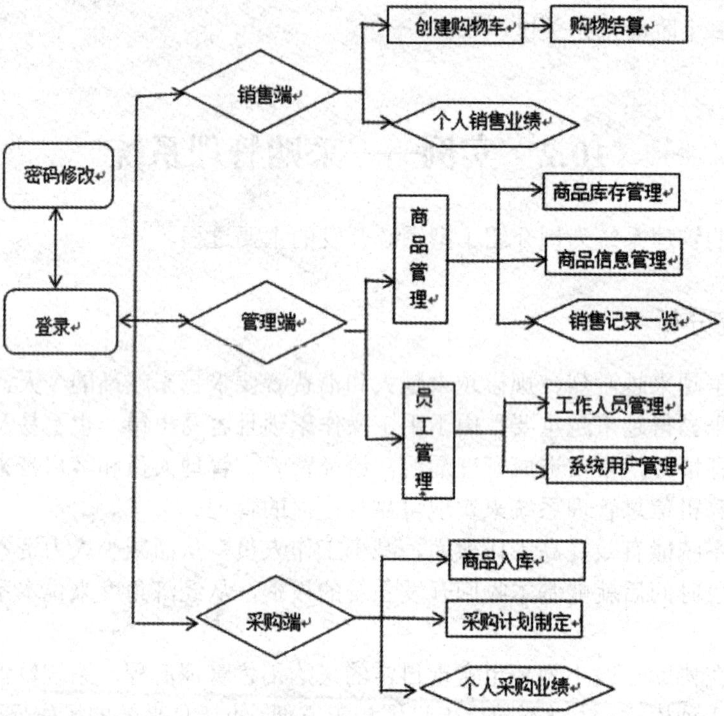

图 10-1 系统功能模块

10.2.3 数据库设计

数据库中共包括如下 7 个数据表。

（1） 系统用户表。

系统用户表（SysUserdata）主要包含用户和密码信息，如表 10-1 所示。

表 10-1 系统用户表

字 段 名	字段类型	字段宽度	是否索引
用户名	字符型	5	主索引
口令	字符型	10	
权限	字符型	1	

（2） 员工信息表。

员工信息表（Workerinfo）主要包含员工的基本信息，如员工编号、姓名、性别、籍贯和出生日期等，如表 10-2 所示。

表 10-2　员工信息表

字　段　名	字段类型	字段宽度	是否索引
员工编号	字符型	5	主索引
姓名	字符型	6	
性别	字符型	2	
权限	字符型	1	
籍贯	字符型	10	
出生日期	日期型	8	

（3）　商品采购表。

商品采购表（Drugbuy）主要包含商品采购信息，如采购量和采购员等，如表 10-3 所示。

表 10-3　商品采购表

字　段　名	字段类型	字段宽度	是否索引
商品编号	字符型	6	普通索引
名称	字符型	26	
采购量	数值型	4	
采购员编号	字符型	5	

（4）　商品信息表。

商品信息表（Druginfo）主要包含商品编号、名称、售价、进价和厂家等信息，如表 10-4 所示。

表 10-4　商品信息表

字　段　名	字段类型	字段宽度	小数位数	是否索引
商品编号	字符型	6		主索引
名称	字符型	26		
售价	数值型	10	2	
进价	数值型	10	2	
厂家	字符型	50		

（5）　商品库存表。

商品库存表（Drugstore）主要包含商品库存信息，如编号、库存量和库存下限等，如表 10-5 所示。

表 10-5　商品库存表

字　段　名	字段类型	字段宽度	是否索引
商品编号	字符型	6	主索引
名称	字符型	26	
库存	数值型	4	
下限	数值型	3	
更新时间	时间型	8	

（6）　购物车记录表。

购物车记录表（Shoppingcars）主要包含购物记录信息，如购物车编号、客户和销售员编号等，如表 10-6 所示。

表 10-6 购物车记录表

字　段　名	字段类型	字段宽度	是否索引
购物车编号	字符型	9	主索引
客户	字符型	6	
销售员编号	字符型	5	普通索引
销售日期	日期时间型	8	
结算	逻辑型	1	

（7） 购物车商品记录表。

购物车商品记录表（Shoppingcarsj1）主要包含购物车的商品信息，如数量、售价和结算信息等，如表 10-7 所示。

表 10-7 购物车商品记录表

字　段　名	字段类型	字段宽度	小数位数	是否索引
购物车编号	字符型	9		普通索引
编号	字符型	6		普通索引
数量	数值型	4		
售价	数值型	10	2	
结算	逻辑型	1		

10.2.4 主要表单

1. 欢迎表单

欢迎表单主要用来显示欢迎界面信息，如图 10-2 所示。

图 10-2 欢迎表单

该表单包含 line1、line2 和 timer1 控件，其中 Timer1 的 interval 属性设为 8。

Timer1 的 Timer 事件处理代码为：

```
IF thisform.Line2.width<250
```

```
  thisform.Line2.width=thisform.Line2.width+1
ELSE
  DO FORM 登录表单.scx
thisform.Release
Endif
```

2. 登录表单

欢迎界面大约两秒后自动关闭，打开登录表单，如图 10-3 所示。

图 10-3　登录表单

系统目前将用户分为管理员、销售员和采购员，不同身份的用户登录时，系统会自动根据不同权限打开相应的界面。单击“修改密码”按钮，可进入个人密码修改界面。

本表单的数据来自于 SysUserdata 表。

“登录”按钮的 Click 事件代码为：

```
x1=allt(thisform.text1.value)
x2=allt(thisform.text2.value)
if empty(thisform.text1.value)
  messagebox("用户名不能为空！",48,"错误提示")
  thisform.text1.value=" "
  thisform.text2.value=" "
  thisform.text1.setfocus
else
  locate for allt(sysUserdata.用户名)==x1 and allt(sysUserdata.口令)==x2
if  found( )
  do case
      case allt(sysUserdata.权限)="1"
          qx=1
      case allt(sysUserdata.权限)="2"
          qx=2
      case allt(sysUserdata.权限)="3"
          qx=3
endcase
messagebox("登录成功，欢迎使用！",64,"登录")
```

```
do case
     case qx=1
      do form 管理员主页.scx
     case qx=2
      do form 销售员主页.scx
case qx=3
      do form 采购员主页.scx
endcase
yhm=allt(thisform.text1.value)
thisform.release
else
   messagebox("对不起，用户名或密码不正确，请重试！",48,"温馨提示")
   thisform.text1.value=" "
   thisform.text2.value=" "
   thisform.text1.setfocus
endif
endif
```

10.2.5 修改密码表单

单击“修改密码”按钮，打开修改密码表单，如图 10-4 所示。

图 10-4 修改密码表单

输入用户名和旧密码，在最下面两个文本框中输入新密码，要求必须一致，单击“修改”按钮即可修改密码。

“修改”按钮的 Click 事件代码为：

```
x1=allt(thisform.text1.value)
x2=allt(thisform.text2.value)
x3=allt(thisform.text3.value)
x4=allt(thisform.text4.value)

If  empty(thisform.text1.value)
   messagebox("用户名不能为空！",48,"温馨提示")
```

```
    thisform.text1.value=" "
    thisform.text2.value=" "
    thisform.text3.value=" "
    thisform.text4.value=" "
    thisform.text1.setfocus
else
    sele sysUserdata
    if x2==x3
      locate for allt(sysUserdata.用户名)==x1 and allt(sysUserdata.口令)==x4
      if found( )
         go recn( )
         replace 口令 with x2
         messagebox("密码修改成功！",64,"温馨提示")
         thisform.release
     else
        messagebox("对不起，该用户或密码不正确，请重试！",48,"温馨提示")
        thisform.text1.value=" "
        thisform.text2.value=" "
        thisform.text3.value=" "
        thisform.text4.value=" "
        thisform.text1.setfocus
    endif
else
        messagebox("您输入的新密码不一致，请重试！",48,"温馨提示")
        thisform.text2.value=" "
        thisform.text3.value=" "
        thisform.text2.setfocus
endif
endif
```

10.2.6　管理员表单

若为管理员登录，则打开如图 10-5 所示的管理员表单。

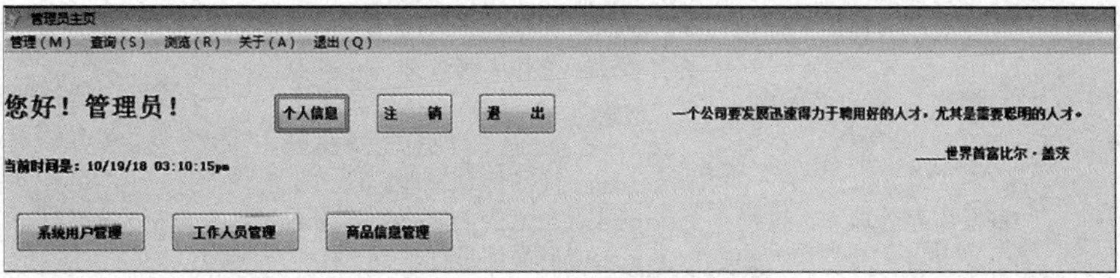

图 10-5　管理员表单

该表单设计每次都会随机在界面上显示名言，以激励员工，此设置在“销售员主页”和“采购员主页”中同样存在。

管理员主页的 Init 事件代码为：

```
do 主菜单.mpr with this,.t.
thisform.command1.setfocus
```

```
    thisform.label1.caption="当前时间是："+allt(ttoc(datetime( )))
    a1=rand( )*10
    do case
        case a1<=2
          thisform.label2.caption="____著名管理学家彼得·杜拉克"
          thisform.label3.caption='"卓有成效的管理者善于用人之长。"
        case a1>2  and a1<=4
          thisform.label2.caption=" ____世界首富比尔·盖茨"
          thisform.label3.caption='"一个公司要发展迅速得力于聘用好的人才，尤其是需要聪
明的人才。"'
    case a1>4  and a1<=6
    thisform.label2.caption="____联想集团总裁柳传志"
    thisform.label3.caption='"人才是利润最高的商品，能够经营好人才的企业才是最终的大赢
家。"'
    case a1>6  and a1<=8
    thisform.label2.caption="____美国女企业家玛丽·凯"
    thisform.label3.caption='"不善于倾听不同的声音，是管理者最大的疏忽。"'
    case a1>8  and a1<=10
    thisform.label2.caption="____美国斯坦福大学教授艾森哈特"
    thisform.label3.caption='"抓住时机并快速决策是现代企业成功的关键。"'
    endcase
```

单击不同的按钮可进入不同的管理或浏览等操作界面，单击“个人信息”按钮可浏览自己的相关资料；单击“注销”按钮则可返回登录界面重新登录。

该界面包含的主要模块如下。

（1） 主菜单设置。

通过主菜单可以实现管理员主界面中 5 个管理按钮的功能，也可以查询员工与商品等相关资料，并浏览销售记录。

主菜单的主要结构为：

```
管理（\<M）  子菜单
    员工管理（\<P）  子菜单
        系统用户管理    过程    _screen.activeform.release
                                do form 系统用户管理.scx
        工作人员管理    过程    _screen.activeform.release
                                do form 工作人员管理.scx
    商品管理（\<D）  子菜单
        商品信息管理    过程    _screen.activeform.release
                                do form 商品信息管理.scx
        商品库存管理    过程    _screen.activeform.release
                                do form 商品信息管理.scx
查询（\<S） 子菜单
    商品信息查询（\<K）  命令  do form 商品信息查询.scx
    员工信息查询（\<W）  命令  do form 员工信息查询.scx

浏览（\<R） 子菜单
        商品销售一览    过程    _screen.activeform.release
                                do form 销售记录一览.scx
关于（\<A）  命令  do form 关于.scx
```

```
退出（\<Q）　过程　do case
                    case messagebox("确认退出？",1+32+256,"温馨提示")=1
                    _screen.activeform.release
                    do form 结束表单.scx
                    endcase
```

（2）　系统用户管理表单。

系统用户管理表单让管理员更方便更快捷地管理员工的登录账号和密码，如图 10-6 所示。

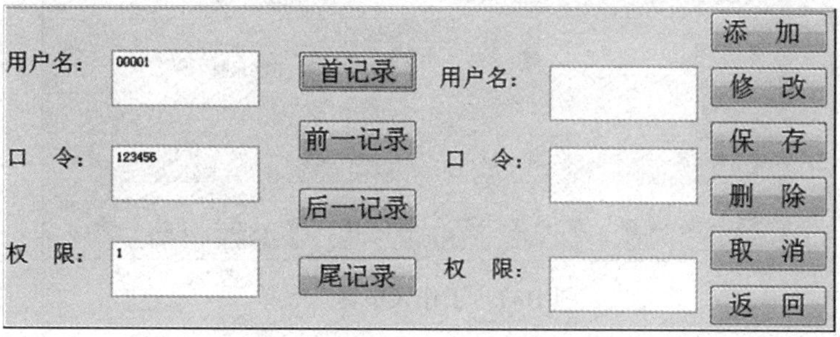

图 10-6　系统用户管理表单

管理员在此可执行添加、修改和删除等操作，若添加用户，则在文本框中输入用户名；若此前不存在，则单击“保存”按钮完成添加；若修改数据，则选择要修改的数据。单击“修改”按钮后并在文本框中修改，确认完成后单击“保存”按钮即可。

左侧按钮组的 Click 事件代码如下：

```
do case
  case this.value=1
      goto top
  case this.value=2
     if ! bof( )
        skip -1
     endif
  case this.value=3
     if ! eof( )
        skip
     endif
  case this.value=4
     goto bottom
  endcase
  thisform.refresh
```

（3）　工作人员管理表单。

工作人员管理表单包含一个计时器和一个标签显示当前系统时间，右下侧有使用提示。单击上侧按钮组中的按钮可改变文本框中的数据以浏览记录，全部记录显示在上端表格中；下侧按钮组则用于记录的维护（添加、修改和删除等），使管理员更加方便地添加和更正员工信息，该表单如图 10-7 所示。

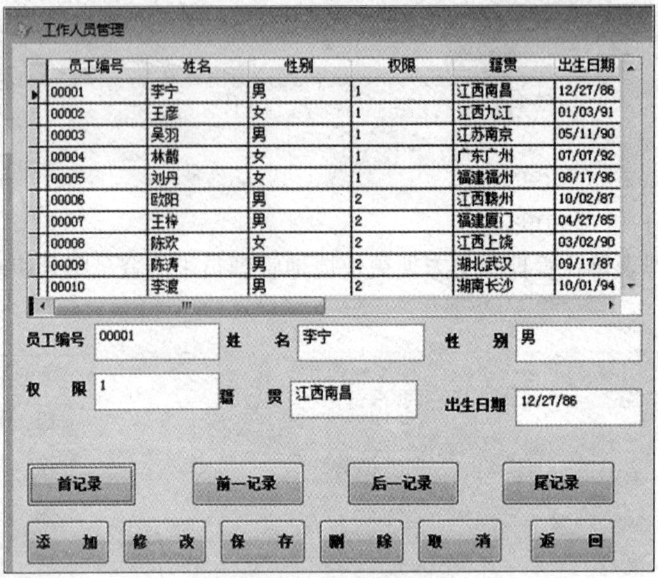

图 10-7　工作人员管理表单

“首记录”“前一记录”等记录浏览按钮组的 Click 事件代码与系统用户管理表单相同，“添加”和“修改”等按钮构成一个按钮组 cmg2。

其中，“添加”按钮（cmg2.cmd1）的 Click 事件代码如下：

```
thisform.cmg2.cmd2.enabled=.f.
thisform.cmg2.cmd4.enabled=.f.
thisform.cmg2.cmd5.enabled=.t.

thisform.txt 员工编号.controlsource=" "
thisform.txt 姓名.controlsource=" "
thisform.txt 性别.controlsource=" "
thisform.txt 权限.controlsource=" "
thisform.txt 籍贯.controlsource=" "
thisform.txt 出生日期.controlsource=" "

thisform.txt 员工编号.value=" "
thisform.txt 姓名.value=" "
thisform.txt 性别.value=" "
thisform.txt 权限.value=" "
thisform.txt 籍贯.value=" "
thisform.txt 出生日期.value={}

thisform.txt 员工编号.readonly=.f.
thisform.txt 姓名.readonly=.f.
thisform.txt 性别.readonly=.f.
thisform.txt 权限.readonly=.f.
thisform.txt 籍贯.readonly=.f.
thisform.txt 出生日期.readonly=.f.

thisform.txt 员工编号.setfocus
```

“修改”按钮（cmg2.cmd2）的 Click 事件代码如下：

```
thisform.cmg2.cmd1.enabled=.f.
thisform.cmg2.cmd4.enabled=.f.
thisform.cmg2.cmd5.enabled=.t.
thisform.txt 员工编号.readonly=.t.

thisform.txt 员工编号.controlsource=" "
thisform.txt 姓名.controlsource=" "
thisform.txt 性别.controlsource=" "
thisform.txt 权限.controlsource=" "
thisform.txt 籍贯.controlsource=" "
thisform.txt 出生日期.controlsource=" "

thisform.txt 姓名.setfocus

thisform.txt 姓名.readonly=.f.
thisform.txt 性别.readonly=.f.
thisform.txt 权限.readonly=.f.
thisform.txt 籍贯.readonly=.f.
thisform.txt 出生日期.readonly=.f.
```

“保存”按钮（cmg2.cmd3）的 Click 事件代码如下：

```
x1=allt(thisform.txt 员工编号.value)
x2=allt(thisform.txt 姓名.value)
x3=allt(thisform.txt 性别.value)
x4=allt(thisform.txt 权限.value)
x5=allt(thisform.txt 籍贯.value)
x6=allt(thisform.txt 出生日期.value)

if thisform.txt 姓名.readonly=.t.
messagebox("请先选择保存或修改记录！",48,"温馨提示")
else
if empty (x1) or empty (x2) or empty (x3) or empty (x4) or empty (x5) or empty
(x6)
  do case
     case thisform.txt 员工编号.readonly=.f.
         messagebox("新添的对象不能为空值，请重新输入！",48,"温馨提示")
     case thisform.txt 员工编号.readonly=.t.
         messagebox("修改的对象不能为空值，请重新输入！",48,"温馨提示")
     endcase
else
  do case
  case thisform.txt 员工编号.readonly=.f.
     locate for workerinfo.员工编号=allt(thisform.txt 员工编号.value)
     if found( )
    messagebox("该员工编号已存在，请重新输入！",48,"温馨提示")
        thisform.txt 员工编号.value=" "
        thisform.txt 员工编号.setfocus
     else
```

```
        if messagebox("确定要新增员工信息吗？",32+1,"温馨提示")=1
        insert into workerinfo(员工编号，姓名，性别，权限，籍贯，出生日期) value
         (x1,x2,x3,x4,x5,x6)
        messagebox("您新增的数据保存成功！",64,"保存")
          thisform.txt 员工编号.value=x1
          thisform.txt 姓名.value=x2
          thisform.txt 性别.value=x3
          thisform.txt 权限.value=x4
          thisform.txt 籍贯.value=x5
          thisform.txt 出生日期.value=x6
          thisform.txt 员工编号.controlsource="workerinfo.员工编号"
          thisform.txt 姓名.controlsource="workerinfo.姓名"
          thisform.txt 性别.controlsource="workerinfo.性别"
          thisform.txt 权限.controlsource="workerinfo.权限"
          thisform.txt 籍贯.controlsource="workerinfo.籍贯"
          thisform.txt 出生日期.controlsource="workerinfo.出生日期"
          thisform.txt 员工编号.readonly=.t.
          thisform.txt 姓名.readonly=.t.
          thisform.txt 性别.readonly=.t.
          thisform.txt 权限.readonly=.t.
          thisform.txt 籍贯.readonly=.t.
          thisform.txt 出生日期.readonly=.t.
          thisform.cmg2.cmd5.enabled=.f.
          thisform.cmg2.cmd2.enabled=.t.
          thisform.cmg2.cmd4.enabled=.t.
          thisform.grdworkerinfo.recordsource='sele * from workerinfo into
cursor temp9'
   endif
   endif
   case thisform.txt 员工编号.readonly=.t.
    if messagebox("确定要保存修改数据吗？",32+1,"温馨提示")=1
     replace 员工编号 with x1,姓名 with x2,性别 with x3,权限 with x4,籍贯 with x5,
出生日期 with x6
    thisform.txt 姓名.controlsource="workerinfo.姓名"
    thisform.txt 员工编号.controlsource="workerinfo.员工编号"
    thisform.txt 性别.controlsource="workerinfo.性别"
    thisform.txt 权限.controlsource="workerinfo.权限"
    thisform.txt 籍贯.controlsource="workerinfo.籍贯"
    thisform.txt 出生日期.controlsource="workerinfo.出生日期"
    messagebox("您修改的数据保存成功！",64,"保存")
    thisform.txt 姓名.readonly=.t.
    thisform.txt 性别.readonly=.t.
    thisform.txt 权限.readonly=.t.
    thisform.txt 籍贯.readonly=.t.
    thisform.txt 出生日期.readonly=.t.
    thisform.cmg2.cmd5.enabled=.f.
    thisform.cmg2.cmd1.enabled=.t.
    thisform.cmg2.cmd4.enabled=.t.
    thisform.grdworkerinfo.recordsource='sele * from workerinfo into cursor
temp9'
```

```
endif
endcase
thisform.cmg1.cmd1.setfocus
endif
endif
thisform.refresh
```

“删除”按钮（cmg2.cmd4）的 Click 事件代码为：

```
x1=allt(thisform.txt 员工编号.value)
if empty(x1)
  messagebox("请先选择删除的记录！",48,"温馨提示")
else
  if messagebox("确定要删除吗？记录将不能恢复！",32+1 +256,"温馨提示")=1
     dele for allt(workerinfo.员工编号)==x1
     pack
     thisform.cmg1.cmd1.setfocus
thisform.grdworkerinfo.recordsource='sele * from workerinfo into cursor temp9'
endif
endif
```

“取消”按钮（cmg2.cmd5）的 Click 事件代码为：

```
 thisform.txt 员工编号.controlsource="workerinfo.员工编号"
 thisform.txt 姓名.controlsource="workerinfo.姓名"
 thisform.txt 性别.controlsource="workerinfo.性别"
 thisform.txt 权限.controlsource="workerinfo.权限"
 thisform.txt 籍贯.controlsource="workerinfo.籍贯"
 thisform.txt 出生日期.controlsource="workerinfo.出生日期"

*各文本框恢复只读
thisform.txt 员工编号.readonly=.t.
thisform.txt 姓名.readonly=.t.
thisform.txt 性别.readonly=.t.
thisform.txt 权限.readonly=.t.
thisform.txt 籍贯.readonly=.t.
thisform.txt 出生日期.readonly=.t.
thisform.cmg1.cmd1.setfocus
this.enabled=.f.
thisform.cmg2.cmd1.enabled=.t.
thisform.cmg2.cmd2.enabled=.t.
thisform.cmg2.cmd4.enabled=.t.
```

（4）　销售记录浏览表单。

在管理员主页中单击“商品销售管理”按钮，打开销售记录浏览表单。在其中用户可以浏览商品销售记录，包括购物车记录、购物车内商品信息记录，以及销售时间和销售员等信息，如图 10-8 所示。

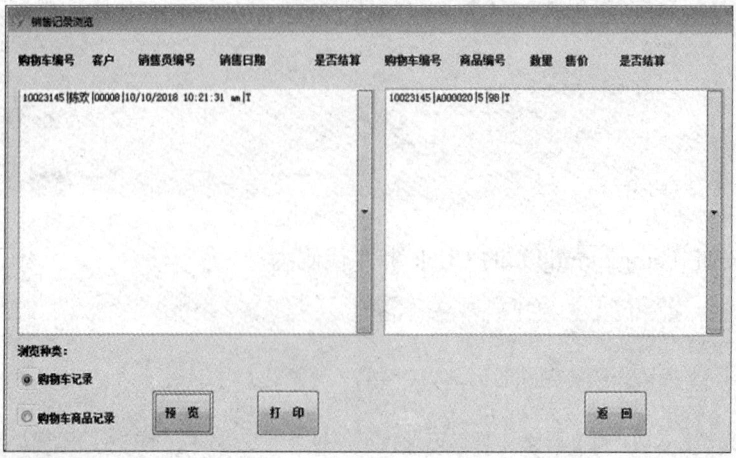

图 10-8 销售记录浏览表单

在表单左侧下拉列表框中选中购物车记录，在右侧下拉列表框中即可显示所选购物车内商品的相关记录。

左侧列表框（list1）的 interactivechange 事件代码为：

```
x1=allt(this.value)
thisform.list2.rowsource=c
thisform.refresh
"预览"按钮（command2）的 click 事件代码为:
if  thisform.opg1.value=1
   report form 购物车记录.frx preview noconsole
   else
   report form 购物车商品记录.frx preview noconsole
endif
"打印"按钮（command3）的 click 事件代码为:
if  thisform.opg1.value=1
   report form 购物车记录.frx to printer
else
   report form 购物车商品记录.frx to printer
endif
```

10.2.7 销售员主页表单

若为销售员登录，则打开如图 10-9 所示的“销售员主页”界面表单。

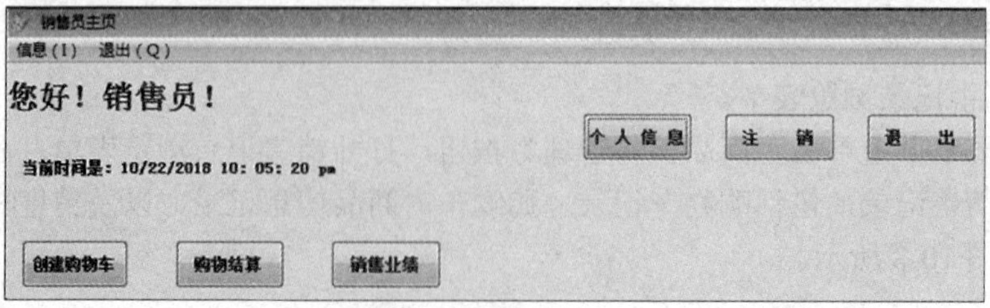

图 10-9 “销售员主页”表单

其中包括以下主要表单。

（1） 创建购物车表单。

在“销售员主页”表单中单击“创建购物车”按钮，则打开如图 10-10 所示的“创建购物车”表单。

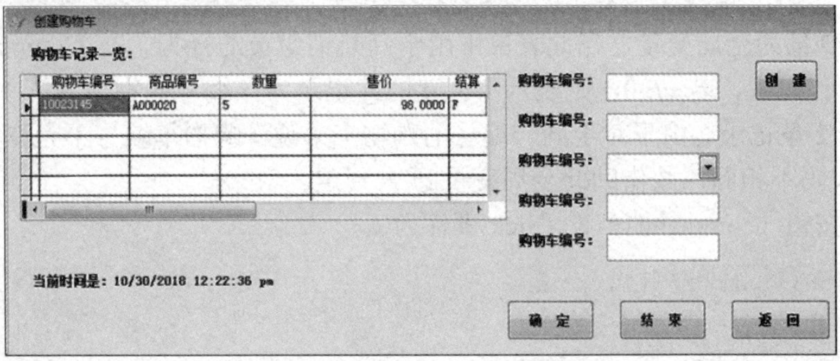

图 10-10　“创建购物车”表单

“创建购物车”表单能让销售员高效并有序地添加销售数据，使得商品销售更加快捷，方便了顾客和销售员。在该表单中销售员必须首先输入将创建的购物车编号，单击“创建”按钮待系统检测无重复编号后即可添加，即将加入购物车的商品数据（记录不能为空值）。添加后单击“确定”按钮即可完成创建，此时表 shoppingcars 和 shoppingcarsj1 中会添加相应记录。若创建途中因特殊情况需停止工作，单击“结束”按钮即可。

其中“创建”按钮（command3）的 Click 事件代码为：

```
   cf=0   &&全局变量
   x1=allt(thisform.text1.value)
   if empty(x1)
      messagebox("创建的记录不能为空值！",48,"温馨提示")
      thisform.text1.setfocus
   else
   if left(x1,4) #'100A' or len(x1) #9
      messagebox("购物车编号输入不正确，请重新输入！正确格式：100A*****",48,"温馨提
示")
      thisform.text1.value=" "
      thisform.text1.setfocus
   else
        locate for allt(shoppingcars.购物车编号)==x1
        if found( )
          messagebox("该编号的购物车已存在，请重新输入！",48,"温馨提示")
          thisform.text1.value=" "
          thisform.text1.setfocus
        else
          thisform.combo1.rowsource='druginfo.编号'
          this.enabled=.f.
          thisform.command1.enabled=.t.
          thisform.command4.enabled=.t.
          thisform.text1.readonly=.t.
          thisform.text2.enabled=.t.
```

```
        thisform.combo1.enabled=.t.
        thisform.text4.enabled=.t.
        thisform.text2.setfocus
      endif
    endif
endif
```

这里 *cf* 变量为全局变量，在此表单中用于判断销售员的行为。在 Command1“确定”按钮的 Click 代码中，若 *cf*=0，则表示将创建的此记录为该编号购物车的第 1 条记录；若 *cf*=1，则为第 2 条记录。由于对于同一编号的购物车来说（购物车编号不允许重复），两次添加的程序代码不相同，故借助此全局变量 *cf* 来判定。

“确定”按钮（command1）的 Click 事件为：

```
x1=allt(thisform.text1.value)
x2=allt(thisform.text2.value)
x3=allt(thisform.combo1.value)
x4=allt(thisform.text4.value)   &&数量
x5=allt(thisform.text5.value)   &&售价
if empty(x5) or empty(x2) or empty(x3) or empty(x4)
messagebox("创建的记录不能为空值！",48,"温馨提示")
else
  do case
  case cf=0
    sele druginfo
    locate for allt(druginfo.编号)==x3
    if  found( )
      go recn( )
     if  messagebox("确定要创建购物车吗？",32+1,"温馨提示")=1
        sele shoppingcars
        insert into shoppingcars(购物车编号,客户,销售员编号,销售日期,结算)
          value (x1,x2,yhm,datetime( ),.f.)
        insert into shoppingcarsj1(购物车编号,编号,数量,售价,结算) value
          (x1,x3,val(x4),val(x5),.f.)
        messagebox("购物车创建成功！",64,"创建成功")
        cf=1
        thisform.text2.readonly=.t.
        thisform.text4.value=" "
        thisform.combo1.setfocus
      endif
endif
case cf=1
      sele druginfo
      locate for allt(druginfo.编号)==x3
      if  found( )
        go recn( )
       if messagebox("确定要创建购物车吗？",32+1,"温馨提示")=1
         sele shoppingcars
         replace shoppingcars.销售日期 with datetime( )
         insert  into  shoppingcarsj1(购物车编号,编号,数量,售价,结算)  value
           (x1,x3,val(x4),val(x5),.f.)
```

```
          messagebox("购物车创建成功！",64,"创建成功")
          cf=1
          thisform.text2.readonly=.t.
          thisform.text4.value=" "
          thisform.combo1.setfocus
        endif
 endif
endcase
endif
thisform.refresh
```

“结束”按钮（command4）的 Click 事件代码为：

```
thisform.text1.value=" "
thisform.text2.value=" "
thisform.combo1.rowsource=" "
thisform.text4.value=" "
thisform.text5.value=" "
thisform.text1.readonly=.f.
thisform.text2.readonly=.f.
thisform.text2.enabled=.f.
thisform.combo1.enabled=.f.
thisform.text4.enabled=.f.

thisform.command1.enabled=.f.
thisform.command3.enabled=.t.
thisform.command4.enabled=.f.
thisform.text1.setfocus
```

（2） 购物车结算表单。

在销售员主页表单中单击“购物结算”按钮，打开如图 10-11 所示的“购物结算”表单。

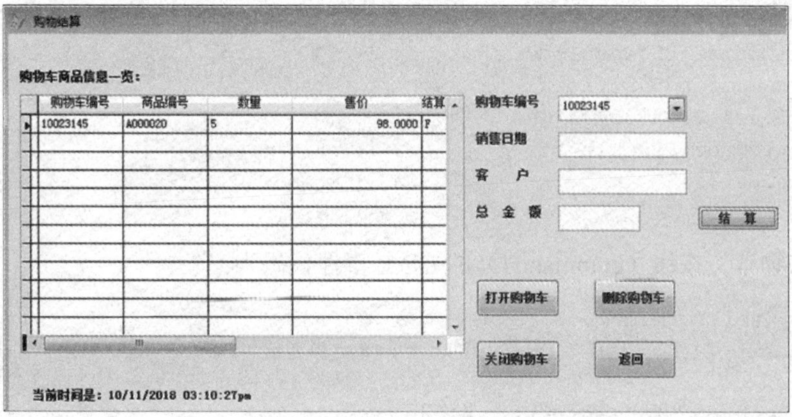

图 10-11　“购物结算”表单

该表单用于销售员结算自己创建的购物车。在组合框中选中购物车编号，单击“打开购物车”按钮，左侧表格即显示该购物车中商品的相关信息。此时该购物车所有商品的销售总金额会显示在“总金额”文本框中，单击“结算”按钮，购物车的结算标识会变成“已结算（.T.）”（如果之前购物车尚未结算）；同时商品库存表中“库存”记录会扣去相应的售出数量。

这里，“购物车编号”（combo1）的主要功能是将购物车的销售日期和客户信息显示在文本框中，它的 Interactivechange 事件代码为：

```
  x3=allt(thisform.combo1.value)
  sele shoppingcars
  locate for allt(shoppingcars.购物车编号)==x3 and allt(shoppingcars.销售员编号)==yhm
  if found( )
    go recn()
    thisform.text1.value=allt(shoppingcars.客户)
    thisform.text3.value=shoppingcars.销售日期
  endif
  thisform.refresh
```

“打开购物车”按钮（command2）的Click 事件代码如下：

```
  dimension js(1)
  x1=allt(thisform.combo1.value)
  if empty(x1)
  messagebox("请先选择将打开的购物车！",48,"温馨提示")
  thisform.combo1.setfocus
  else
     sele sum(shoppingcarsj1.售价*shoppingcarsj1.数量) from shoppingcarsj1 where allt(shoppingcarsj1.购物车编号)==x1 into array js
     thisform.command3.enable=.t.
     thisform.grid1.recordsourcetype=4
     thisform.grid1.recordsource='select shoppingcarsj1.购物车编号, shoppingcarsj1.编号,shoppingcarsj1.数量,shoppingcarsj1.结算 from shoppingcarsj1 where allt(shoppingcarsj1.购物车编号)==x1 group by shoppingcarsj1.编号 order by shoppingcarsj.编号 into cursor temp2'
  thisform.command5.enabled=.t.
  thisform.command5.setfocus
  thisform.text2.value=js(1)
  thisform.combo1.enable=.f.
  thisform.refresh
  endif
```

“删除购物车”按钮（command4）的Click 事件代码为：

```
  if empty(thisform.combo1.value)
     messagebox("请先选中要删除的记录！",48,"温馨提示")
  else
  if  messagebox("确定要删除吗？记录将不能恢复！",1+32+256,"温馨提示")=1
     sele shoppingcarsj1
     delete  for  allt(shoppingcarsj1.购物车编号)==allt(thisform.combo1.value)
  pack
  sele shoppingcars
  delete for allt(shoppingcars.购物车编号)==allt(thisform.combo1.value)
```

```
    pack
    with thisform
        .text1.value=' '
        .text2.value=' '
        .text3.value=' '
    endwith
    thisform.combo1.rowsource='select shoppingcars. 购物车编号 from shoppingcars
where allt(shoppingcars.销售员编号)==yhm into cursor temp4 '
    thisform.command5.enabled=.f.
    thisform.command3.enabled=.f.
    thisform.combo1.enabled=.t.
    thisform.grid1.recordsource=' '
    thisform.refresh
    endif
    endif
    thisform.combo1.setfocus
```

“关闭购物车”按钮（command3，仅在购物车打开时可用）的 Click 事件代码为：

```
    this.enabled=.f.
    thisform.command5.enabled=.f.
    thisform.combo1.enabled=.t.
    thisform.grid1.recordsource=' '
    thisform.text2.value=' '
    thisform.combo1.setfocus
    thisform.refresh
```

“结算”按钮（command5）的 Click 事件代码为：

```
    local x1
    locate for allt(shoppingcars.购物车编号)==allt(thisform.combo1.value)
    if found( )
        go recn( )
        if shoppingcars.结算=.t.
          messagebox("该购物车已结算！",48,"温馨提示")
          thisform.text2.value=' '
          thisform.command5.enabled=.f.
          thisform.command3.enabled=.f.
    thisform.combo1.enabled=.t.
    thisform.combo1.setfocus
    else
          sele shoppingcarsj1
           scan for allt(shoppingcarsj1.购物车编号)==allt(thisform.combo1.value)
            repl shoppingcars.结算 with .t.
            repl shoppingcars.销售日期 with datetime( )
            repl shoppingcars1.结算 with .t.
            x1=shoppingcarsj1.数量
            repl drugstore.库存 with drugstore.库存-x1, drugstore.更新时间 with
datetime( )
           endscan
      messagebox("结算成功！",64,"温馨提示")
     thisform.combo1.setfocus
```

```
endif
endif
thisform.text2.value=" "
thisform.command5.enable=.f.
thisform.command3.enable=.f.
thisform.combo1.enable=.t.
thisform.grid1.recordsource=" "
thisform.refresh
```

（3） 销售业绩表单。

在“销售员主页”表单中单击“销售业绩”按钮，打开如图 10-12 所示的“销售业绩”表单。

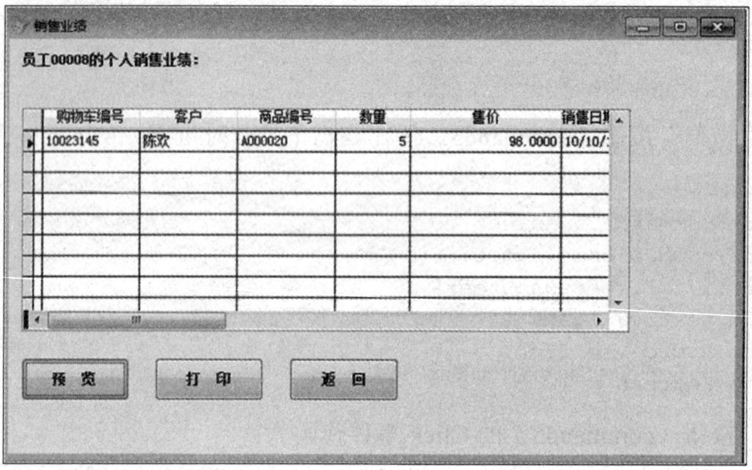

图 10-12 “销售业绩”表单

该表单用于显示销售员“个人销售业绩”报表并打印个人的销售记录，了解自己工作的情况并树立每一天的目标。

10.2.8 采购员主页表单

若为采购员登录，则打开如图 10-13 所示的“采购员主页”表单。

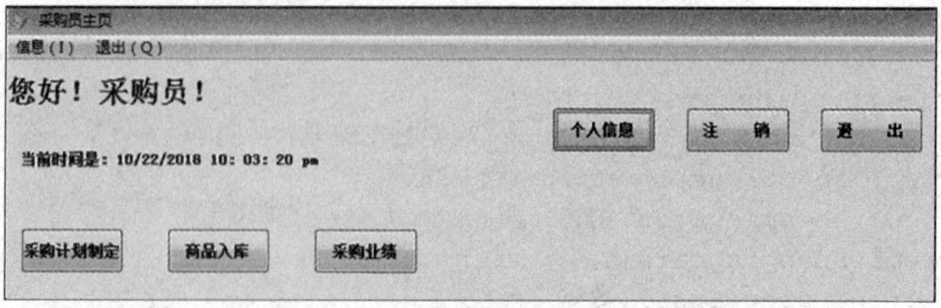

图 10-13 “采购员主页”表单

其中包含以下主要表单。

（1）　采购计划制定表单。

采购计划制定表单针对采购员的工作量身定做，用户可根据库存商品信息制定相应计划以补充商品库存，使整个系统工作有条不紊且超市运转高效。该表单左上角的表格显示全部库存商品；左下角的表格则可以浏览零库存商品记录，便于制定采购计划。用户使用时只要在右下角的“编号”组合框中选择相应的商品编号并输入采购量，确定无误后单击“添加”按钮即可创建采购项目。在此表单中用户可浏览及打印“个人采购业绩”报表，“采购计划制定”表单如图 10-14 所示。

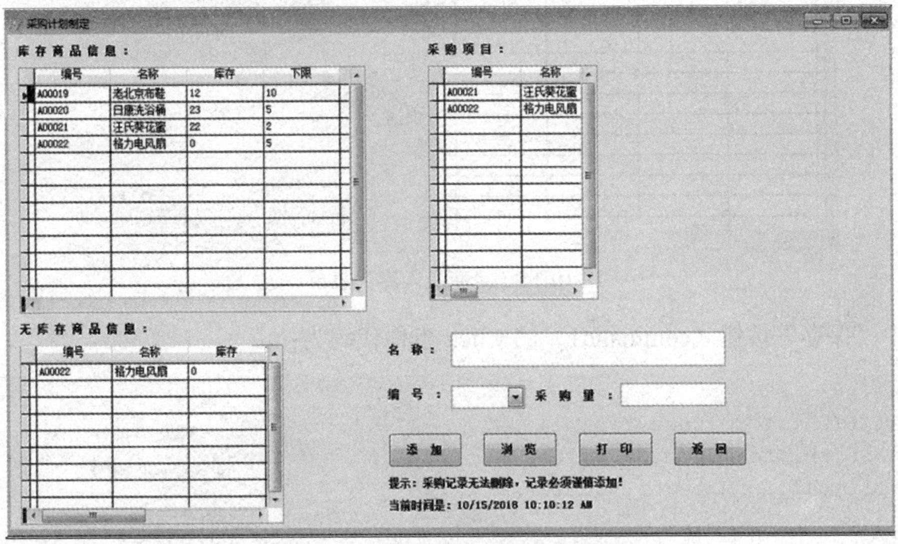

图 10-14　“采购计划制定”表单

其中“添加”按钮（command2）的 Click 事件代码为：

```
x1=allt(thisform.text1.value)
x2=allt(thisform.combo1.value)
x3=allt(thisform.text3.value)
if empty(x1) or empty(x2) or empty(x3)
  messagebox("不能添加空值！",48,"温馨提示")
else
  if messagebox("确定添加该记录？记录将无法修改！",32+1,"温馨提示")=1
    insert into drugbuy(名称,编号,采购量,采购员编号) value(x1,x2,val(x3),yhm)
    thisform.text1.value=" "
    thisform.combo1.value=" "
    thisform.text3.value=" "
    thisform.combo1.setfocus
    thisform.grid1.recordsource='Sele drugbuy.编号,drugbuy.名称,drugbuy.采购量 from drugbuy where drugbuy.采购员编号=yhm into cursor temp6'
endif
endif
thisform.refresh
```

（2）　商品入库表单。

在“采购员主页”表单中单击“商品入库”按钮，打开如图 10-15 所示的“商品入库”

表单。

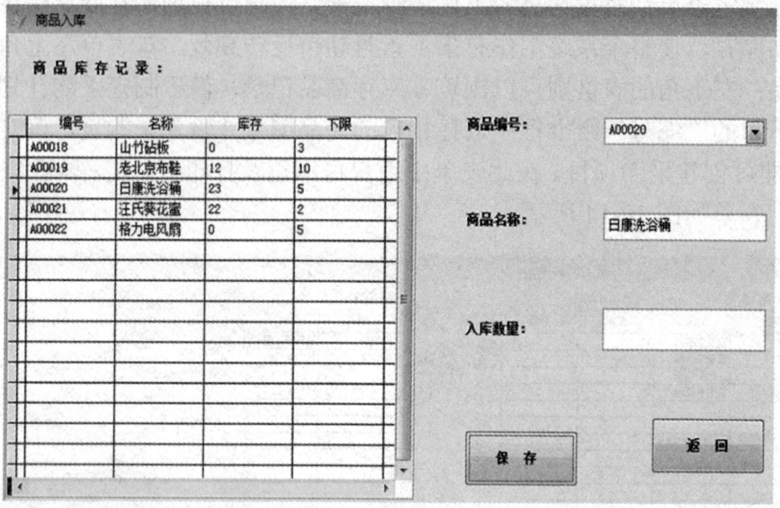

图 10-15 “商品入库”表单

其中“保存”按钮（command1）的 Click 事件代码为：

```
local x4
x1=allt(thisform.text2.value)
x2=allt(thisform.combo2.value)
x3=allt(thisform.text1.value)
do case
  case empty(thisform.combo2.value)
     messagebox("商品编号不能为空！"',48 ,"温馨提示")
     thisform.combo2.setfocus
  otherwise
      sele drugstore
      locate for allt (drugstore.名称)==x1 and allt(drugstore.编号)==x2
if found( )
        go recn( )
        x4=val (allt(str(drugstore.库存)))
        if len(allt(str(val(x3)+x4)))>4
            messagebox("入库后库存已达上限，请重新输入！",48 ,"温馨提示")
            thisform.text1.value=" "
            thisform.text1.setfocus
else
            replace 库存 with 库存+val (x3)
            thisform.text1.value=" "
            thisform.text1.setfocus
endif
endif
endcase
```

（3） 采购业绩表单。

在“采购员主页”表单中单击“采购业绩”按钮，打开如图 10-16 所示的“采购业绩”表单。

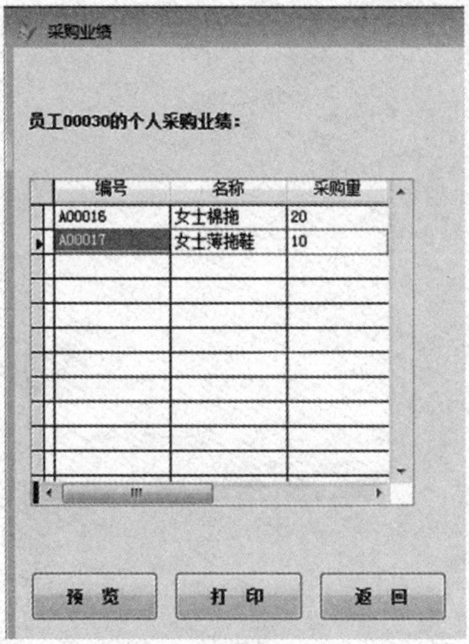

图 10-16　“采购业绩”表单

该表单用于采购员浏览自己的个人采购业绩，并且可以打印。

10.2.9　主程序及其代码

本应用系统的主程序包括基本环境设置、系统环境清除、全局变量设置和相应表单的启动等。

本系统使用的全局变量包括 *qx*、*yhm* 和 *cf*。其中，*qx* 用于记录登录者的权限，便于区分登录者身份，以打开相应表单；*yhm* 用于记录登录者的用户名，在后续的程序中设置登录者的相应信息；*cf* 在创建购物车表单中用于区分销售员创建购物车的具体行为。

本系统使用的本地变量为 *npath*，用于记录主程序所在路径，然后设置为该系统的相对路径。

clear popu 命令用来释放内存中所有用 define popup 命令创建的菜单定义，clear wind 命令释放内存中所有的用户自定义窗口，clear prog 命令用来清除已编译程序的缓冲区。

以下为全部代码：

```
*关闭主屏幕"最大化""最小化"和"关闭"按钮
_SCREEN.controlbox=.f.

*清除环境
close all
clear menu
clear popu
clear wind
clear prog
clear memory
clear
```

```
*基本设置
set talk off
set century on
set exact off
set exclusive on
set safety off
set deleted on
set sysmenu off

*设置全局变量
public qx,yhm,cf

*设置默认路径
local npath
npath=sys(5)+sys(2003)
set default to &npath

*启动表单
do form 欢迎表单.scx
read event
```

10.2.10 报表设计

本系统共有 5 个报表，本节以“采购计划制定”表为例说明。

可通过新建方式创建“采购计划制定”表，然后单击“显示”|“浏览”选项，查看该表内容，如图 10-17 所示。

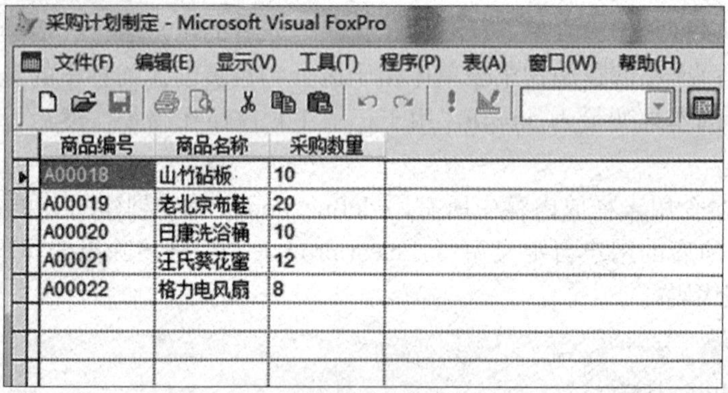

商品编号	商品名称	采购数量
A00018	山竹砧板	10
A00019	老北京布鞋	20
A00020	日康洗浴桶	10
A00021	汪氏蜂花蜜	12
A00022	格力电风扇	8

图 10-17　“采购计划制定”表的内容

选择“文件”|“新建”选项，在弹出的“新建”对话框中选择“报表”选项。单击“新建文件”按钮，弹出没有内容的空报表。选择“报表”|“快速报表”选项，则显示含有页标头、细节和页注脚部分的报表。如果需要在报表中添加标题，还可选择“报表”|“属性”选项，弹出如图 10-18 所示的“报表属性”对话框。

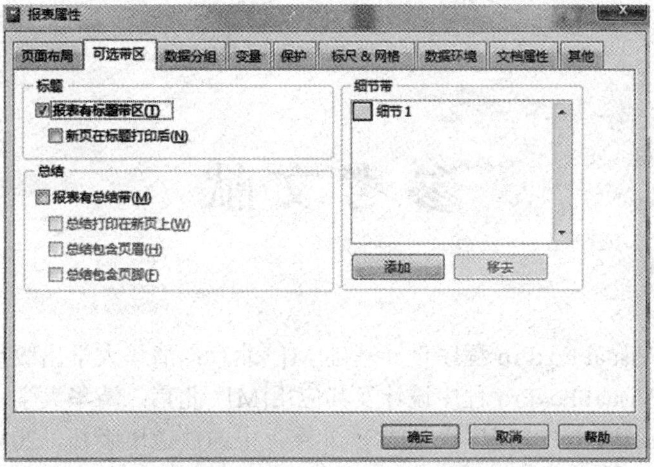

图 10-18 “报表属性”对话框

在其中选中“可选带区”选项卡中的“报表有标题带区”复选框。

选择“显示”|“工具栏”选项，弹出“工具栏”对话框。选择“报表控件”选项后，可通过标签控件添加报表中标题的内容。图 10-19 所示的“采购计划表”用来查看采购的商品，以及输出至打印设备。*yhm* 作为记录员工编号的全局变量，在此处调出用于指明采购计划表的制定者。

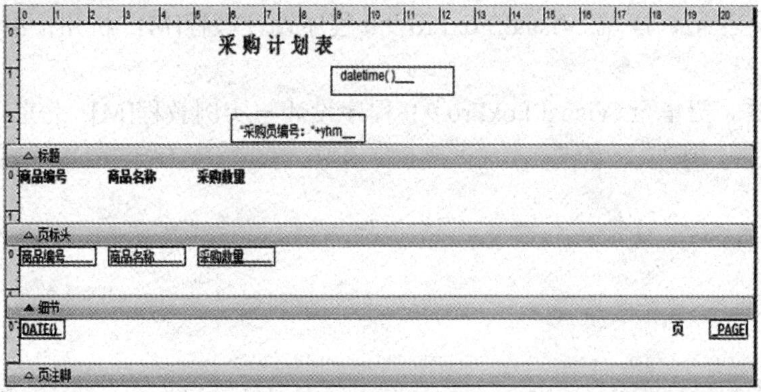

图 10-19 采购计划制定表

习 题

一个完整的系统在开发过程中主要经历哪些步骤？

上 机 练 习

设计一个“学生成绩管理系统”，主要功能有插入、修改、删除和查询学生信息、课程信息和学生成绩信息，并且可以生成有关这些信息的报表。

参 考 文 献

[1] 宋耀文. Visual FoxPro 程序设计基础[M]. 北京：清华大学出版社，2016.

[2] 吴观茂. Visual FoxPro 程序设计及其应用[M]. 北京：清华大学出版社，2016.

[3] 刘丽. Visual FoxPro 程序设计[M]. 北京：中国铁道出版社，2016.

[4] 萨师煊，王珊. 数据库系统概论[M]. 3 版. 北京：高等教育出版社，2000.

[5] 张长君. Visual FoxPro 面向对象程序设计案例解析[M]. 北京：科学出版社，2012.

[6] 王衍. 数据库应用基础：基于 Visual FoxPro 9.0[M]. 北京：电子工业出版社，2016.

[7] 张海藩. 软件工程导论[M]. 3 版. 北京：清华大学出版社，1998.

[8] 武妍. Visual FoxPro 程序设计教程[M]. 2 版. 上海：上海交通大学出版社，2010.

[9] 黎虹，谢祥选. 数据库应用技术基础（Visual FoxPro）[M]. 2 版. 北京：北京航空航天大学出版社，2016.

[10] 金勤，王衍，唐琥. Visual FoxPro 9.0 程序设计教程[M]. 杭州：浙江大学出版社，2011.12.

[11] 肖金秀，招华全. Visual FoxPro 9.0 程序设计与实例教程[M]. 北京：冶金工业出版社，2006.